Werner Erhard/Dietmar Fey

Parallele digitale optische Recheneinheiten

Parallele digitale optische Recheneinheiten

Modellierung, Simulation und Bewertung

Von Prof. Dr.-Ing. Werner Erhard
und Dr.-Ing. Dietmar Fey
Friedrich-Schiller-Universität Jena

B. G. Teubner Stuttgart 1994

Prof. Dr.-Ing. Werner Erhard

Geboren 1949 in Nürnberg. Studium der Mathematik von 1968 bis 1974, Promotion 1986 und Habilitation im Fachgebiet Rechnerarchitektur 1990 in Erlangen. 1991 bis 1993 Professur für Verteilte Systeme an der Universität Ulm. Seit 1993 Inhaber des Lehrstuhls Rechnerarchitektur und -kommunikation an der Friedrich-Schiller-Universität Jena.

Dr.-Ing. Dietmar Fey

Geboren 1961 in Nürnberg. Studium der Informatik von 1981 bis 1987 in Erlangen, 1987 bis 1992 wissenschaftlicher Mitarbeiter am Institut für Angewandte Optik der Universität Erlangen-Nürnberg, 1993 Industrietätigkeit.

Die Deutsche Bibliothek – CIP-Einheitsaufedhme

Erhard, Werner:
Parallele digitale optische Recheneinheiten : Modellierung, Simulation und Bewertung / von Werner Erhard und Dietmar Fey. – Stuttgart : Teubner, 1994
ISBN 978-3-519-02293-0 ISBN 978-3-322-92150-5 (eBook0
DOI 10.1007/978-3-322-92150-5

NE: Fey, Dietmar:

Geleitwort

Es ist sicher kein Zufall, daß dieses Werk vornehmlich in Erlangen entstand, wo Informatiker und Optiker seit vielen Jahren zusammenarbeiten, u. a. in einem Sonderforschungsbereich der DFG. Diese Wechselwirkung war notwendig, um die erzielten Ergebnisse erreichen und auch verständlich darstellen zu können. Verständlich bedeutet hier: für beide Disziplinen, denn die Symbiose von Informatik und Optik ist es, auf der die Hoffnung beruht, die Leistungsfähigkeit von Parallel-Rechnern wesentlich steigern zu können.

Warum die Symbiose? Im Rechner werden Daten verknüpft und Daten werden transportiert. Die Verknüpfung geschieht in Transistoren. Zwar gibt es so etwas wie einen optischen Transistor, aber mit einem Preis-Leistungsverhältnis, das um mehrere Größenordnungen schlechter ist als beim elektronischen Transistor.

Aber für den Transport von Daten sind Photonen i.a. bedeutend besser geeignet als Elektronen. Das hängt jedoch von der Länge der Strecke ab, was man historisch belegen kann. Zuerst haben die Photonen die Elektronen bei den ganz langen Strecken über den Atlantik verdrängt. In den LANs (local area networks) ist der Trend zugunsten der Photonen nicht zu übersehen. Zwischen einzelnen Prozessoren benutzt man schon optische Fasern. Die optische Technologie für den Board-zu-Board-Verkehr wartet auf ihren Einsatz. Bald danach wird man Optik für Chip-zu-Chip-Verbindungen benutzen. Dagegen wird man den on-chip-Verkehr vermutlich noch lange per Elektronik erledigen.

Die Situation läßt sich durch eine Parabel veranschaulichen. Elektronen sind wie Eisenbahnzüge, die sich - durch Schienen geführt - auf einer Ebene bewegen. Die Photonen sind dagegen wie Flugzeuge, die ungebunden den drei-dimensionalen Raum durcheilen. Bundesbahn und Lufthansa ergänzen sich symbiotisch zu einem effizienten Verkehrssystem, dessen Optimierung das Verständnis beider Verkehrstechniken erfordert. Ganz entsprechend ist die Situation, wenn man optimale Architekturen für ein paralleles Rechnersystem entwerfen möchte unter Benutzung elektronischer und optischer Technologie. Dieses Buch liefert dafür m.E. einen hervorragenden Beitrag.

Erlangen, August 1993 Prof. Dr. A. Lohmann

Inhaltsverzeichnis

1 Einführung

1.1 Motivation

Die stetig zunehmenden Anforderungen an die Leistungsfähigkeit in Rechensystemen werden in Zukunft zu einer immer größeren Verbreitung optischer oder optoelektronischer Technologien in Rechensystemen führen. Dies zeigt sich gegenwärtig vor allem bei den Aktivitäten auf dem Gebiet der optischen Verbindungen [GoLe84], [IT2000], [Park90]. Die Leistung eines Rechensystems, insbesondere bei Parallelrechnern, hängt nicht nur von der Leistungsfähigkeit der Prozessoren, sondern auch entscheidend von der Bandbreite der Kommunikationskanäle ab. Bei Taktraten, die dem Gigahertzbereich immer näher kommen, werden elektronische Verbindungen zwischen Baugruppen ("board-to-board") und integrierten Schaltkreisen ("chip-to-chip") immer schwieriger realisierbar. Physikalische Gründe hierfür sind u.a. Übersprechen zwischen benachbarten Leitungen, da diese bei den angestrebten hohen Übertragungsraten Antenneneigenschaften annehmen. Eine zusätzliche Schwierigkeit ergibt sich durch die mit der Erhöhung der Taktfrequenz zunehmende Energiedissipation in den Abschlußwiderständen der Leitungen. Ein weiteres leistungshemmendes Problem stellt die limitierte Anzahl externer Anschlüsse in VLSI-Schaltkreisen dar. Während die Integrationsdichte der Transistoren mit dem Skalierungsfaktor quadratisch wächst, bleibt der für die Anzahl externer Anschlüsse maßgebende Umfang eines integrierten Schaltkreises im wesentlichen konstant. Ein weiteres Problem ergibt sich bei diesen off-chip Verbindungen durch die verhältnismäßig hohe Energiedissipation in den Drähten und Kontaktflächen, die vom Innern des integrierten Schaltkreises zu den am Rand liegenden Anschlüssen führen (ca. 100 mW bei 150 MHz [MuCl89]).

Beide Faktoren, zu geringe Taktraten und zu wenige off-chip Verbindungen, sind wesentliche Gründe, weshalb die prinzipiell in den logischen Gattern vorhandene Verarbeitungskapazität oft nicht in vollem Umfang ausgenutzt wird. Da Photonen im Gegensatz zu Elektronen nur eine geringe Wechselwirkung besitzen, existiert zwischen benachbarten und sich kreuzenden optischen Strahlen kein Übersprechen. Die optische Übertragung von Information kann deshalb sowohl sehr hoch getaktet (> 1 GHz) als auch sehr dicht gepackt (über 1000 Kanäle/cm^2) werden.

Diese beiden Vorteile der optischen Datenübertragung bezeichnet man als die hohe **Zeitbandbreite** und die hohe **Ortsbandbreite** optischer Verbindungen.

Will man sich die hohen Zeitbandbreiten optischer Verbindungen zu Nutze machen, gestaltet sich dies aus der Sicht des Rechnerarchitekten in vielen Fällen lediglich als ein Austausch eines elektronischen durch einen "optischen Draht". Von einem abstrakten Standpunkt aus betrachtet, bleibt die Architektur eines Rechensystems davon unberührt. Der Einfluß der hohen Zeitbandbreite optischer Verbindungen wird deswegen in diesem Buch nur am Rande behandelt. Will man in einem Rechensystem dagegen das Potential der hohen Ortsbandbreite ausnutzen, verbunden mit der Aussicht auf eine Vielzahl von Verbindungen, so bleibt dies nicht ohne Rückwirkungen auf die Rechnerarchitektur. Dies gilt in zunehmendem Maße, je kleinere Dimensionen man anstrebt. Je geringer die Abstände zwischen den aktiven, datenverarbeitenden und datenspeichernden Einheiten werden, um so mehr müssen die dazwischen verlaufenden optischen Verbindungen eine möglichst reguläre Verbindungstopologie aufweisen. Eine Aufgabe besteht darin, den Einfluß vieler, paralleler optischer Verbindungen auf kleinstem Raum auf die Architektur zu untersuchen. Insbesondere interessiert die funktionale Komplexität einzelner über optische Verbindungen gekoppelter Prozessoren bzw. Prozessorelemente, unter der Randbedingung, daß prinzipiell sehr viele externe Verbindungen zur Verfügung stehen.

Neben dem Nahziel, optische Datenübertragung und elektronische Datenverarbeitung in einem im weiteren als "**hybrid**" bezeichneten Rechensystem zu koppeln, wird in diesem Buch auch das Fernziel einer **rein optischen** Datenverarbeitung untersucht. In rein optischen Rechensystemen wird angestrebt, außer dem Datentransfer auch die Datenverarbeitung optisch durchzuführen. Leider haben sich die noch bis vor einigen Jahren auf diesem Gebiet gemachten zuversichtlichen Prognosen bisher nicht erfüllt. Primär ist dafür der hohe Energiebedarf optischer Logikelemente verantwortlich [Burt91]. Um dies zu verdeutlichen, werden wir rein optische und hybride Rechensysteme bezüglich ihres Leistungsverbrauches verglichen.
Aber auch die Verlustleistung in den optischen Sendern hybrider Systeme ist noch zu hoch, um deutliche Verbesserungen gegenüber gegenwärtigen rein elektronischen Systemen zu erreichen. Es zeichnet sich jedoch ab, daß sich in Zukunft die Verlustleistung dieser Elemente noch vermindern läßt. In der Arbeit wird untersucht, in welchem Umfang dies geschehen muß, um eine Leistungssteigerung gegenüber rein elektronischen Rechensystemen zu erreichen.

Eine Beurteilung der Leistungsfähigkeit einer hybriden oder einer rein optischen Architektur kann genauso wie bei rein elektronischen Rechensystemen nicht unabhängig von den Algorithmen erfolgen. Man steht somit vor dem Problem, unterschiedliche Faktoren wie Algorithmus, Prozessorkomplexität und optische Verbindungen miteinander in Rechnung zu stellen. Alan Huang, eine wichtige Persönlichkeit auf dem Gebiet der optischen Computertechnologie, bemerkt hierzu [Huan90]:

"In the field of computers there is the concept of a platform. A platform is a standard to minimize risk and maximize flexibility. ... We have actively been trying to establish such a platform for optics. ... We are pursuing a standard signal interface, a standard mechanical interface, a standard optical interconnect, a standard optical logic module, **a standard optical design technique** and a standard architecture."

Die Forderung nach einer gemeinsamen "Plattform" und einer damit verbundenen Standardisierung ist nach Meinung der Autoren vor allem für interdisziplinäre Forschungsprojekte von Bedeutung, in denen Mitarbeiter unterschiedlicher Fachgebiete wie z.B Informatiker, Optiker oder Nachrichtentechniker zusammenarbeiten.
Um einen Beitrag zu der geforderten Standardisierung beim Entwurf hybrider bzw. rein optischer Systeme zu leisten, werden in diesem Buch ein Konzept für ein Entwurfs- und Simulationssystem entwickelt und teilweise realisiert, das verschiedene Phasen eines Entwurfs (Register-Transfer-, Logik- und Bauteileebene) berücksichtigt. Werden in einem solchen, hierarchisch gegliederten Entwurfssystem automatische Übergänge zwischen einzelnen standardisierten Ebenen geschaffen, so vereinfacht dies die Abbildung von Details aus den Bereichen Algorithmus und Architektur auf Hardware-Details aus den Bereichen Optik und Optoelektronik. Ein solcher automatischer Übergang liefert in der Optik Einsichten für Probleme aus der Informatik und umgekehrt. Mit Hilfe solcher Entwicklungswerkzeuge ist es ferner möglich, Bewertungen hybrider bzw. rein optischer Rechensysteme durchzuführen, die Architektur, Algorithmus und optische Verbindungen gleichzeitig berücksichtigen.

Zusammenfassend läßt sich die folgende Aufgabenstellung formulieren, für die in diesem Buch ein Lösungsansatz aufgezeigt wird.

1. **Das Schaffen einer gemeinsamen Plattform für das interdisziplinäre Forschungsprojekt digitale Optik durch ein hierarchisches Entwicklungs- bzw. Simulationssystem.**

2. **Die exemplarische Anwendung dieses Systems, um Aussagen über verschiedene Architekturansätze und die Effizienz zukünftiger hybrider bzw. rein optischer Rechensysteme zu gewinnen.**

1.2 Definition digitale Optik und Stand der Technik

Mit "digitaler Optik" bezeichnet man eine Technologie zur Verarbeitung, zum Transport sowie zur Speicherung digitaler durch Intensität, Polarisation oder Phase des Lichtes kodierte Information. Ziel der digitalen Optik ist laut [StBr89] ein Übergang von elektronischen zu optischen oder optoelektronischen Techniken in digitalen Rechensystemen.

Im Bereich der Massenspeicherung und der Datenfernübertragung ist der Einsatz von Optik bereits Stand der Technik. Magneto-optische Speicher oder optische Compact-Disks sowie Glasfasernetze sind Beispiele hierfür. Gegenwärtig arbeitet man daran optische Verbindungen auch auf kürzeren Distanzen einzusetzen. Dickinson und Prise [DiPr90] untersuchten optische Verbindungen zwischen elektronischen Baugruppen durch den freien Raum, um die Packungsdichte auf den Baugruppen zu erhöhen. Feldman et al. [Feld88] schlagen optische Verbindungen zwischen mehreren Gatterstufen für VLSI-Schaltkreise vor (Abb. 1.1), da bereits bei einer Strecke von wenigen Millimetern eine optische Übertragung bei den in VLSI-Schaltkreisen üblichen Taktfrequenzen schneller und energiesparsamer ist.

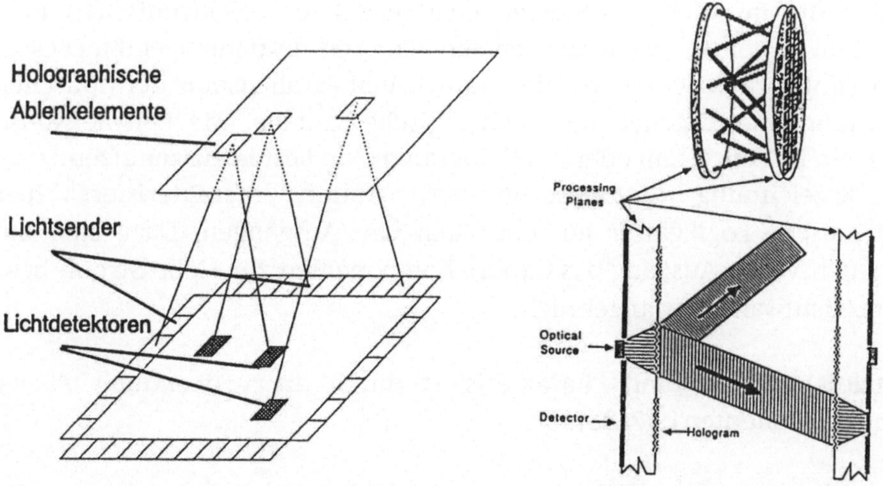

Abb. 1.1 Optische Verbindungen für VLSI-Schaltkreise. Links für einen VLSI-Schaltkreis, rechts für hintereinander angeordnete Waferscheiben.

Das Argument des geringeren Energieverbrauchs gilt jedoch nur für die Übertragungsstrecke. Dies bedeutet, es wird nicht die Verlustleistung bei der Lichterzeugung berücksichtigt. Ziel einer Vielzahl von Forschungs- und Entwicklungsprojekten ist daher die Senkung der Schwellströme und der Verlustleistungen bei Laserdioden. Einen ähnlichen Ansatz verfolgen Kiamilev et al., die vorschlagen, hintereinander angeordnete, aus einfach aufgebauten Prozessorelementen bestehende Waferscheiben optisch mit Hologrammen zu verbinden (Abb. 1.1) [KiEs89]. Ein Konzept, optische Verbindungen zwischen elektronischen Gattern über Fasern und durch den freien Raum zu nutzen, wurde in [BeBo91] und [PrCr89] veröffentlicht.
Ziel aller dieser hybriden Ansätze ist es, sowohl von den Stärken der Optik als auch der Elektronik zu profitieren. Diese sind, wie bereits erwähnt, im Falle der Optik gegeben durch die hohe Zeitbandbreite einer optischen Verbindung, d.h. eine geringe Störanfälligkeit auch bei hohen Taktraten, und durch die hohen Ortsbandbreiten bei optischen Abbildungen, d.h. eine sehr hohe Kanaldichte. Der Vorteil der Elektronik besteht in der großen Integrationsdichte der Logikgatter. Ferner ist der Energiebedarf elektronischer Gatter geringer als bei optischen Gattern, was geringere Kühlleistungen oder höhere Packungsdichten gestattet.

In nahezu allen hybriden oder rein optischen Architekturkonzepten werden die in solchen Systemen eingesetzten optoelektronischen bzw. optischen Gatter zu zweidimensionalen Matrizen zusammengefaßt. Dies ist eine Grundvoraussetzung, um den natürlichen Parallelismus der optischen Abbildung einer Datenebene durch optische Bauteile, wie beispielsweise durch ein Linsensystem oder ein Hologramm, am besten auszunutzen.
Die Bezeichnung optoelektronisches Gatter charakterisiert hier elektronische Logikgatter mit optischen Ein-/Ausgängen. Dazu sind am Eingang bzw. am Ausgang des Gatters Komponenten zur Licht/Strom- bzw. Strom/Lichtwandlung angebracht.

Digitale Optik ist somit charakterisiert durch die Verwendung zweier Grundkomponenten [StPr88]:

a) Zweidimensionale optische oder optoelektronische Gatterebenen, die durch
b) Module für parallel-optische Verbindungen gekoppelt werden.

Um den Hardwareaufbau möglichst einfach zu gestalten, wird der Einsatz regulär aufgebauter Gatterebenen und regulärer Verbindungstopologien angestrebt. Mit regulärer Topologie sind dabei nicht nur parallele optische Verbindungen zwischen den Gatterebenen gemeint, sondern insbesonders reguläre Verbindungsmuster mit kreuzenden Leitungen, wie z.B. der Perfect Shuffle oder eine Butterfly-Verbindung. Für beide Verbindungsmuster wurden mehrfach optische Realisierungen vorgeschlagen [LoSt86],[EiLi87],[BrHu88].

Der angestrebte reguläre Aufbau der Gatterebenen führt zu identischen und nach Möglichkeit zahlreich vorhandenen Gruppen von Gattern. Diese stellen einfache Prozessorelemente (PE) dar, die alle nach dem SIMD-Prinzip operieren. Zu erwartende Fortschritte bei der Miniaturisierung von Optik und bei den in einer Gatterebene als Licht-/Strom-schnittstelle verwendeten Photo- und Laserdioden werden die optische Kopplung von sehr vielen PE ermöglichen. Alternativ ist denkbar, anstelle vieler einfacher PE, komplexer aufgebaute Prozessoren zu integrieren und diese über Licht/Stromwandler und optische Verbindungsmodule miteinander zu koppeln. Damit verringert sich aber die Anzahl PE, die auf einem Chip untergebracht werden können, und man würde damit einen durch den Einsatz von Optik prinzipiell vorhandenen Vorteil, den Aufbau massiv paralleler Strukturen mit sehr vielen kreuzenden Verbindungen, nicht nutzen.

Ferner sei darauf hingewiesen, daß das Konzept, aus einfachen Elementen aufgebaute und über reguläre optische Verbindungen gekoppelte 2D-Gatterebenen einzusetzen, leicht eine Transformation in die als Fernziel angestrebten rein optischen Systeme zuläßt. Da die digitale Optik sowohl hybride (optoelektronische) als auch rein optische Systeme beinhaltet, sind im folgenden stets beide Ansätze gemeint, wenn von einem digitalen optischen System gesprochen wird.

1.3 Entwicklung der digitalen Optik im historischen Kontext

Die frühesten Überlegungen digitale Datenverarbeitung mit Hilfe optischer Komponenten durchzuführen, datieren aus den 40er Jahren und gehen auf von Neumann zurück [Neum63]. Murdocca mutmaßt hierzu, daß in den ersten digitalen Rechnern vielleicht Optik zum Einsatz gekommen wäre, hätten zu jener Zeit schon Laser zur Verfügung gestanden [Murd90]. Wie man weiß kam es anders; in den 50er und 60er Jahren fand die optische Informationsverarbeitung Nischen, wo hohe Datenraten erforderlich waren, die mit Elektronik nicht erzielt werden konnten. Dies war optisch auch nur durch analoge Arbeitsweise möglich und betraf vornehmlich Anwendungen auf militärischem Gebiet. Beispiele hierfür waren analog-optisch durchgeführte Fouriertransformationen, Korrelationen zur Mustererkennung und optische Datendekodierung von Radardaten [Cutr66].

Der Schritt von der analogen zur digitalen Technik setzte mit der Entwicklung des Lasers 1960 ein und bedeutete aber nicht das Ende der analogen optischen Datenverarbeitung, die in verschiedenen Bereichen weiterhin eingesetzt wurde. Dieser Zeitpunkt wird in [StBr89] als Beginn der ersten Phase der digitalen Optik bezeichnet. In jener Zeit wurden Überlegungen angestellt, Laser gezielt durch äußere Lichtimpulse auszulöschen (engl.: laser quenching), um damit optische Logikgatter zu realisieren. Am Ende dieser ersten Phase der digitalen Optik, Ende der 60er Jahre, stand aber die Erkenntnis, daß optische Logik vor allem aus thermischen Gründen nicht umsetzbar ist [KeAr69]. Die etwa 1970 einsetzende zweite Phase der digitalen Optik war u.a. durch Konzeptstudien auf dem Algorithmen- und Architektursektor gekennzeichnet. Beispiele wie Restklassenarithmetik wurden aufgrund ihrer Zeiteffizienz bei geringem Hardwarebedarf als attraktiv für die digitale Optik bewertet. Die Anfang der 80er Jahre startende dritte Phase wurde eingeleitet durch die Entdeckung sehr starker optisch nicht-linearer Effekte in Halbleitern ("Riesen-Nichtlinearitäten"). Es ist der Optik aber bis heute nicht gelungen, im Wettstreit gegenüber der rein elektronischen Datenverarbeitung nennenswerten Erfolg zu erzielen.

Die Gründe sind heute dieselben wie damals. Burtsev faßt diese wie folgt zusammen [Burt91]: "Die benötigte Energie für eine logische Operation in einem diskreten Element und die notwendige Energie eine Informationseinheit bei der Realisierung von Speicherbausteinen zu speichern, zu lesen und zu schreiben".

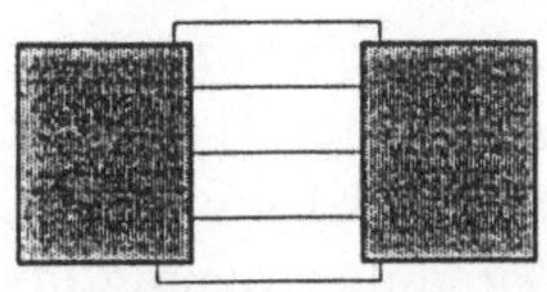

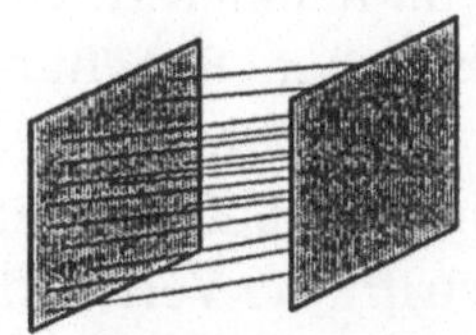

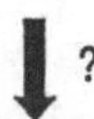

Abb. 1.2 Mögliche Entwicklungslinie der digitalen Optik

Dennoch wurde die Verwendung optischer Technologie in Rechensystemen Ende der 70er und bis heute wieder belebt, je mehr die in Abschnitt 1.1 erwähnten Einschränkungen bei der Kommunikationsbandbreite in rein elektronischen Systemen offensichtlich wurden und werden. Bei dieser Umorientierung auf das Gebiet Optische Verbindungen läßt sich nach Meinung der Autoren ebenfalls eine in verschiedene Phasen einzuteilende Entwicklung ausmachen, die langfristig zu einer rein optischen Datenverarbeitung führen kann (Abb. 1.2). Folgende Einschätzung unterstreicht diese Aussage. Auch auf dem Gebiet der optischen Verbindungen sind zwei unterschiedlich und zeitlich getrennte Phasen zu erkennen.

Die 1.Phase (optische "serielle" Verbindungen) betrifft die aufgrund stetig anwachsender Prozessorleistungen notwendigen hohen Zeitbandbreiten auf dem Verbindungssektor. Als Beispiel sei hier der DEC RISC-Prozessor Alpha erwähnt, der mit 150 MHz Taktrate kommerziell angeboten wird und in Labormustern auch bereits mit 200 MHz läuft. Ferner ist geplant, auf der Basis dieses Prozessors Multiprozessorsysteme zu bauen, die hochfrequente Datenleitungen brauchen, um vernünftige Prozessorauslastungen zu erzielen. Vor allem nach dem MIMD-Prinzip betriebene Multiprozessorsysteme, in denen komplexe, "große" Prozessoren, wie z.B. der INTEL i860 im Multiprozessorsystem DELTA [Ratt91] oder Transputerarrays können durch den Austausch elektronischer Leitungen durch optische Leitungen den "Flaschenhals" bei der Datenübertragung überwinden. Beispiele für internationale Aktivitäten, die dieser 1.Phase zuordbar sind, können in [GoLe84] und [Park90] gefunden werden. Ähnliche Arbeiten auf diesem Gebiet werden derzeit in Deutschland im Rahmen des BMFT-Verbundprogrammes "Photonik" sowohl an öffentlichen Forschungseinrichtungen als auch bei der Industrie durchgeführt [IT2000].
Die 2.Phase (optische "parallele" Verbindungen) bei der Etablierung optischer Verbindungen in Rechensystemen betrifft die Verwendung einer Vielzahl paralleler optischer Verbindungen zwischen Chipflächen (Abb. 1.2). Genauso wie in der eben geschilderten 1.Phase geschieht die Datenverarbeitung hier elektronisch und der Datentransport optisch. Im Unterschied zu vorher stehen hier jedoch die Vorteile der hohen Ortsbandbreite optischer Verbindungen im Vordergrund. Positiv wird sich dies insbesonders bei Systemen mit vielen kleinen Prozessoren auswirken, die einen Bedarf an sehr vielen Kommunikationskanälen auf möglichst kleinem Raum haben. Als Beispiele solcher Systeme seien die SIMD-Rechner DAP [Redd73], Connection Machine [Hill85] oder der MasPar [Blan90] genannt. Die Verbindungen zur Optik bei diesen Rechenstrukturen zeigt z.B. die Arbeit von Stucke [Stuc89], in der ein optischer bit-serieller Feldrechner auf der Grundlage des DAP vorgeschlagen wird.

In einer dritten und als Fernziel einzustufenden Phase würden dann rein optische Architekturen als Endziel der digitalen Optik stehen (Abb. 1.2). Hier ist sowohl die Datenverarbeitung als auch der Datentransport optisch. Der Vorteil ist die Beseitigung der in den obigen Phasen notwendigen Licht/Strom- und Strom/Lichtwandlung.

Es sei an dieser Stelle ausdrücklich darauf hingewiesen, daß die im Rahmen dieses Buches durchgeführten Konzeptstudien digitale optische Systeme betreffen, die der Phase zwei und drei der eben dargestellten Entwicklungslinie der digitalen Optik zuzuordnen sind.

1.4 Kapitelübersicht

Kapitel 2 widmet sich den für das Verständnis der späteren Kapitel notwendigen Grundkenntnissen optischer und optoelektronischer Informationstechnik sowie den für dieses Buch wichtigen Aspekten der Informatik. Es werden zuerst die Funktionsweisen wichtiger aktiver Bauelemente zur Lichterzeugung bzw. Lichtdetektion und passiver Bauelemente zur Lichtübertragung bzw. Lichtabbildung beschrieben. Ferner wird die Arbeitsweise rein optischer und optoelektronischer Schaltelemente geschildert. Da speziell bei der optischen Abbildung durch den freien Raum stets zweidimensionale Datenebenen abgebildet werden, ist eine Parallelverarbeitung in digitalen optischen Systemen naheliegend. Daher werden in diesem Kapitel wichtige Grundlagen der Parallelverarbeitung vermittelt. Den Abschluß des Kapitels bildet eine allgemeine Untersuchung über die durch den Einsatz optischer Verbindungen prinzipiell mögliche Effizienzsteigerung in parallelen Rechnerstrukturen.

Kapitel 3 stellt verschiedene in der digitalen Optik diskutierte Konzepte zur Verarbeitung von Daten vor. Dabei werden zwei aus der Literatur sehr eng an der rein optischen Datenverarbeitung orientierte Konzepte einem im Rahmen dieser Arbeit entwickelten optoelektronischen Konzept gegenübergestellt. Zum Abschluß dieses Kapitels folgt eine Technologiebetrachtung, in der verschiedene Implementierungsmöglichkeiten des eben erwähnten optoelektronischen Konzeptes diskutiert werden.

In **Kapitel 4** wird ein allgemeines Abstraktionsmodell für den Entwurfsprozeß eines digitalen optischen Parallelrechnersystems definiert. Dieses Abstraktionsmodell bildet den zentralen Rahmen für das in Abschnitt 1.1 motivierte Entwurfssystem der digitalen Optik. Dieses hierarchisch gegliederte Modell umfaßt 5 Abstraktionsebenen, die jeweils eine unterschiedliche Phase innerhalb eines Entwurfprozesses betreffen. Jedes der nach Kapitel 4 folgenden Kapitel widmet sich entweder einer dieser Abstraktionsebenen (Kap. 5-7) oder einem Übergang zwischen benachbarten Abstraktionsebenen (Kap. 8), bzw. mehrere dieser Abstraktionsebenen werden zugleich berücksichtigt (Kap. 9).

Kapitel 5 bezieht sich auf die niedrigste, am nächsten an der konkreten Hardware ausgerichteten Ebene des im vorherigen Kapitel definierten Abstraktionsmodells. Es ist dies die Bauteileebene, in der die auf physikalischer Ebene ablaufenden Vorgänge betrachtet werden. Diese werden charakterisiert durch die Bestimmung analoger Größen, wie z.B. der übertragenen oder der detektierten Lichtleistung. Exemplarisch an einer optoelektronischen Punkt-zu-Punkt-Verbindung werden zwei verschiedene Methoden der Modellbildung untersucht.

Kapitel 6 betrifft die der Bauteileebene direkt übergeordnete Logikebene. Hier betrachtet man nicht das analoge sondern das digitale Verhalten eines Systems. Dieses wird in der Logikebene durch logische Gatter spezifiziert. Um auf die speziellen Eigenschaften der Optik Rücksicht zu nehmen, wurde zur Durchführung von Leistungsanalysen ein auf Logikebene arbeitendes Entwurfs- und Simulationsprogramm entwickelt. Das Programm ist in der Lage, die Vielzahl der in der digitalen Optik diskutierten SIMD-Konzepte für rein optische oder hybride Parallelrechensysteme auf Logikebene zu modellieren und zu simulieren. Einen ähnlichen Ansatz, was den Anspruch nach möglichst allgemeiner Anwendbarkeit betrifft, verfolgt die von Fukui und Kitayama [FuKi92] vorgestellte Bildlogikalgebra (engl.: image logic algebra). Die Operationen dieser Algebra erlauben es, sämtliche Algorithmen zu spezifizieren, die für die in der Literatur vorgeschlagenen digitalen optischen SIMD-Systeme geeignet sind. Im Unterschied zu dem auf Logikebene operierenden Entwurfswerkzeug ist diese Algebra jedoch mehr an den Algorithmen und weniger an einer näher an der Hardware orientierten Darstellung auf Logikebene ausgerichtet.
In diesem Kapitel wird die für die Implementierung entwickelte formale Beschreibung eines digitalen optischen Systems auf Logikebene dargestellt. Ferner werden die Auswertungskriterien des Entwicklungssystems vorgestellt, die eine Bewertung unterschiedlicher Architekturen ermöglichen.

Zum Abschluß dieses Kapitels wird die Anwendbarkeit des Entwurfsystems demonstriert. Es werden Paralleladdierer für rein optische und opto-elektronische Lösungen modelliert und vergleichend bewertet.

Kapitel 7 behandelt verschiedene Modelle einer Register-Transfer-Beschreibung digitaler optischer Systeme. In der Abstraktionsebene des Registertransfers wird ein optisches System als eine Menge von miteinander kommunizierenden Registern modelliert. Es wird gezeigt, daß systolische Arrays ein sehr hilfreiches und nützliches Modell für eine Register-Transfer-Beschreibung eines digitalen optischen Systems darstellen. Ein weiteres Register-Transfer-Beschreibungsmodell der digitalen Optik ist "Computational Origami" [Huan89]. Die Unterschiede und Gemeinsamkeiten von Computational Origami und systolischen Arrays werden in diesem Kapitel behandelt. Ferner erfolgt ein kurzer Ausblick auf die Verwendung zellulärer Automaten als Beschreibungsmodell eines digitalen optischen Systems.

Kapitel 8 widmet sich dem automatischen Übergang zwischen benachbarten Abstraktionsebenen. Es wird eine mögliche automatische Transformation zwischen der Register-Transfer-Ebene und der Logikebene gezeigt. Konkret wird dabei ein Verfahren vorgestellt, das die automatische Ableitung auf Bitebene operierender systolischer Arrays in die in Kap. 6 beschriebene formale Darstellung auf Logikebene erlaubt. Exemplarisch wird dies für ein systolisches Array für Ganzzahlenarithmetik gezeigt. Diese automatische Transformation ist als Teil eines noch zu entwerfenden "optischen Silicon-Compilers" zu verstehen, in dem die über mehrere Abstraktionsebenen hinwegführende Transformation eines Algorithmus in optische oder optoelektronische Hardware automatisch durchgeführt wird. Vorläuferarbeiten eines solchen optischen "Silicon-Compilers" können auch bei Murdocca [Murd90] gefunden werden. Hier wird ein in NOR-OR-Form gegebener Boolescher Ausdruck automatisch in ein optisches Schaltnetz abgebildet, das aus nacheinander angeordneten Zeilen von NOR bzw. ODER-Gattern mit jeweils zwei Ein-/Ausgängen besteht, die durch optische, strikt reguläre Verbindungen miteinander gekoppelt sind (s. auch hierzu Kap. 3.2).

Kapitel 9 betrifft die in der Motivation formulierte Zielsetzung, mit Hilfe eines Entwicklungssystems Aussagen über Aufbau und Effizienz zukünftiger optischer bzw. hybrider paralleler Rechnerstrukturen zu gewinnen. Hierzu werden auch die Abstraktionsebenen Algorithmus und Architektur mit in den Entwurf digitaler optischer Systeme einbezogen. Es werden zwei aus der Literatur bekannte und zwei eigene Konzepte massiv paralleler optischer bzw. hybrider Feldrechner vorgestellt und deren Leistungsfähigkeit mit Hilfe des in Kap. 6 beschriebenen Simulationssystems abgeschätzt. Ferner werden daraus Spezifikationen für die Verlustleistung, die Verarbeitungszeit und die Integrationsdichte wichtiger Bauelemente in zukünftigen, konkurrenzfähigen digitalen optischen parallelen Systemen ermittelt.

2 Grundlagen

Ziel dieses Kapitels ist es, die für den Entwurf digitaler optischer Systeme notwendigen Grundkenntnisse der digitalen optischen Informationsverarbeitung und der Parallelverarbeitung zu vermitteln, um eine gemeinsame Grundlage für Informatiker und Optiker zu schaffen. Dabei werden einführend optische Grundlagen, die zum Grundwissen gehören, nochmals wiederholt. Ein Lehrbuch der Optik wird hier für die Aneignung weiterführender Kenntnisse unabdingbar sein. Abschluß des Kapitels bildet eine Untersuchung über die Vorteile der hohen Zeit- und Ortsbandbreite optischer Verbindungen in parallelen Rechensystemen .

2.1 Optische Grundlagen

In diesem Kapitel sollen einige grundlegende Eigenschaften des Lichts behandelt werden.

2.1.1 Reflexion

Fällt ein Lichtstrahl auf eine ebene, polierte Fläche so wird dieser Lichtstrahl reflektiert. Dabei gilt Einfallswinkel α = Ausfallswinkel β (Abb. 2.1). Reflexion kann auch an lichtdurchlässigem Material wie z.B. Glas auftreten. Der Anteil des reflektierten Lichts hängt dann von der Polarisationsrichtung ab.

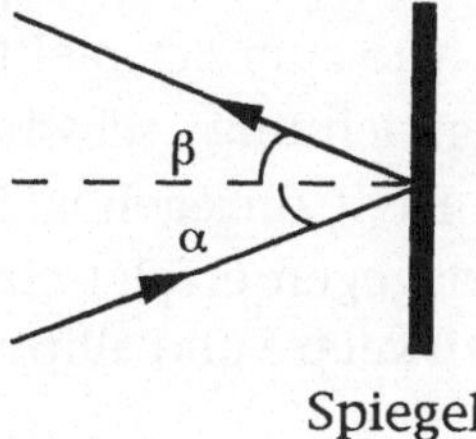

Abb. 2.1 Reflexion

2.1.2 Brechung

Brechung tritt auf, wenn ein Lichtstrahl unterschiedliche Medien durchläuft. Dabei ist die Ausbreitungsgeschwindigkeit des Lichts verschieden. Dies wird durch den Brechungsindex $n = c_1/c_2 = \sin\alpha/\sin\beta$ charakterisiert. Abbildung 2.2 zeigt einen Lichtstrahl beim Übergang von einem Medium mit der Ausbreitungsgeschwindigkeit c_1 in ein Medium mit der Ausbreitungsgeschwindigkeit c_2. Dabei gilt $c_2 > c_1$.

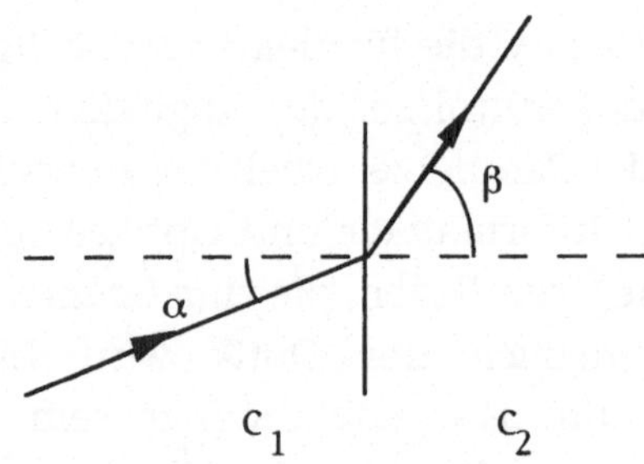

Abb. 2.2 Brechung

2.1.3 Interferenz

Überlagern sich Lichtwellen gleicher Ausbreitungsrichtung, Wellenlänge und Amplitude so kommt es zu einer Wechselwirkung, der Interferenz. Beträgt die Phasendifferenz zweier Wellen $n\lambda$ ($n = 0,1,2......$), so kommt es zu einer Verstärkung. Es entsteht eine Welle mit doppelter Amplitude. Beträgt die Phasendifferenz $0.5n\lambda$, so tritt Auslöschung auf.

2.1.4 Polarisation

Elektromagnetische Wellen, wie zum Beispiel Licht, haben Elektronen, die senkrecht zur Ausbreitungsrichtung schwingen. In dieser x,y-Ebene schwingt nichtpolarisiertes Licht unregelmäßig in alle Richtungen (Abb. 2.3a). Bei der Polarisation dagegen erfolgt eine regelmäßige Schwingung. Man unterscheidet lineare, zirkuläre und elliptische Polarisation.

Bei linear polarisiertem Licht schwingt das Elektron in einer ausgezeichneten Richtung der x,y-Ebene (Abb. 2.3b)
Sind die Wellenanteile in x- und y-Richtung phasenverschoben, so entsteht elliptische Polarisation (Abb. 2.3c). Beträgt die Phasenverschiebung 90°, so erhält man zirkuläre Polarisation (Abb. 2.3d)

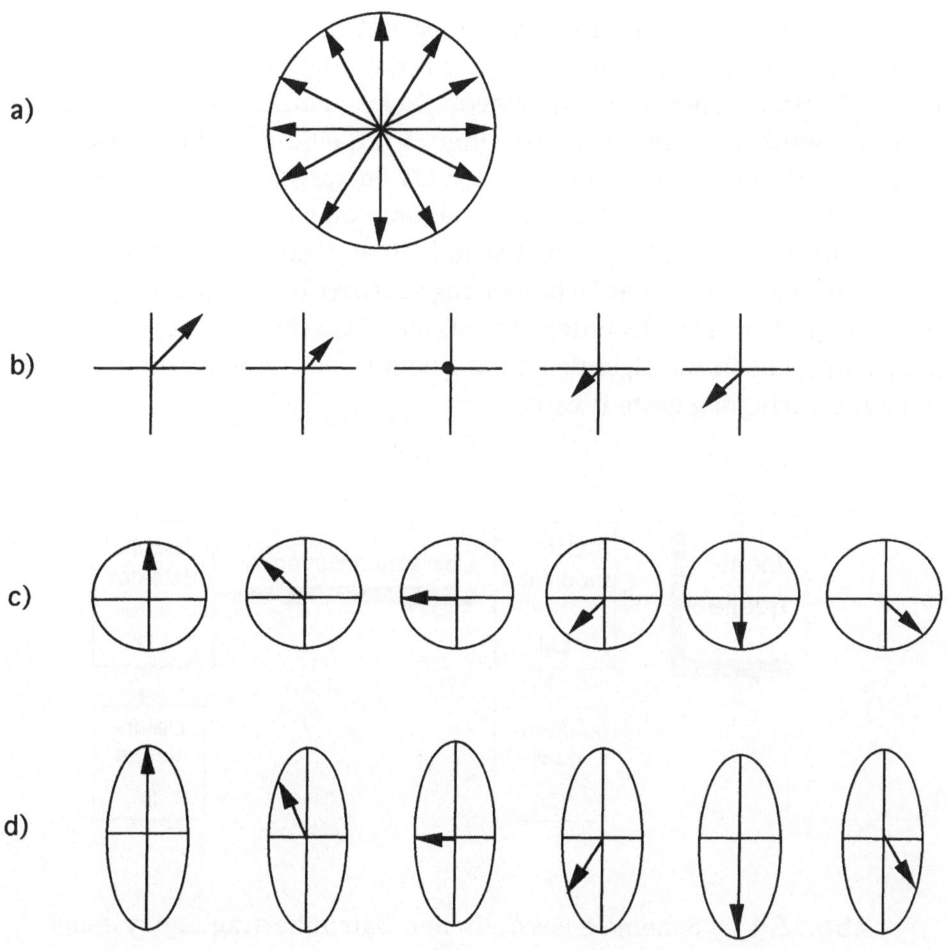

Abb. 2.3 Polarisation

2.2 Grundlagen der digitalen Optik

Im folgenden werden die wichtigsten Bauelemente für die optische Datenübertragung und die optische Datenverarbeitung beschrieben.

2.2.1 Bauelemente der optischen Nachrichtenübertragung

Für die Effizienz eines Rechensystems ist neben der Datenverarbeitung auch der Datentransport von besonderer Bedeutung. Abb. 2.4 zeigt ein auf [Unge76] zurückgehendes systemtheoretisches Modell für die optische Informationsübertragung. Das von einer Lichtquelle ausgehende optische Signal wird durch einen Lichtmodulator LM entsprechend der zu übertragenden Information verändert. Diese stammt von einer Datenquelle Q, die den Lichtmodulator LM steuert. Die auf diese Weise verschlüsselte Information gelangt auf einer Lichtübertragungsstrecke zum Empfänger. Dort erfolgt über einen Lichtdetektor LD eine Dekodierung des empfangenen Lichtsignals in die eigentliche Information, welche dann einer Datensenke zur Verfügung gestellt wird.

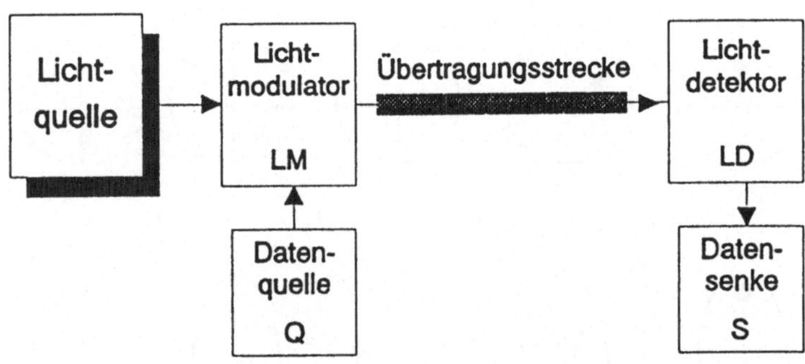

Abb. 2.4 Schema eines optischen Datenübertragungssystems

Optische Übertragungssysteme nach Abb. 2.4 wurden schon verwendet lange bevor man den elektrischen Strom entdeckt hatte. Dabei nutzte man die Sonne als Lichtquelle, deren Strahlen beispielsweise durch die

Bewegung von Objekten im Sonnenlicht in geeigneter Weise reflektiert wurden. Als Übertragungsmedium diente die Atmosphäre, der Empfänger war im einfachsten Fall das Auge eines menschlichen Beobachters, das die Funktion des Lichtdetektors und der Signalsenke ausübt. Bei den in heutigen optischen Datenübertragungssystemen eingesetzten Lichtdetektoren handelt es sich vor allem um Photodioden, die intensitätsmodulierte Lichtwellen in entsprechende elektrische Stromsignale wandeln. Oft sind einige der in Abb. 2.4 aufgeführten Funktionsblöcke zusammengefaßt. Die in der Nachrichtentechnik i.a. verwendeten Lumineszenzdioden und Laserdioden sind direkt modulierbare Lichtemitter. Sie vereinen die Funktionen Lichtquelle und Lichtmodulator. Die emittierte Lichtintensität wird durch den Betriebsstrom bestimmt und kann dadurch direkt moduliert werden. Andere Modulatoren, wie z.B. das SEED-Element, emittieren selbst kein Licht. Bei diesen Elementen wird das am Eingang ankommende Licht durch ein elektrisches Feld durch- oder ausgeschaltet. Als optisches Übertragungsmedium kann man einen Wellenleiter, wie beispielsweise eine Glasfaser, verwenden. Dieses insbesondere bei der Datenfernübertragung eingesetzte Medium ist bereits Stand der Technik. Gegenwärtig bemüht man sich, optische Verbindungen auch auf kürzeren Distanzen, z.B. zwischen Baugruppen oder integrierten Schaltkreisen, zu realisieren. Die Abbildung der Lichtwellen soll dabei mittels klassischer optischer Bauteile wie Linsen oder Hologrammen durch den freien Raum erfolgen.

2.2.1.1 Lichtdetektoren

Die für die optische Informationsübertragung wichtigsten Lichtdetektoren sind aus einem Halbleitermaterial, z.B. Silizium, hergestellte Photodioden [HaGr84], [ScFe75]. Daher wird im folgenden der Aufbau und die Funktionsweise einer gewöhnlichen Photodiode sowie einer Avalanche-Photodiode gezeigt. Die meisten Halbleiter-Photodioden stellen eine PIN-Konstruktion dar (Abb. 2.5), wobei die Buchstaben P,I,N für jeweils unterschiedlich dotierte Bereiche in der Photodiode stehen. Der P-Bereich ist p-dotiert, d.h. die Anzahl der Löcher überwiegt, den n-dotierten N-Bereich charakterisiert dagegen ein Überschuß an frei beweglichen, ungebundenen Elektronen. Dazwischen befindet sich als Sperrschicht der Intrinsic-Bereich.

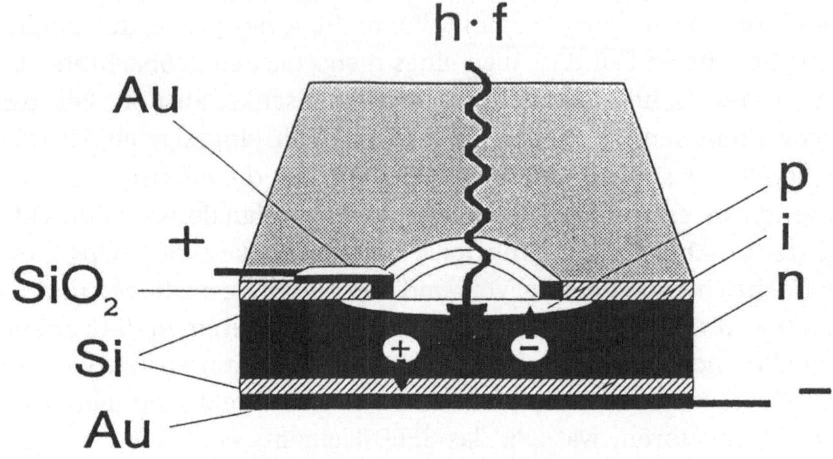

Abb. 2.5 Struktur einer Silizium-PIN-Photodiode

Je nachdem ob dieser leicht n- oder p-dotiert ist, handelt es sich um eine N- oder P-Typ Diode. Das von der Photodiode aufgenommene Licht dringt über die relativ dünne P-Schicht in den Intrinsic-Bereich ein. Die einfallende Photonenenergie hf (h=Planksches Wirkungsquantum, f=Frequenz des Lichts) reicht aus, um mit einer gewissen Wahrscheinlichkeit in der Sperrschicht ein Elektronen-Lochpaar zu erzeugen. Die Wahrscheinlichkeit heißt Quantenwirkungsgrad und kann Werte von einigen zehn Prozent annehmen. Falls gleichzeitig eine elektrische Verbindung an den beiden Seiten der Diode angebracht ist, fließt während der Zeitdauer der Beleuchtung ein Strom. Dieses als photovoltaischer Effekt bezeichnete Phänomen wird auch bei Solarzellen ausgenutzt.

Wird über die Photodiode in Sperrichtung eine Spannung angelegt, werden die lichtinduzierten Elektronen und Löcher durch das elektrische Feld vom Intrinsic-Bereich schnell in die p- bzw. n-dotierten Bereiche beschleunigt. Dies bezeichnet man als photoleitende Betriebsart. Photoleitende Photodioden besitzen eine niedrige Sperrschichtkapazität, d.h. sie können besonders schnell auf die hochfrequente Modulation eines Lichtstrahls reagieren. Photovoltaisch betriebene Photodioden sind dagegen rauschärmer, aber auch langsamer.

Daher werden bei der optischen Datenübertragung häufig Dioden in photoleitender Betriebsart eingesetzt, während photovoltaisch betriebene Photodioden eher für Meßaufgaben geeignet sind. Der detektierte Stromfluß I_{PHD} einer in photoleitender Betriebsart arbeitenden Diode setzt sich aus zwei Teilen zusammen, dem eben beschriebenen licht- oder photoinduzierten Stromfluß I_{ph} und dem Dunkelstrom I_D. Zwischen dem induzierten Photostrom I_{ph} und der eingestrahlten Lichtleistung P_{opt} besteht ein direkter linearer Zusammenhang. Der Dunkelstrom I_D besteht aus der Summe aller Leckströme durch das Halbleitermaterial und der Diodenoberfläche. Der Dunkelstrom I_D hängt von der Bauform der Diode, der Betriebsspannung U und der Betriebstemperatur T ab [HaGr84].

$$I_{PHD} = I_D \,(e^{-\frac{Uq}{kT}} - 1) - I_{ph} \qquad I_{ph} = \frac{\eta\, P_{opt}\, q}{h\, f} \qquad (2.1)$$

k: Boltzmann-Konstante h: Plancksches Wirkungsquantum
q: Elektronenladung f: Frequenz des eingestrahlten Lichts
η: Quantenwirkungsgrad

Bei einer bestimmten Art von Photodiode kann der Photostrom noch eine zusätzliche Verstärkung erfahren. Bei diesen als Lawinenphotodioden oder auch als Avalanche-Photodioden bezeichneten Photodetektoren wird die beim photoleitfähigen Betrieb benutzte Vorspannung nahe an die Durchbruchspannunggebracht. Die Durchbruchspannung ist die Spannung, bei der das im Intrinsic-Bereich erzeugte elektrische Feld zur Elektronen/Lochpaarbildung ausreicht. Wird nun in einer Avalanche-Photodiode durch Photonenbestrahlung ein Elektronen/Lochpaar erzeugt und durch das hohe elektrische Feld beschleunigt, reicht die kinetische Energie der Elektronen und Löcher aus, um durch Stoßionisation weitere Elektronen-Loch-Paare zu erzeugen. Auch diese werden wieder so stark beschleunigt, daß weitere Ladungsträgerpaare entstehen. Dies bezeichnet man als Lawineneffekt. Dadurch läßt sich ein anfangs noch schwacher Photostrom bereits in der Photodiode vielfach verstärken und somit die Empfindlichkeit der Photodiode steigern.

Nachdem das Prinzip der für die optische Datenübertragung wichtigsten Empfängerkomponenten erklärt wurde, folgt als nächstes die Beschreibung der auf der Senderseite notwendigen Lichtquellen oder Lichtemitter.

2.2.1.2 Lichtemitter

Zu den wichtigsten Lichtemittern in der optischen Datenverarbeitung zählen Lumineszenzdioden und Laserdioden. Beide sind derzeit im Gegensatz zu Photodioden nicht in Silizium herstellbar, sondern werden aus einem direkten Halbleitermaterial, häufig III-V-Halbleitern wie z.B. GaAlAs, aufgebaut. Seit kurzem gibt es experimentelle Resultate zu Lumineszenz an porösen Siliziumstrukturen. Deren physikalische Mechanismen sind jedoch noch nicht völlig geklärt, weshalb sie von der Anwendung auch noch ein Stück entfernt sind [Canh92].

a) Lumineszenzdioden

Lumineszenzdioden oder lichtemittierende Dioden (LED) [ScFe75] bestehen aus einer p-dotierten und einer n-dotierten Schicht. Die Lichterzeugung beruht auf der strahlenden Rekombination von Elektronen aus dem Leitungsband mit Löchern aus dem Valenzband. Die dabei frei werdende Energie wird durch Aussendung eines Photons umgesetzt. Die emittierte Energie entspricht in etwa dem Bandabstand des Leitungs- und Valenzbandes im Halbleitermaterial.

Um Emission zu ermöglichen, werden Elektronen durch eine in Flußrichtung der Diode angelegten Spannung vom n-Gebiet in das p-Gebiet injiziert. Am Energiebändermodell betrachtet, bedeutet dies eine Anhebung der Elektronen aus dem Valenzband ins Leitungsband. Angeregte Elektronen emittieren die aufgenommene Energie meist wieder spontan, was sowohl strahlend als auch nicht strahlend erfolgen kann. Die spontane Emission erfolgt direkt am pn-Übergang. Das emittierte Licht breitet sich in alle Richtungen (Abb. 2.6) aus.

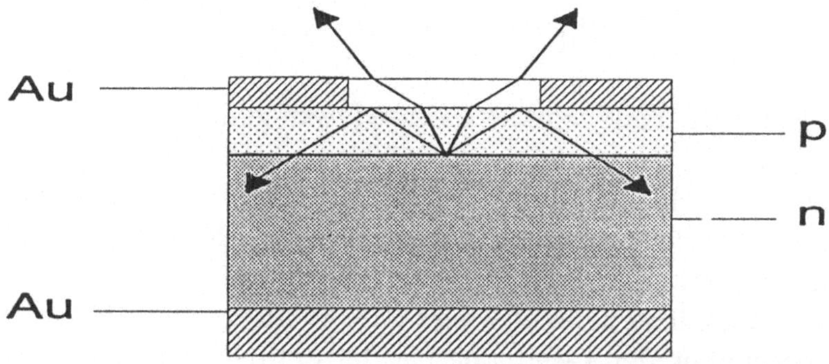

Abb. 2.6 Lumineszenzdiode mit Lichtemission am pn-Übergang

Der in der LED erzeugte Lichtstrom ist proportional zum Rekombinationsstrom. Ein Teil des im p-Gebiet der LED emittierten Lichtes geht aber wieder durch sofortige Absorption verloren, d.h. durch Anhebung von Elektronen vom Valenzband ins Leitungsband, die ihre Energie schließlich meist in Wärme umsetzen. Ein noch größerer Verlust entsteht beim Austritt aus dem Halbleitermaterial. Aufgrund des hohen Brechungsindex des Halbleitermaterials (GaAs 3.6, GaP 3.3) ist der Grenzwinkel der Totalreflexion am Übergang vom Halbleitermaterial in Luft sehr gering (GaAs 16.2, GaP 17.7). Alle Strahlen, die unter einem größeren Winkel auf die Oberfläche treffen, werden wieder in das Innere der Diode zurückreflektiert (s. Abb. 2.6); die Strahlung wird reabsorbiert und ebenfalls in Wärme umgesetzt. Dies führt dazu, daß der Wirkungsgrad η_{LED} bei Lumineszenzdioden in der Regel nur einige wenige Prozent beträgt, d.h. nur ein geringer Teil der elektrischen Eingangsleistung wird in effektiv nutzbare Lichtleistung umgesetzt. Ein weiteres Charakteristikum eines Lichtemitters ist dessen Abstrahlungsprofil. Darunter versteht man die Verteilung des vom Lichtemitter abgegebenen Lichtes im Raum. Bei einer LED wird das austretende Licht einigermaßen gleichmäßig unter einem Raumwinkel von 2π in den Halbraum abgestrahlt (Lambert-Strahler). Die Abhängigkeit der für die Übertragung binärer Informationen wichtigen Lichtleistung P_{opt} von der elektrischen Betriebsspannung U und dem Diodenstrom I_D ist nach [HaGr84] gegeben durch

$$P_{opt_{LED}} = \eta_{LED} \frac{h\,f}{q} I_D \qquad I_D = I_S (e^{-\frac{U\,q}{k\,T}} - 1) \qquad (2.2)$$

Dabei ist I_S der die Diode charakterisierende Sättigungsstrom.

Der Vorteil einer LED gegenüber den im folgenden beschriebenen Laserdioden besteht in der wesentlich kostengünstigeren Herstellung. Aufgrund des niedrigen Wirkungsgrades und der im Vergleich zur Laserdiode für hohe Datenkanaldichten ungünstigeren Abstrahlungseigenschaften besitzt die LED gegenüber der Laserdiode bei der optischen Informationsübertragung allerdings große Nachteile.

b) Laserdioden

Neben Lumineszenzdioden sind Laserdioden die wichtigsten Lichtquellen bei der optischen Datenübertragung. Im Gegensatz zu LED besitzen Laserdioden mit bis zu 30-40% einen höheren Wirkungsgrad. Ferner strahlen Laserdioden ihr emittiertes Licht in einem wesentlich geringeren Raumwinkel ab als LEDs. Sie besitzen kein gleichmäßiges sondern ein gaussförmiges Abstrahlungsprofil. Dadurch sind störende Einflüsse wie durch Streulicht verursachtes optisches Übersprechen an den benachbarten Detektoren eines Empfängers leichter zu vermeiden. Die höhere Effizienz bei der Lichtemission beruht auf der Erzeugung und dem Ausnutzen von Rückkopplungseffekten im verwendeten Halbleitermaterial. Dieser zusätzlich zur spontanen Emission auftretende und als stimulierte Emission bezeichnete Vorgang tritt bei einer Leuchtdiode nicht in nennenswertem Maße auf.

Bei der stimulierten Emission treffen bereits emittierte Photonen auf Elektronen, die ins Leitungsband angehoben wurden ("Pumpen"). Durch bereits emittierte Photonen werden die angeregten Elektronen mit im Valenzband befindlichen Löchern zur strahlenden Rekombination stimuliert. Voraussetzung für diesen Lasereffekt ist die Erfüllung der Inversionsbedingung, d.h. durch das Pumpen wurde im Leitungsband eine höhere Besetzungsdichte als im Valenzband erzeugt.

Die neu emittierten Photonen besitzen exakt dieselbe Wellenlänge wie die anregenden Photonen. Um die Wahrscheinlichkeit zu erhöhen, daß ein Photon ein angeregtes Elektron trifft, wird das Halbleitermaterial von zwei Spiegelflächen eingeschlossen (Resonator), so daß die Lichtstrahlen mehrfach zwischen beiden Spiegelflächen hin und her reflektieren.

Damit der zur Lichtverstärkung notwendige Pumpstrom überhaupt wirksam wird, muß dieser eine gewisse Schwelle I überschreiten. Unterhalb dieses Schwellenstromes tritt zu wenig stimulierte Emission auf. Die Laserdiode verhält sich in diesem Fall wie eine Leuchtdiode.

Abb. 2.7 verdeutlicht dies durch die graphische Darstellung der abgegebenen Lichtleistung $P_O$in Abhängigkeit vom Pumpstrom I_F.

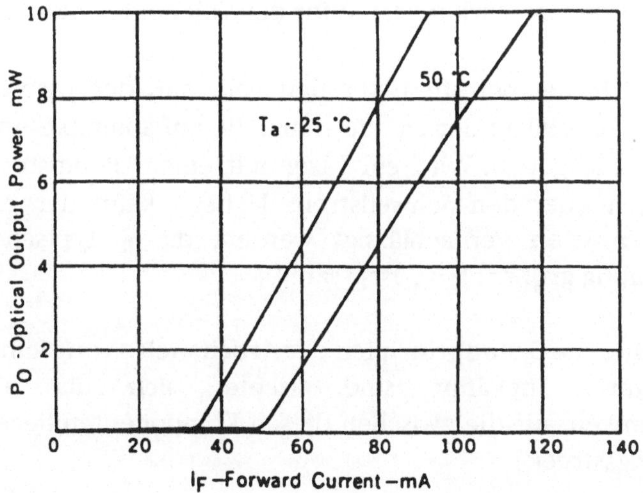

Abb. 2.7 Optische Leistung vs. Injektionsstrom. Bild aus [NEC89]

Für die Detektion eines optischen Signals an einem Empfänger ist die von einer Laserdiode erzeugte Lichtleistung entscheidend. Die Abhängigkeit der optischen Leistung P_{opt} vom elektrischen Pumpstrom I_D nach [Tsan90] zeigt (2.3).

$$P_{opt}(I_O) = \frac{h\,c}{\lambda\,q}(I_O - I_S)\eta_L + \frac{I_S}{q}\eta_{Sp}\frac{h\,c}{\lambda} \quad \text{für } I_O > I_S$$

$$P_{opt}(I_O) = \frac{I_O}{q}\eta_{Sp}\frac{h\,c}{\lambda} \quad \text{für } I_O < I_S \tag{2.3}$$

Die einzelnen Parameter haben folgende Bedeutung:

I_S	Schwellenstrom, ab dem der Lasereffekt eintritt
λ	Wellenlänge des emittierten Lichtes
η_L	externer Wirkungsgrad für den Fall des Lasereffektes
η_{Sp}	externer Wirkungsgrad für den Fall der spontanen Emission

Die beiden Terme betreffen, für den Fall, daß der Lasereffekt eintritt ($I_O > I_S$), die Anteile an der Lichtleistung, die auf spontane und stimulierte Emission zurückgehen. Wird ein Laser mit einem Pumpstrom betrieben, der reichlich über den Schwellstrom I_S liegt, kann der Anteil für die spontane Emission vernachlässigt werden, da η_L typischerweise eine Größenordnung größer als η_{Sp} ist [Tsan90].

Nachdem nun die Grundprinzipien der Arbeitsweise von Lichtemittern und Lichtdetektoren bekannt sind, richtet sich als nächstes die Aufmerksamkeit auf die zwischen diesen Komponenten liegende optische Übertragungsstrecke.

2.2.1.3 Optische Verbindungen

Der Einsatz von faseroptischen Lichtleitern (2.2.1.3a), wie z.B. einer Glasfaser, als optisches Übertragungsmedium für Punkt-zu-Punkt-Verbindungen über größere Entfernungen ist bereits Stand der Technik. Zur Kopplung einer Senderebene (bei optoelektronischen Systemen in der Regel eine Matrix von Lichtemittern) mit einer Empfangsebene (bei optoelektronischen Systemen in der Regel eine Matrix von Photodetektoren) ist dann ein Glasfaserbündel notwendig.

Neben der optischen Übertragung in Wellenleitern kann optisch kodierte Information auch durch den freien Raum übertragen werden. Gegenwärtig arbeitet man an der Miniaturisierung von optischen Elementen, die die parallele Abbildung von Datenebenen durch den freien Raum auch in sehr kleinen Systemen ermöglichen sollen. Da diese Abbildung von optischen Signalen größtenteils wechselwirkungsfrei geschieht, läßt sich damit insbesondere bei angestrebten Mikrosystemen eine höhere Ortsbandbreite erzielen, also mehr Kanäle pro Fläche als beim Einsatz mit Glasfaserbündeln. Die Realisierung der Freiraumoptik kann z.B. mit einer einzelnen "großen" Linse (2.2.1.3b) oder mit einem aus vielen "kleinen" Linsen bestehenden Feld (2.2.1.3c) durchgeführt werden. Neben diesen refraktiven (lichtbrechenden) Komponenten werden auch diffraktive (lichtbeugende) Elemente wie Hologramme (2.2.1.3d) auf ihre Eignung als optischer Verbindungsmodul untersucht.

Wie zu Beginn des Kapitels erwähnt, interessiert insbesondere für die Modellierung auf Bauteileebene die Übertragung der von einem Emitter abgegebenen optischen Leistung P_E, die wegen unvermeidlicher Verluste auf der Übertragungsstrecke am Detektor als eine geringere Leistung P_D ankommt . Die bei der Übertragung auftretenden Verluste werden durch den Wirkungsgrad der optischen Abbildung η_{opt} spezifiziert.

$$P_D = \eta_{opt} P_E \tag{2.4}$$

Der Wirkungsgrad einer optischen Abbildung muß die durch den Sender gegebene Intensitätsverteilung berücksichtigen. Beispielsweise ergibt sich aufgrund der verschiedenen Abstrahlungsprofile einer LED und einer Laserdiode auch ein unterschiedlicher optischer Wirkungsgrad.

a) Optische Verbindungen mit Faseroptik

Im Gegensatz zur optischen Datenübertragung durch den freien Raum, transportiert eine Glas- oder Kunststoffaser [Schr80] Lichtwellen in einem abgeschlossenen Medium. Dies kann entweder, wie bei Stufenindexfasern, durch mehrfache Totalreflexion an den Wänden des verwendeten Mediums erfolgen oder, wie bei den Gradientenindexfasern, durch eine geführte Übertragung der Lichtwelle.

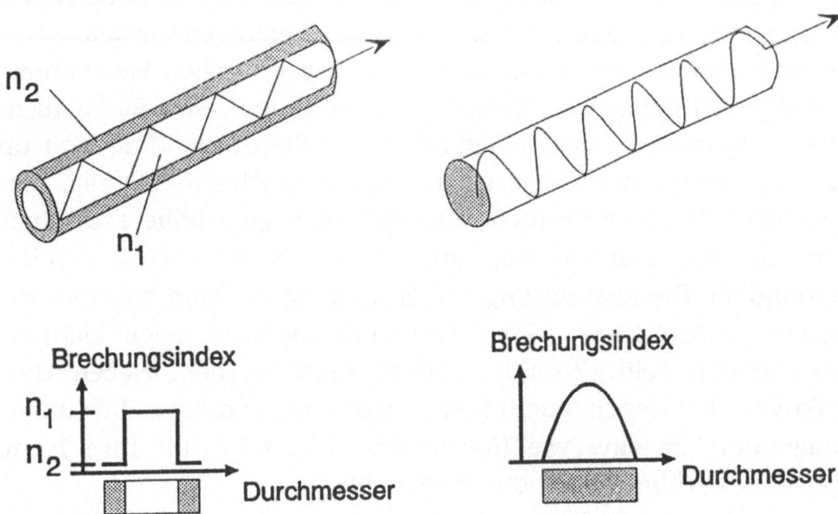

Abb. 2.8 Stufenindexfaser (links) und Gradientenfaser (rechts) mit zugehörigem Brechzahlverlauf

Voraussetzung für die bei den Stufenindexfasern durch Totalreflexion realisierte Übertragung ist ein niedriger Brechungsindex n_2 des Mantels gegenüber dem Brechungsindex n_1 im Faserkern (s.Abb.2.8). Ein Strahl, der mit einem Winkel in die Glasfaser eingekoppelt wird, der größer als der Grenzwinkel der Totalreflexion ist, wird vielfach innerhalb der Faser vollständig reflektiert. Aufgrund von konstruktiven bzw. destruktiven Interferenzen innerhalb der Faser erreicht man aber nur für einige diskrete Einkoppelbedingungen das Faserende. Je nachdem ob lediglich eine bestimmte Lichtverteilung oder mehrere Lichtverteilungen die Einkoppelbedingung erfüllen, spricht man von einer Single- bzw. Multimodefaser. Bei den Gradientenindexfasern nimmt der Brechungsindex von der Mitte der Faser nach außen hin zur Ummantelung kontinuierlich ab. Dies führt dazu, daß die Lichtwelle durch die Faser geführt wird, ohne den Rand des Mediums zu berühren. Dadurch treten bei der Übertragung keine Reflexionen auf, weshalb Gradientenindexfasern geringere Verluste besitzen als Fasern mit Stufenindex [Schr80].

Wie der Einsatz insbesondere in der Telekommunikationstechnik auf längeren Distanzen zeigt, stellt die Datenübertragung mit Faseroptik eine ausgereifte Technologie dar. Daher versucht man häufig Fasern auch auf kürzeren Distanzen einzusetzen, z.B. bei der Verbindung von Prozessoren in Multiprozessorsystemen. Der Vorteil von Fasern besteht darin, daß zwischen Sender und Empfänger keine fixe Justage nötig ist. Ferner ermöglicht Faseroptik die Erhöhung der Übertragungsrate und trägt damit zur Vermeidung der bei der Kommunikation auftretenden Leistungseinbußen ("Flaschenhals") in Multiprozessorsystemen bei.

Im Unterschied zu der optischen Übertragung durch den freien Raum sind einander kreuzende Verbindungen mit Fasern jedoch nur schwer zu realisieren. Damit kann ein wesentlicher Vorteil der Optik, die hohe Ortsbandbreite, nicht vollständig ausgenutzt werden. Fasern liefern daher im Vergleich zur Freiraumoptik eher eine hohe Zeitbandbreite und weniger eine hohe Ortsbandbreite.

Im folgenden wird auf den für die Modellierung auf Bauteileebene wichtigen optischen Wirkungsgrad bei der Einkopplung in eine Stufenindexfaser für verschiedene Senderquellen (LED und Laserdiode) eingegangen. Bei einer LED, die ihr emittiertes Licht gleichmäßig in den Halbraum abstrahlt, hängt der Koppelwirkungsgrad (typ. Wert: ca. 75%) vom Öffnungswinkel u der Faser ab. Der Öffnungswinkel gibt an, innerhalb welchen Winkelbereichs Licht von einem optischen Abbildungselement eingefangen wird. Dieser läßt sich aus der Bedingung errechnen, daß der Grenzwinkel der Totalreflexion an der Mantelfläche überschritten werden muß, um in der Faser eine Strahlausbreitung zu ermöglichen [Schr80].Nach Kressel [Kres80] errechnet sich der Wirkungsgrad für einen Lambert-Strahler, wie z.B. einer LED, aus dem Quotienten der in (2.5) dargestellten Integrale. Als Lösung erhält man das Quadrat vom Sinus des Öffnungswinkels u, welches für die Stufenindexfaser gleich der Differenz der quadrierten Brechungsindizes n_1 des Faserkerns und n_2 des Fasermantels ist. Dabei wurde angenommen, daß die gesamte LED-Fläche innerhalb des durch den Winkel u gegebenen Öffnungsbereiches der Faser liegt.
Liegt eine Laserdiode und somit ein gaussförmiges Abstrahlungsprofil vor, zeigt (2.6) den entsprechenden Wirkungsgrad.

$$\eta_{\text{LED-Faser}} = \frac{\int_0^u \cos\theta \sin\theta \, \partial\theta}{\int_0^{\frac{\pi}{2}} \cos\theta \sin\theta \, \partial\theta} = \sin^2 u = n_1^2 - n_2^2 \qquad (2.5)$$

$$\eta_{\text{LED-Faser}} = 1 - e^{-\frac{(2 z \tan u)^2}{2\omega^2}} \qquad (2.6)$$

Dabei ist z der Abstand der Faser und der unmittelbar nach Austritt vorhandene und damit noch nicht verbreiterte Durchmesser des Laserstrahls. Dabei wurde der Einfachheit halber kein elliptischer sondern ein kreisförmiger Querschnitt des Laserstrahls angenommen. Zur exakteren Begründung von (2.6) sei auf [Schwa91] verwiesen.

b) Reguläre Verbindungstopologien mit einer Linse

Mit einer Linse lassen sich prinzipiell reguläre Verbindungsmuster realisieren, wie z.B. eine Crossover-Verbindung, die einer Spiegelung der Datenebene in der Mitte entspricht. Alle von der Senderebene ausgehenden Strahlen werden mit einer einzigen Linse oder einem Linsensystem gleichzeitig abgebildet. Bei der Abbildung mit einer Linse (s.Abb. 2.9) muß die Empfängerebene genau im Bild der Senderebene justiert werden. Alle von der Senderebene ausgehenden Strahlen werden mit einer einzigen Linse oder einem Linsensystem gleichzeitig abgebildet. Meistens wird man Linsensysteme verwenden müssen, da Einzellinsen zu hohe Abbildungsfehler aufweisen. Diese kompensiert man in der Regel durch Hintereinanderschalten mehrerer Einzellinsen zu einem System. Um der fehlerfreien, idealen optischen Abbildung möglichst nahe zu kommen, muß der Linsendurchmesser in X- und Y-Richtung der Linse meistens wesentlich größer als die X/Y-Ausdehnung des Senderfeldes sein.

Die für die Modellierung auf Bauteileebene wichtige Frage, wieviel optische Leistung eines Emitters mit einer Linse übertragen werden kann, zeigt (2.7) für den Fall einer LED und einer Laserdiode als Senderquelle. Eine genaue Herleitung von (2.7) kann erneut in [Schwa91] gefunden werden.

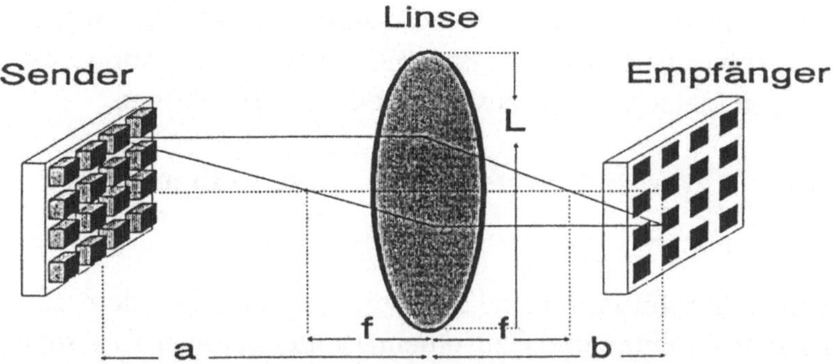

Abb. 2.9 Abbildung einer Senderebene auf eine Empfangsebene mit einer Linse

a: Abstand Sender-Linse b: Abstand Empfänger-Linse
f: Brennweite der Linse L: Durchmesser der Linse

$$\eta_{opt_{LED}} = \frac{1}{4} \left(\frac{M}{M-1} \right)^2 \frac{L^2}{f^2} T \qquad \eta_{opt_{LD}} = \left(1 - e^{-\frac{1}{2} \left(\frac{L \pi w}{a \lambda} \right)^2} \right) T \tag{2.7}$$

Abbildlungsmaßstab: $M = \frac{a}{b}$

$$\frac{1}{f} = \frac{1}{a} + \frac{1}{b} \tag{2.8}$$

Die im Wirkungsgrad der Laserdiode angegebene Größe ω bezieht sich dabei wieder auf den Durchmesser des kreisförmigen Querschnitts des Laserlichtkegels bei Austritt aus dem Laser. Die Größe λ entspricht der Wellenlänge des von der Laserquelle emittierten Lichtes. Der Abstand des Senders zur Linse sei a, dann ergibt sich aus der Abbildungsgleichung (2.8) der Abstand b des Empfängers zur Linse mit einer bekannten Brennweite f. Die Transmission T ($\approx$0.3...0.98) gibt an, wieviel Licht innerhalb des Akzeptanzwinkels übertragen und nicht durch Absorption, Reflektion oder Streuung verloren geht.

Bei der Abbildung einer Datenebene mit einer Linse handelt es sich im wesentlichen um die parallele Ausführung vieler, zur optischen Achse symmetrischer Punkt-zu-Punkt-Verbindungen. Benötigt man dagegen eine irreguläre Verbindungstopologie, ist eine ortsvariante Abbildung mit einem aus vielen kleinen Linsen bestehenden Feld vorzuziehen.

c) Irreguläre Verbindungstopologie mit einem Feld aus Mikrolinsen

Durch ein mit Mikrolinsen [HuSa92] bestücktes Feld - in dem für jede Verbindung eines Lichtemitters zu einem Lichtempfänger ein separates Linsenpaar verwendet wird - können prinzipiell sich kreuzende Verbindungen realisiert werden (s.Abb.2.10). Die Verwendung eines Linsenpaares hat den Vorteil, den störenden Einfluß von Streulicht zu vermeiden. Dazu muß, wie in im obersten und untersten Sender/Empfängerpaar zu sehen, der Emitter in der objektseitigen Brennebene (in Abb. 2.10 links von der Linse) der diesem Emitter zugeordneten Linse stehen. Diese richtet die vom Sender ausgehenden Lichtstrahlen parallel, wodurch das Strahlenbündel genau zu der dem Sender gegenüberliegenden Empfängerseite übertragen wird. Das dort eintreffende parallele Strahlenbündel wird durch die dem Empfänger zugeordnete Linse auf den Detektor fokussiert. Werden die Linsen vertikal nach oben bzw. unten verschoben, so lassen sich die vom Sender ausgehenden Strahlen auch in Richtung eines Empfängers ablenken, der sich nicht genau gegenüber der Senderquelle befindet. Damit können durch individuelles Verschieben der Linsen prinzipiell auch irreguläre Verbindungstopologien realisiert werden.
Für die Berechnung des Wirkungsgrades der optischen Abbildung für das Linsenfeld muß im Prinzip für jede der Punkt-zu-Punkt-Verbindungen ein eigener optischer Wirkungsgrad über deren Lichtleitwerte errechnet werden. Der Lichtleitwert ist eine rein geometrische Größe, die ein Maß angibt, wieviel Licht eine bestimmte Anordnung passieren kann. Auf die Angabe des Wirkungsgrades soll an dieser Stelle verzichtet werden. Neben dem hier vorgestellten Linsenfeld besteht eine weitere Möglichkeit ortsvariante Verbindungen durch die Verwendung diffraktiver Komponenten, wie z.B. eines Hologramms, aufzubauen.

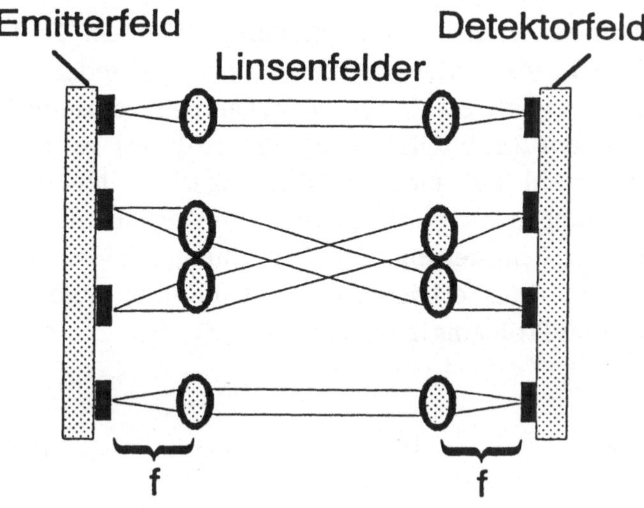

Abb. 2.10 Ortsvariante Abbildung einer Datenebene mit einem Linsenfeld

d) Irreguläre Verbindungstopologien mit Hologrammen

Hologramme [Schr80], die für die Datenübertragung eingesetzt werden, bestehen aus einzelnen Facetten (Subhologramme), die eine optische Verbindung zwischen beliebigen Sender-/Empfängerpaaren herstellen. Die gewünschte Verbindungstopologie wird während der Herstellung des Hologramms durch die Aufnahmegeometrie bestimmt. Dazu wird eine in Richtung des Empfangspunktes verlaufende Objektwelle mit einer vom Sendepunkt ausgehenden sogenannten Referenzwelle überlagert. Beide Wellen müssen eine konstante Phasenbeziehung zueinander aufweisen, damit sie in der Ebene des Hologramms interferieren. Auf dem aus lichtempfindlichen Material bestehenden Hologramm wird die durch die Überlagerung der beiden Lichtwellen entstandene Interferenz aufgenommen. Trifft nun während des Betriebes eine von dem Sender ausgehende Lichtwelle, d.h. nur die Referenzwelle, auf diese Gitterstruktur, so werden die Lichtwellen in die Richtung der bei der Herstellung vorhandenen Objektwelle gebeugt und damit in Richtung des gewünschten Empfängers.

Faßt man mehrere solcher Subhologramme in einem Feld zusammen, können damit mehrere Sender gleichzeitig mit verschiedenen Empfängern verbunden werden (Abb. 2.11). Außerdem kann eine einzelne Hologrammfacette auch als ein Strahlteilerhologramm realisiert werden, um einen einzelnen Lichtstrahl auf mehrere Empfänger zu lenken und damit Fan-Out-Verbindungen zu ermöglichen. Damit erhält man eine größere Flexibilität bei der Realisierung von Verbindungen zwischen datenverarbeitenden Ebenen. Dies erleichtert die Abbildung einer funktionalen Beschreibung eines Problems in physikalische Hardwarekomponenten.

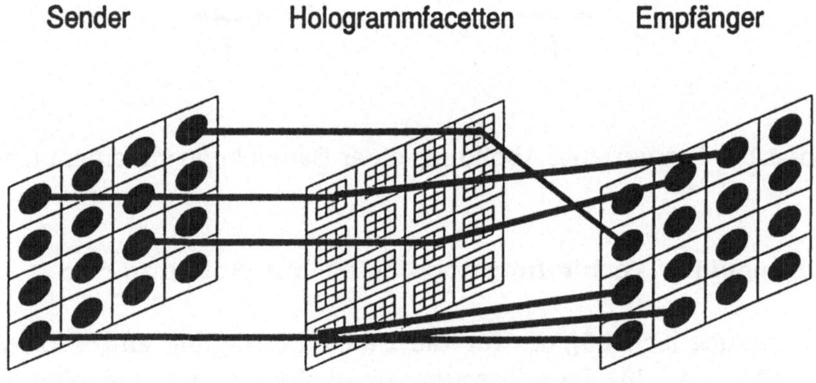

Abb. 2.11 Schema einer ortsinvarianten Verbindung mit einem Feld von Hologrammen

Der Einsatz von Hologrammen als optische Verbindungsmodule befindet sich derzeit noch in der Erprobungsphase (s.Abb.2.12), die Aufschluß über noch ungeklärte Fragen geben soll. Dies betrifft vor allem Zuverlässigkeitskriterien, wie die Langlebigkeit der Gitterstruktur oder die Genauigkeit der optischen Abbildung bei kleinen Abweichungen von der Wellenlänge (Wellenlängensensivität). Auf die Angabe eines Wirkungsgrades für die optische Abbildung wird verzichtet, da hier prinzipiell die gleiche Aussage wie für das Linsenfeld gilt.

Nachdem nun die für die optische Datenübertragung wichtigsten Bauelemente aufgeführt wurden, folgt als nächstes ein Überblick über die Funktionsweise der für die optische Informationsverarbeitung wichtigen Komponenten.

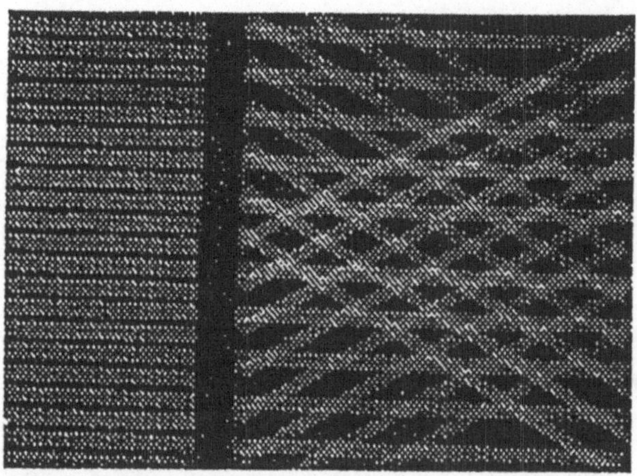

Abb. 2.13 Laboraufnahme eines mit einem Hologramm realisierten Butterfly. Das Hologramm lenkt die Strahlen in die gewünschte Richtung [KoSa91].

2.2.2 Komponenten zur optischen Informationsverarbeitung

In einem rein optischen Computer hofft man, für die Datenverarbeitung einmal optische Schaltelemente (2.2.2.1) zur Verfügung zu haben. In einem hybriden Architekturkonzept können logische Funktionen beispielsweise mittels sogenannter hybrider Komponenten (2.2.2.2) ausgeführt werden. Diese besitzen aus Photoemittern und Photodetektoren aufgebaute Matrizen, die als optische Ein- bzw. Ausgänge fungieren. Dazwischen befindet sich elektronische Logik zur Ausführung verschiedener Funktionen.

2.2.2.1 Optische Schaltelemente

Im folgenden wird ein Überblick über die wichtigsten Schaltelemente gegeben, von denen man hofft, sie einmal als elementare Schaltelemente in einem optischen Rechner einsetzen zu können. Es sind dies optische Logiketalons (2.2.2.1a) und das elektro-optische SEED-Element (2.2.2.1b).

a) Optische Logiketalons

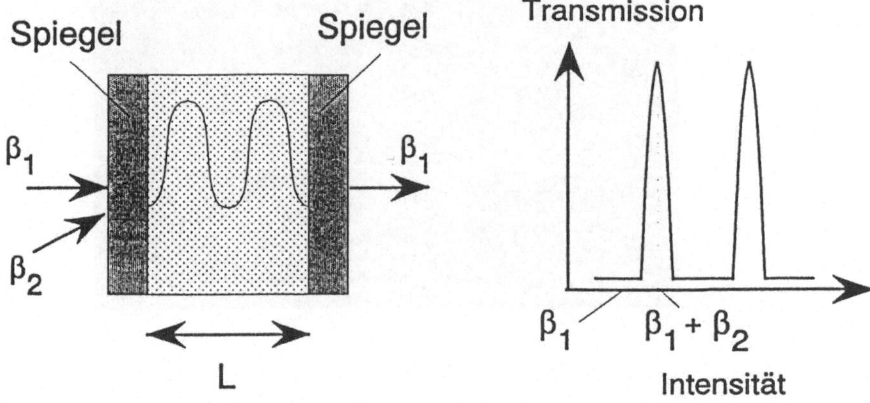

Abb. 2.13 Struktur eines Etalons (links) und funktionaler Verlauf der Interferenz gegenüber der Intensität der beiden für den Betrieb notwendigen Wellenlängen (rechts).

Logiketalons sind sehr schnelle, im Pikosekundenbereich (10^{-12}) operierende optische Schalter, die man einmal in einem optischen Computer einsetzen möchte [McAu91]. Abb. 2.13 zeigt ihren grundsätzlichen Aufbau. Voraussetzung für den optischen Schaltvorgang ist ein optisch nichtlineares Material, wie z.B. GaAs/GaAlAs, dessen Brechungsindex mit der einstrahlenden Lichtintensität variiert. Ähnlich wie beim Laser wird das Etalon von zwei Spiegelflächen begrenzt, zwischen denen sich das optisch nichtlineare Material befindet. Wenn der Abstand zwischen beiden Spiegeln ein ganzzahliges Vielfaches der optischen Weglänge beträgt, die sich aus dem Produkt des Brechungsindex des optisch nichtlinearen Materials und des Spiegelabstandes L errechnet, wird Licht transmittiert.

Der Schaltvorgang wird durch Veränderung des Brechungsindex und damit der optischen Weglänge ausgelöst. Um diese Effekte steuern zu können, bedarf es häufig zweier unterschiedlicher Wellenlängen. Abb. 2.13 zeigt die Abhängigkeit der Transmission eines Etalons, das mit einem optisch nichtlinearen Material gefüllt ist und dessen Brechungsindex von der Lichtintensität abhängt. Nach rechts aufgetragen ist die Intensität von der über die Brechzahl die optische Weglänge abhängt. Beim Betrieb wird kontinuierlich ein sogenannter Haltestrahl der Intensität β_1 eingestrahlt, der knapp unterhalb des steilen Anstieges der Transmissionskurve aus Abb. 2.13 liegt. Ein Datenstrahl β_2 braucht dann nur noch den fehlenden Restbetrag zu liefern, um konstruktive Interferenz im Resonator auszulösen, womit der Haltestrahl β_1 durchgeschaltet wird. Mit mehreren Datenstrahlen kann man unterschiedliche logische Gatterfunktionen erreichen (z.B. AND, NOR) [McAu91]. In manchen Fällen wurde vorgeschlagen, Halte- und Datenstrahlen mit unterschiedlichen Weglängen zu verwenden. Optische Datenverarbeitung erfordert jedoch kaskadierbare logische Gatter. Elemente, die eine etwaige Wellenlängenkonversion wieder rückgängig machen, wurden ebenfalls vorgeschlagen [Murd90].

Damit ist jedoch das Problem angesprochen, das bisher den praktischen Einsatz von Etalons verhinderte. Die Ausgangsintensität eines einzigen Etalons reichte bisher für eine Kaskadierung mehrerer Etalons nicht aus. Ein weiteres Problem resultiert aus dem beim Schalten verhältnismäßig hohen Energiebedarf und der daraus entstehenden Wärme. Diese kann im Vergleich zu dem schnellen Signalanstieg bislang nur langsam abgeführt werden. Dies hat zur Folge, daß bis zum nächsten Schaltvorgang längere Zeit gewartet werden muß, womit sich die effektive Schaltgeschwindigkeit des Bauelementes reduziert.

b) Self Electro-Optic Effect Device - SEED

Eine der vielversprechendsten Entwicklungen der letzten Jahre auf dem Gebiet optischer Schaltelemente stellt das SEED-Element dar [Mill87]. Obwohl es sich um kein rein optisches, sondern um ein optoelektronisches, bistabiles Element handelt, ist es hier im Kapitel der optischen Schaltelemente aufgeführt.

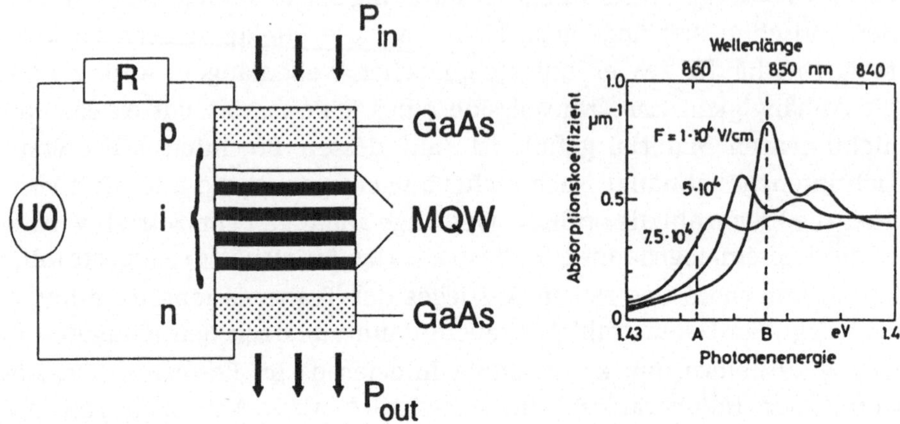

Abb. 2.14 Struktur eines SEED-Elements

Dies ist dadurch gerechtfertigt, daß bei einem SEED die Elektronik im Vergleich zu den folgenden hybriden Komponenten nur indirekt bei der Signalmanipulation mitwirkt.

Die Bistabilität eines SEED-Elementes beruht auf der durch Einwirkung eines äußeren elektrischen Feldes bedingten Veränderung der optischen Absorptionseigenschaften des SEED-Elementes. Abb. 2.14 zeigt den Aufbau eines SEED. Es besteht typischerweise aus ungefähr 1200 abwechselnden Schichten von GaAs und GaAlAs, der sogenannten Multiquantumwell(MQW)-Schicht, die in eine PIN-Photodiode eingebettet ist. Das äußere elektrische Feld wird durch eine in Sperrichtung der Diode angelegte elektrische Spannung erzeugt. Bei Lichteinfall wird ein Photostrom induziert, der einen Spannungsabfall und damit eine Reduzierung des elektrischen Feldes an der Multiquantumwell-Schicht bewirkt. Die interessante Eigenschaft der MQW-Struktur besteht nun darin, daß bei einer bestimmten eingestrahlten Photonenenergie eine Abnahme der elektrischen Feldstärke F zu einer Erhöhung der Absorption (s. Marke B, Graph Abb. 2.14) führt. Normalerweise würde, wie auch in der MQW-Struktur bei anderen Wellenlängen (s. Marke A, Graph Abb. 2.14), eine Reduzierung der elektrischen Feldstärke F eine Abnahme des Absorptionskoeffizienten bewirken.

Durch Ausnutzung dieser Eigenschaften kann man mit einem SEED nun sowohl niedrige Eingangslichtintensitäten zum Ausgang schalten, als auch hohe Eingangsintensitäten absorbieren, und damit z.B. eine negierende Logik implementieren. Ferner können die durch diese Anomalien auftretenden Bistabilitäten für die Implementierung von Speicherelementen und logischen Gatterfunktionen genutzt werden.
Die Schaltzeiten von SEED-Elementen liegen gegenwärtig unterhalb 1 ns. Ein Problem bei der Verwendung von SEEDs besteht in der Kühlung und in der notwendigen gleichmäßigen Beleuchtung von großen Feldern von SEEDs mit optischen Versorgungsstrahlen. Dies ist jedoch nicht nur ein spezifisches Problem der SEEDs, sondern betrifft generell Felder von Schaltelementen mit optischen Ein-/Ausgängen, so auch die folgenden hybriden Schaltkomponenten.

2.2.2.2 Hybride Schaltkomponenten

Hybride Schaltkomponenten setzen sich aus optoelektronischen Schaltkreisen zusammen. Diese konvertieren optisch empfangene Daten in elektrische Signale, die nach erfolgter Verarbeitung am Ausgang wieder zurück in Licht gewandelt werden. Hybride Komponenten besitzen Felder von Photodetektoren und Photoemittern mit dazwischengeschalteten elektronischen Bauelementen, die z.B. logische Funktionen durchführen. Befinden sich die Photodetektoren- und Photoemitterfelder auf der gleichen Seite eines Substrates, handelt es sich um eine monofaciale Komponente; liegen sie einander gegenüber, liegt eine bifaciale Komponente vor. Hybride Komponenten nutzen die gesamte Bausteinfläche für die Kommunikation. Damit nutzt man die durch optische Verbindungen gegebene hohe Ortsbandbreite aus und überwindet die in rein elektronischen Rechnern, aufgrund zu geringer Anzahl an Anschlüssen, oftmals zu geringe Kommunikationsbandbreite. Ferner entstehen bei hohen Taktraten durch häufige Umladung der großen Kapazitäten von Bondflächen und Leitungen große Verlustleistungen. Durch einen elektrischen Anschluß wird daher wesentlich mehr Energie dissipiert als bei einem in hybriden Komponenten vorgesehenen optischen Ausgang. Beispielsweise 100mW in den externen Anschlüssen einer in VLSI realisierten Schaltstufe eines Sortiernetzwerks [MuCl89]. Zum Vergleich 5mW bei einer Mikrolaserdiode als optischen Ausgangskanal [Lase92].

In der englischsprachigen Literatur werden die in hybriden Komponenten parallel vorhandenen optoelektronischen Schaltkreise häufig als "smart pixels" bezeichnet. Dahinter steht die Vorstellung von einer Gruppe von Bildpunkten, die zu einer simplen, mit lokaler Intelligenz ausgestatteten, logischen Einheit zusammengeschlossen sind. Midwinter [Midw87] schlägt beispielsweise vor, digitale Schaltkreise in schneller Gallium-Arsenid Technologie herzustellen und diese auf dem Chip mit als Ein-/Ausgabemodulatoren benutzten SEEDs zu integrieren. Itoh et al. [Itoh90] schlagen die Realisierung optoelektronischer Gatter auf der Basis von Photodetektoren und speziellen Laserdioden vor. Da dieser Ansatz sowohl vom Hardwareaufwand als auch von der Gatterlaufzeit eine interessante Alternative zur rein elektronischen Lösung darstellt, wird er im folgenden detaillierter betrachtet. Abb. 2.15 zeigt schematisch den Aufbau eines optoelektronischen EXOR-Gatters. Bei der Kodierung der binären 0 oder 1 bedient man sich einer kombinierten Orts- und Intensitätskodierung. Diese Dual-Rail genannte Art binärer Kodierung wird häufig in der optischen und optoelektronischen Datenverarbeitung benutzt und wird auch an späterer Stelle noch öfters benötigt. Konkret bedeutet dies, das zur Kodierung eines Binärwertes zwei physikalische, z.B. als 2x1 Vektor angeordnete Pixel, beansprucht werden, die stets zueinander inverse Lichtintensitäten besitzen. Je nachdem ob sich an der oberen Vektorposition eine hohe (helles Quadrat in Abb.2.15) und an der unteren Vektorposition eine niedrige Lichtintensität (dunkles Quadrat in Abb.2.15) befindet, liegt eine logische 1 bzw. bei umgekehrter Intensitätsverteilung eine logische 0 vor.

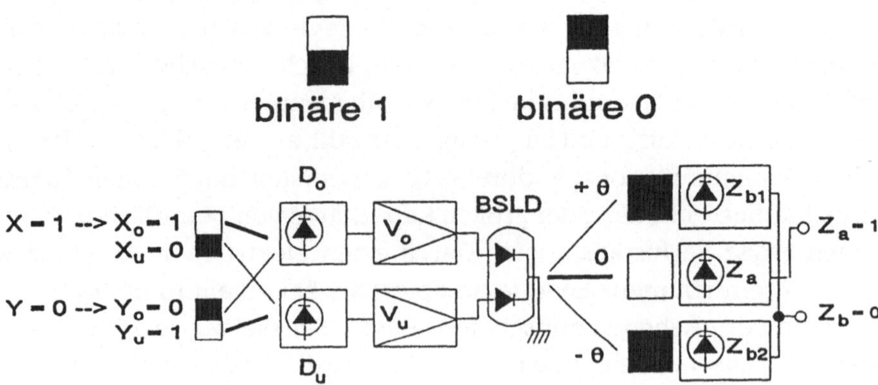

Abb. 2.15 Schematischer Aufbau eines optoelektronischen EXOR-Gatters

Abb. 2.15 zeigt zwei Eingangsvariablen (X,Y) mit den binären Werten (1,0). Die zugehörigen Dual-Rail-Kodierungen (X_o,X_u) und (Y_o,Y_u) treffen auf zwei Photodioden D_o (X_o+Y_o) und D_u (X_u+Y_u). Die resultierenden Photoströme werden durch V_o und V_u verstärkt. Kernstück der Logikoperation ist eine sogenannte beam scanning Laserdiode (BSLD), die aus den Verstärkern V_o und V_u zwei Pumpströme I_o und I_u erhält. Das von der BSLD emittierte Licht wird immer in die Richtung des schwächeren Pumpstrahls abgelenkt, bei gleichstarken Pumpströmen erfolgt keine Ablenkung (2.9).

$$\theta = \begin{cases} \theta & \text{falls } I_o < I_u \\ 0 & \text{falls } I_o = I_u \\ -\theta & \text{falls } I_o > I_u \end{cases} \qquad (2.9)$$

Für jede der drei möglichen Ablenkwinkel -θ,0,θ existiert eine Photodiode Z_{b1}, Z_{b2} und Z_a. Für das in Abb.2.15 gezeigte Beispiel ergibt sich keine Ablenkung, da beide Pumpströme den gleichen Betrag aufweisen. Somit wird der Ausgangsvektor (Z_a,Z_{b1}+Z_{b2}) für das gezeigte Beispiel (1,0). Es ergibt sich eine binäre 1, was dem erwarteten Ergebnis der EXOR-Operation entspricht. Mit analogen Methoden lassen sich weitere fundamentale Logikgatter wie z.B. XOR, XNOR, NAND, AND, NOR und OR aufbauen. Jede Gatterfunktion benötigt dadurch die gleiche Durchlaufzeit, d.h. es treten keine unterschiedlichen Laufzeiten auf, wie dies i.a. bei typischen elektronischen Logikgattern üblich ist. In [Itoh89] et al. wird ein auf BSLD aufbauender Volladdierer vorgestellt, der bei einer einzigen Gatterlaufzeit insgesamt 5 aktive Komponenten benötigt. Im Vergleich dazu benötigt ein mit 2-Input-Gattern in Resistor-Transistor-Logik aufgebauter Volladdierer 16 Gatter und 4 Gatterlaufzeiten.

Der gegenwärtige Entwicklungsstand bei der Integration optoelektronischer Schaltkreise läßt eine monolithische Integration dieser Gatter zwar noch nicht zu, aber es besteht berechtigte Hoffnung, auf diesem Gebiet in absehbarer Zeit Erfolge zu erzielen. Die größte Schwierigkeit hierbei bereitet die Integration der Laserdioden. Einen Schritt in diese Richtung stellt ein am Lehrstuhl für Angewandte Optik der Universität Erlangen entwickelter OPTO-ASIC dar [ZüSt91]. Bei diesem Baustein handelt es sich um eine monofaciale Komponente, da der Dateneingang optisch, der Datenausgang aber elektronisch realisiert ist.

Die Logik des Bausteins beinhaltet 64 sogenannte binäre Exchange/Bypass-Schalterelemente. Diese erlauben die optoelektronische Realisierung von dynamischen Verbindungsnetzwerken in Parallelrechnern. Dynamische Verbindungsnetzwerke besitzen Schalter, die flexible Verbindungen zwischen Ein- und Ausgängen herstellen. Bei statischen Netzwerken sind diese Verbindungen starr und unveränderbar. Ein solcher binärer Schalter besitzt zwei durch integrierte Photodioden realisierte optische 1-bit Eingänge A und B, die entweder unverändert oder vertauscht auf zwei elektronische Ausgänge A' und B' gegeben werden. Die Entscheidungslogik wird rein elektronisch ausgeführt. Ferner besitzt jeder Schalter einen lokalen Speicher, in dem eine einmal gefundene Schalterstellung registriert werden kann. Alle Schalterelemente arbeiten synchron. Die für die optische Übertragung der Daten auf die nächste Schalterstufe notwendige Strom/Lichtkonvertierung erfolgt außerhalb des integrierten Schaltkreises. In einer nächsten Generation wird angestrebt, eine monofaciale Komponente durch die Integration von Lumineszenzdioden zu einer hybriden Komponente weiterzuentwickeln. Langfristig wäre der Einsatz von Laserdioden wünschenswert, da diese einen höheren Fan-Out gestatten.

2.3 Grundlagen der Parallelverarbeitung

Will man das durch die große Orts- und Zeitbandbreite optischer Verbindungen gegebene Potential in einem hohen Maße nutzen, kann dies nur durch Parallelverarbeitung geschehen. Grundsätzlich kann natürlich auch ein serieller Rechner bei der Kommunikation mit der Peripherie die hohen Zeitbandbreiten nutzen. Viel drängender ist jedoch die Beseitigung des Flaschenhalses bei der Kommunikation in Hochleistungsrechnern, da dort die Elektronik an physikalische Grenzen stößt. Das ehrgeizige Ziel bis zur Jahrtausendwende einen TeraFLOP-Parallelrechner zu bauen, der kaum ohne optische Verbindungen realisierbar sein wird, zeigt z.B. die enge Verbindung von Parallelrechner und optischen Verbindungen.

Die einfachste Maßnahme die Leistung eines Einzelrechners zu steigern, war in der Vergangenheit zumeist die Erhöhung des Systemtaktes.

Dies stößt sowohl technologisch als auch von der geforderten Rechenkapazität (s. TeraFLOP-Rechner) mittlerweile an Grenzen. Daher nehmen die Aktivitäten auf dem Gebiet der Parallelverarbeitung immer mehr zu, um dadurch die Auslastung und den Datendurchsatz eines Rechensystems zu erhöhen. Da es hier verschiedene Ansätze gibt, führt dies zu einer Vielzahl unterschiedlicher, miteinander konkurrierender Konzepte, hinter denen ebenfalls unterschiedliche Verarbeitungsstrategien stehen. Zur besseren Beurteilung im Hinblick auf den Einsatz optischer Hardware werden im folgenden Parallelrechnerarchitekturen klassifiziert. Diese Klassifikation wird bezüglich des Verhältnisses von Instruktionen zu Daten (2.3.1.1) sowie der Struktur von Parallelrechnern vorgenommen (2.3.1.2).

2.3.1 Klassifikation von Parallelrechnern nach Flynn

Die sowohl bekannteste als auch gröbste Einteilung von Parallelrechnern geht auf Flynn zurück [Flynn66]. Parallelrechner werden hier nach der Anzahl ihrer Instruktions- und Datenströme klassifiziert.

	Single Data	Multiple Data
Single Instruction	SISD	SIMD
Multiple Instruction	MISD	MIMD

Der auf von Neumann zurückgehende serielle Rechner, der nur einen Instruktions- und nur einen Datenstrom kennt, ist demnach ein SISD (**S**ingle **I**nstruction **S**ingle **D**ata)-System. Parallelverarbeitung geschieht durch die gleichzeitige Anwendung einer Operation auf mehrere, unterschiedliche Daten in einem SIMD (**S**ingle **I**nstruction **M**ultiple **D**ata)-System. Läßt man auch mehrere, unterschiedliche Operationen auf mehrere, unterschiedliche Daten gleichzeitig operieren, erhält man eine MIMD (**M**ultiple **I**nstruction **M**ultiple **D**ata)-Architektur. Die vierte Klasse in der Klassifikation nach Flynn, **M**ultiple **I**nstruction **S**ingle **D**ata (MISD) ist leer. Der Vorteil einer SIMD-Architektur gegenüber einer MIMD-Architektur besteht darin, nur einmal einen Befehl aus einem globalen Programmspeicher zu holen. Der Programmspeicher bei den einzelnen Prozessoren kann deshalb entfallen. Die Prozessoren in einem SIMD-System sind daher kleiner und auch zahlreicher als in einem MIMD-System.

Digitale optische Systeme orientieren sich häufig am SIMD-Prinzip. Um den Entwurf solcher Systeme möglichst einfach zu gestalten, werden regulär aufgebaute Gatterebenen und reguläre Verbindungstopologien angestrebt.

2.3.2 Struktur von Parallelrechnern

Bei der Verarbeitungsstrategie in Parallelrechnern lassen sich vier wesentliche Strukturen feststellen:

- Fließband- oder Pipelineverarbeitung
- Multiprozessoren
- Neuronale Netze
- Feldrechner

2.3.2.1 Fließbandverarbeitung

Systeme, die nach dem Fließband- oder Pipelineprinzip arbeiten, gehören zur Klasse der SIMD-Rechner [AlGo89]. Sie bestehen aus einer Sequenz von Verarbeitungseinheiten, von denen jede eine Teiloperation ausführt. Der Datenstrom durchläuft nacheinander alle Einheiten und deren Zusammenwirken führt zur Ausführung der gewünschten Gesamtoperation. Das Prinzip der Parallelverarbeitung beruht darauf, daß alle Einheiten die gleiche Ausführungszeit besitzen und dadurch gleichzeitig verschiedene Daten bearbeiten können. Nach Ablauf einer sogenannten Einschwingphase - die Zeit bis alle Einheiten mit Daten versorgt sind - erhält man am Ende der Pipeline pro Ausführungszeit einer Einheit ein Ergebnis. Die Pipelinestrategie ist die weitverbreiteste Art der Parallelverarbeitung. In die Klasse der Pipelinerechner gehören die zu den Hochleistungsrechnern zählenden Pipeline-Vektorrechner. Diese Maschinen besitzen leistungsfähige, in mehrere Stufen gegliederte Rechenwerke zur Ausführung von Gleitpunktoperationen. Beispiele für diese Rechnerarchitekturen sind die Rechner der Cray-Serie, die CDC Cyber 205 oder der NEC SX. Pipelineverarbeitung findet heute, auf der Ebene des sogenannten Micropipelining, in nahezu jedem Mikroprozessor (RISC-Prozessoren, INTEL 80486) statt.
Ein System, das ebenfalls nach dem Pipelineprinzip arbeitet, sind systolische Arrays [KuLe78].

An Stelle von einem gibt es hier jedoch mindestens zwei Datenströme, die sich jeweils in einer definierten Richtung ausbreiten. Ferner bestehen solche Systeme häufig aus zweidimensional angeordneten, identischen Verarbeitungseinheiten, die Daten nur zu ihren unmittelbaren, nächsten Nachbarn weiterreichen. Systolische Arrays können deswegen auch als SIMD-Feldrechner betrachtet werden. Genau genommen handelt es sich hierbei um eine problem-spezifische Parallelrechnerarchitektur, die Feldrechnerkonzept und Pipelineverarbeitung kombiniert. In der Regel sind die Verarbeitungseinheiten von systolischen Arrays einfach aufgebaut. Systolische Arrays werden unter anderem beim rechnergestützten Entwurf von Signalprozessoren in VLSI-Technologie eingesetzt. Sie eignen sich einerseits wegen ihrer regulären Verbindungstopologie und andererseits wegen des einfachen Aufbaus ihrer Verarbeitungseinheiten für die optische Datenverarbeitung. Dieser homogene Gesamtaufbau von systolischen Arrays ist vor allem, wie in Kap. 7 und Kap. 8 noch gezeigt wird, für die automatische Abbildung in digitale optische Hardware hilfreich.

Pipelinestrategien sind wesentlich für die optische Datenverarbeitung. Dabei sei bereits an dieser Stelle auf die im nächsten Kapitel vorgestellten programmierbaren optischen Logikfelder hingewiesen, bei denen jede einzelne Einheit eine logische UND- bzw. ODER-Operation ausführt. Die Verwendung gleichlanger optischer Weglängen bei der Verbindung dieser Einheiten ermöglicht einen Pipelinebetrieb.

2.3.2.2 Multiprozessorsysteme

Ein anderes Konzept der Parallelverarbeitung stellen Multiprozessorsysteme dar. Sie gehören gemäß der Klassifizierung nach Flynn zu den MIMD-Systemen. Dabei handelt es sich um eine Anordnung gleicher oder zumindest ähnlich aufgebauter Prozessoren, die gemeinsam an einer Problemlösung arbeiten. Die einzelnen Prozessoren bearbeiten ein ihnen zugeteiltes Teilproblem selbständig, d.h. zu einem bestimmten Zeitpunkt werden in der Regel in den einzelnen Prozessoren verschiedene Befehle ausgeführt.

Die notwendige Kooperation besorgen sogenannte Masterprozessoren, oder sie erfolgt dezentral über Speicherkopplung (shared memory) bzw. das Versenden von Nachrichten (message passing) zwischen den Arbeitsprozessoren (slaves). Die dafür notwendige Kommunikation geschieht auf einem die Prozessoren miteinander verknüpfenden Verbindungsnetzwerk. Multiprozessorsysteme sind sehr unterschiedlich aufgebaut. Als Verarbeitungseinheiten besitzen sie meist Standardprozessoren. Als Beispiel sei hier der aus 64 INTEL 8086 Prozessoren aufgebaute Cosmic Cube genannt oder das an der Universität Erlangen konzipierte System MEMSY auf der Basis von Motorola 68020 Prozessoren.

In Multiprozessorsystemen verspricht man sich durch den Einsatz optischer Verbindungen die Realisierung höherer Datentransferraten. In diesem Fall strebt man an, die hohen Zeitbandbreiten von optischen Verbindungen für Übertragungen im Bereich "board-to-board" in Anspruch zu nehmen [Jian92]. Ein Effizienzgewinn durch Ausnutzen der hohen Ortsbandbreite von optischen Verbindungen ist hier von geringerer Bedeutung. Es steht im Vordergrund, den Datendurchsatz durch schnellere und nicht durch mehr Datenkanäle zu steigern.

2.3.2.2 Neuronale Netze

Ein Gebiet innerhalb der Parallelverarbeitung, das gerade in den letzten Jahren besondere Aufmerksamkeit auf sich gezogen hat, sind neuronale Netze. Sie gehören der Klasse der MIMD-Systeme an. In neuronalen Netzen hat man sich - jedenfalls in gewissen Grenzen - die Nachbildung der Funktionsweise des menschlichen Gehirns zum Ziel gesetzt. Das setzt eine sehr große Anzahl dicht gepackter einfacher Verarbeitungselemente (Zellen) voraus. Diese Zellen tauschen über gewichtete Verbindungen miteinander Informationen aus. Dabei gilt, daß während des Betriebes in einem neuronalen Netz die Gewichte dieser Verbindungen veränderlich sind. Insbesondere wegen der hohen Dichte dieser Verbindungen sucht man vielerorts nach einer Lösung mit optischen Verbindungen. Die erforderliche Veränderung der Verbindungsgewichte kann z.B. mit Hilfe photorefraktiver Kristalle geschehen.

Die in den Zellen notwendige Schwellwertbildung und Summierung der Eingangsinformation werden durch elektronische Verarbeitungselemente [Atha89] realisiert. Diese Verarbeitungstechnik sowie alle anderen den Autoren bekannten Ansätze, neuronale Netze optisch zu realisieren, arbeiten analog. Da in diesem Buch der Schwerpunkt auf digitalen optischen Systemen liegt, werden hier optische neuronale Netze nicht weiter behandelt. Diejenigen Leser, deren Neugier aufgrund dieses Abschnitts geweckt werden konnte, seien auf folgende Literatur verwiesen [AbuPsa87], [Psal88].

2.3.2.4 Feldrechner

Bereits seit den 50er Jahren wurden Überlegungen zu Parallelrechnerarchitekturen angestellt [Zuse58], die heute als Feldrechner bezeichnet werden. Feldrechner arbeiten nach dem SIMD-Prinzip. Nach der Vorstellung mehrerer Prototypen in den 70er Jahren (ILLIAC IV) wurden zu Beginn der 80er Jahre mit dem DAP (**D**istributed **A**rray **P**rocessor) [Redd73] und der Connection-Machine [Hill85] erstmals Feldrechner kommerziell gebaut. Feldrechner bestehen aus einer mehrdimensionalen Anordnung von Verarbeitungseinheiten, die alle gleichzeitig auf ebenfalls mehrdimensional strukturierten Datenmengen operieren. Dabei führt, im Gegensatz zu einem Multiprozessorsystem, jede Verarbeitungseinheit zu einem definierten Zeitpunkt die gleiche Operation aus. Geht man von einem gröberen Klassifizierungsschema aus, fallen in die Klasse der Feldrechner auch die Parallel-Vektorrechner, die man als eindimensionale Feldrechnerstrukturen betrachten kann. Den Unterschied zu den in 2.3.2.1 erwähnten Pipeline-Vektorrechnern zeigt Abb. 2.16. Während Parallel-Vektorrechner in Vektorform angeordnete identische Rechenwerke besitzen, ist das Rechenwerk eines Pipeline-Vektorrechners in mehrere Pipelinestufen gegliedert [AlGo90].

Das Verbindungsnetzwerk in Feldrechnern weist häufig eine Gitterstruktur auf. Beispielsweise besitzt ein einzelner Prozessor beim DAP eine Verbindung zu den nächsten Nachbarn in Nord-, Ost-, West- und Südrichtung (engl. NEWS-Netz).

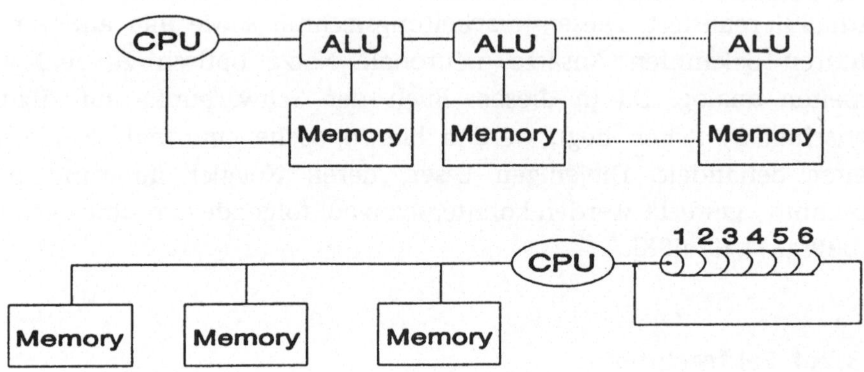

Abb. 2.16 Prinzip des Parallel-Vektorrechners (oben) und des Pipeline-Vektorrechner (unten). Das Rechenwerk des gezeigten Pipeline-Vektorrechners besteht aus einer sechsstufigen Pipeline.

Beim MasPar [Blan90] erhält jeder Prozessor noch zusätzlich vier weitere Verbindungen in die Zwischenhimmelsrichtungen (NO, NW, SW, SO). Aber auch komplexere Verbindungssysteme, wie beispielsweise der Hyperwürfel (Abb. 2.17) in der Connection-Machine, kommen vor.

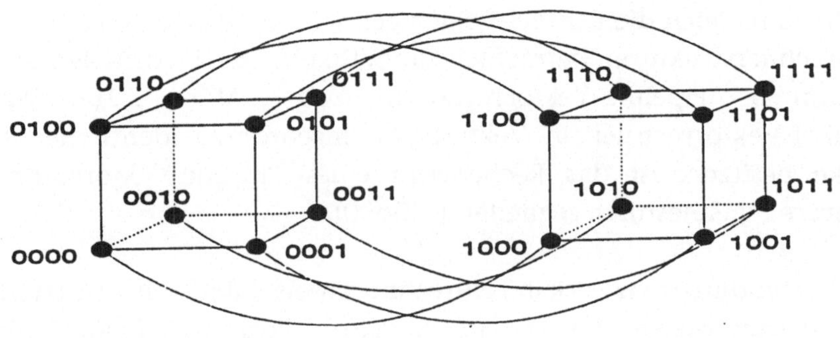

Abb. 2.17 Verbindungstopologie eines vierdimensionalen Hyperwürfels

Eine häufig anzutreffende Eigenschaft von Feldrechnern ist die sehr große Anzahl von Prozessoren. Im DAP510 werden 1024 Prozessoren, im DAP610 4096 Prozessoren, bei der Connection-Machine 65536 Prozessoren und beim MasPar-MP1 16384 Prozessoren eingesetzt. Aufgrund dieser großen Anzahl von Prozessoren spricht man auch von massiv bzw. hochgradig parallelen Architekturen. Dieser Begriff ist jedoch nicht als eine explizite Definition für eine neue Architekturklasse zu verstehen. Es wird damit vielmehr auf eine den gegenwärtigen Stand der Technik betreffende sehr große Anzahl von Prozessoren Bezug genommen [MaFo91]. Eine exakte Größe, wieviele Prozessoren dafür nötig sind, läßt sich nicht angeben, denn was heute als massiv parallel gilt, kann in Zukunft als moderate Zahl aufgefaßt werden.

Aufgrund der sehr großen Prozessorzahlen in massiv parallelen Systemen sind die Prozessoren sowohl in Größe und damit zwangsläufig auch in Funktion verhältnismäßig einfach strukturiert. Beispielsweise besteht die arithmetisch-logische Einheit (ALU) in den Prozessorelementen der ersten Version der Connection Machine (CM-1) aus einer einfachen, kombinatorischen Logik [Hill85]. Die als 16-Bit Zugriffstabelle konzipierte ALU hat lediglich drei 1-Bit breite Dateneingänge und zwei 1-Bit breite Datenausgänge. Mit Hilfe der Zugriffstabelle werden die beiden Ausgänge für alle möglichen 2^3=8 Kombinationen der Eingangssignale erzeugt. Die ALU des DAP arbeitet ebenfalls auf Bit-Ebene. Sie besteht im Kern aus einem 1-Bit Volladdierer. Die Ganzzahlenarithmetik eines Prozessorelementes beim MasPar wird über eine 4-Bit ALU abgewickelt. Konzepte für assoziativ arbeitende Feldrechnerarchitekturen sehen Prozessorelemente vor, die z.B. mit Hilfe eines Komparators, eines 1-Bit Volladdierers und Flag-Registern eine am Eingang erhaltene Bitfolge mit einer lokal gespeicherten Bitfolge vergleichen [Lea91].
Die Forderung nach hohen Datendurchsätzen und insbesondere die einfache Funktionalität der Prozessorelemente macht massiv parallele Systeme für eine Reihe von Konzepten für rein optische Parallelrechner interessant. Stucke schlägt eine optische bit-serielle Rechnerarchitektur auf der Basis des DAP vor [Stuc89]. Hwang und Louri [HwLo84] veröffentlichten ein Konzept für einen mit Mustersubstitutionslogik arbeitenden optischen bit-seriellen, wort-parallelen Feldrechner, dessen Prozessorfeld dem DAP sehr ähnlich ist.

Murdocca [Murd90] stellt auf der Grundlage von optisch programmierbaren Logikfeldern eine optische Architektur für die Connection Machine und einen optischen Assoziativrechner vor. An der Heriott-Watt-University in Edinburgh wurde mit dem OCLIP (Optical Cellular Logic Image Processor) [Wher87] u.a. auf der Basis von SEED-Elementen ein nach dem SIMD-Prinzip arbeitender programmierbarer optischer Demonstrator gebaut. Vorbild war dabei die Prototypenserie elektronischer CLIP-Architekturen [Duft82], die seit Beginn der 70er ebenfalls in Großbritannien (University College London) konstruiert wurden, um auf dem Gebiet der elektronischen Feldrechner Erfahrungen zu sammeln.

Der Vorteil dieser Architekturen für eine optische Umsetzung besteht darin, daß diese neben der zeitlichen Bandbreite auch die Ortsbandbreite optisch realisierter Kommunikationswege nützen. Dieser Vorteil beschränkt sich jedoch nicht nur auf rein optische Architekturen. Auch hybride Lösungen, bei denen die in bifacialen Komponenten integrierten Lichtemitter und Photodetektoren über die gesamte Fläche des Schaltkreises verteilt sind, können von den hohen Informationsdichten durch parallele optische Verbindungen zwischen Prozessorfeldern profitieren. Letzteres gilt insbesondere für den Aufbau massiv paralleler optoelektronischer Systeme, die durch den Vorteil einer platzsparenderen dreidimensionalen Architektur im gleichen Raum mehr Kommunikationsleistung unterbringen als rein elektronische Feldrechnerstrukturen. Ferner lassen sich die unter der Randbedingung einfacher PEs entwickelten Architekturkonzepte für massiv parallele optoelektronische Systeme auch leicht in rein optische Lösungen umsetzen, falls dafür einmal optische Schaltelemente zur Verfügung stehen.

2.4 Ansatzpunkte für den Einsatz der digitalen Optik

Im vorigen Abschnitt wurde u.a. eine qualitative Beschreibung verschiedener Parallelrechnerstrukturen im Hinblick auf ihre Eignung für die optische Datenverarbeitung vorgenommen. In diesem Abschnitt erfolgt eine allgemeine, d.h. nicht an eine konkrete Architektur gebundene, quantitative Betrachtung darüber, welche Leistungssteigerung durch die hohe Zeit- und Ortsbandbreite der optischen Datenübertragung zu erwarten ist.

2.4.1 Quantitativer Einfluß der Zeitbandbreite

Zur quantitativen Bewertung des Einflusses der Zeitbandbreite bei der Ausführung eines Algorithmus wird im folgenden der zu erwartende Speed-Up berechnet, wenn beispielsweise durch den Einsatz optischer Verbindungen eine störungsfreie höhere Datenübertragung möglich wird. Die Berechnung des Speed-Up erfordert die Bestimmung der Zeitkomplexitäten. Bei den in der Literatur zu findenden Berechnungen der Zeitkomplexität zu einer gegebenen Anwendung wird die Kommunikation häufig vollständig vernachlässigt. Dies ist bei der hier verfolgten Absicht, den Einfluß optischer Kommunikation zu berücksichtigen, nicht zulässig. Eine Berücksichtigung der Kommunikationszeit bei datenparallelen Anwendungen in SIMD-Rechnern findet sich bei Siegel [SSS82]. Die Ausführungszeit T einer Anwendung mit Problemgröße M ist die Summe aus der Berechnungszeit TB auf N Prozessoren, der Kommunikationszeit TK auf dem Verbindungsnetzwerk des SIMD-Rechners und der zur Bewältigung des nötigen Overheads, dazu gehört u.a. die Zeit, die für die Bereitstellung von Masken im Prozessorfeld aufgewendet werden muß, notwendigen Zeit TO (2.10).

$$T(N,M) = TB(N,M) + TK(N,M) + TO(N,M) \qquad (2.10)$$

Für den hier verfolgten Ansatz, den Einfluß der optischen Datenübertragung zu berücksichtigen, ist die Beschränkung auf ein SIMD-System nicht notwendig. Daher wird in einem allgemeinen Ansatz die Berechnungszeit TB, der zeitliche Overheadaufwand TO und die Kommunikationszeit TK unabhängig von N und M betrachtet (2.11).

$$T = TB + TK + TO \qquad (2.11)$$

Die Zeit für die Kommunikation TK macht einen bestimmten Prozentsatz p an der gesamten Ausführungszeit T aus. Entsprechend beträgt der Anteil an der Gesamtzeit T für die Berechnung und den Overhead 1-p (2.12).

$$TK = pT \qquad TB + TO = (1\text{-}p)T \tag{2.12}$$

Setzt man ferner einen Beschleunigungsfaktor b beim Datentransfer durch die Verwendung optischer Verbindungen an, kann die Zeitkomplexität für den Fall der optisch realisierten Kommunikation T_{opt} angegeben werden. Die Effizienz berechnet sich dann aus dem Verhältnis T_{opt}/T. Aus dem Reziprokwert der Effizienz läßt sich der gesuchte Speed-Up in Abhängigkeit vom Kommunikationsanteil p und des Beschleunigungsfaktors b ermitteln (2.13).

$$\rho = \frac{T_{opt}}{T} = (1\text{-}p) + p\frac{1}{b} \rightarrow \text{Speed-up} = \frac{1}{\rho} = \frac{1}{(1\text{-}p) + p\frac{1}{b}} \tag{2.13}$$

Abb. 2.18 zeigt für verschiedene Anteile p der Kommunikation an der gesamten Ausführungszeit den zu erwartenden Speed-Up bei zunehmender Datenübertragungsrate. Als Ergebnis läßt sich feststellen, daß ab einem bestimmten Punkt eine weitere Erhöhung der Übertragungsrate nur noch kaum zu einer spürbaren Beschleunigung führt. Den durch Ausnutzung der zeitlichen Bandbreite maximal möglichen Speed-Up zeigt (2.14).

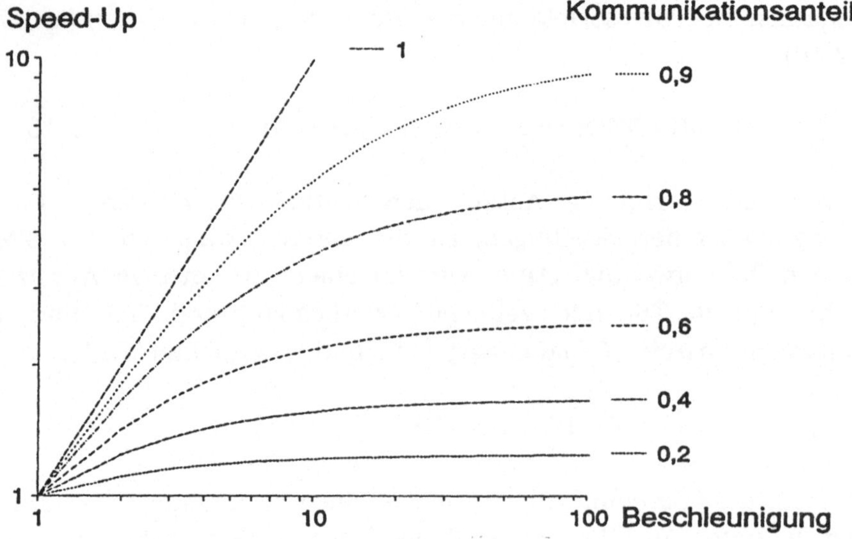

Abb. 2.18 Einfluß der Zeitbandbreite bei optischen Verbindungen

$$\lim_{b \to \infty} (\text{Speed-up}) = \frac{1}{1-p} \qquad (2.14)$$

Man sieht, daß selbst bei einer Anwendung mit 90% Kommunikationsanteil erst bei einer Verzehnfachung der Übertragungsrate ein größerer Gewinn (Speed-Up > 5) zu erwarten ist. Eine mögliche lohnende Anwendung, die von der hohen Zeitbandbreite einer optischen Verbindung profitieren kann, ist somit die Übertragung großer Datenmengen eventuell über große Entfernungen. Mehr Leistungssteigerung ist durch das Ausnutzen der hohen Ortsbandbreite zu erwarten, da diese eine höhere Kommunikationsdichte zuläßt.

2.4.2 Quantitativer Einfluß der Ortsbandbreite

Im folgenden wird genauer untersucht, welche Anforderungen sich an Architekturen ergeben, die möglichst hohen Nutzen aus der Ortsbandbreite optischer Verbindungen ziehen können. Dazu ist es notwendig, das Potential paralleler optischer Verbindungen vorab quantitativ abzuschätzen.

2.4.2.1 Maximale optische Kanaldichte

Schwider [Schwi91] zufolge errechnet sich aus der beugungsbegrenzten Auflösung die maximale Anzahl optischer Kanäle in einem würfelförmigen Raum mit der Kantenlänge A bei einer Wellenlänge λ nach (2.15).

$$\text{Max\_Kan} = \left(\frac{A}{2\,\lambda}\right)^2 \qquad (2.15)$$

Setzt man Licht bei einer Wellenlänge von 1μm und eine Kantenlänge von 1cm voraus, ergibt sich der theoretische Wert von $25\text{x}10^6$ optischen Kanälen. Diese Zahl gilt für eine ortsinvariante Abbildung. Bei der Verwendung irregulärer (ortsvarianter) optischer Verbindungen, wie z.B. mit Hologrammen, erhält man nach [Schwi91] für die Anzahl an maximalen Kanälen nur die Wurzel aus der obigen Zahl, also ca. 5000 mögliche Verbindungen.

Dieser Verlust an Ortsbandbreite resultiert aus einem möglichen optischen Übersprechen an den Empfängern. Um dies zu vermeiden, werden in der Eingangsdatenebene häufig Blenden angebracht, was zu größeren Abständen zwischen den einzelnen Sendepunkten führt. Bei beiden Arten von Verbindungen geht aufgrund von Abbildungsfehlern (Aberrationen) noch eine weitere Größenordnung verloren. Für den irregulären Fall bekommt man somit 500, für den regulären Fall ca. 2.5 Millionen Verbindungen pro cm^2. Man sieht an diesen Zahlen, daß es notwendig ist, reguläre Verbindungen zu verwenden, wenn man durch optische Verbindungen wesentlich mehr Anschlüsse als in einem rein elektronischen System erreichen will.

2.4.2.2 Anzahl notwendiger externer Anschlüsse

Nun kann ausgehend von der benötigten Anzahl externer Anschlüsse (Pins) eines integrierten Schaltkreises abgeschätzt werden, welche Architektur am ehesten das Potential ortsinvarianter regulärer Verbindungen nützt. Je größer ein integrierter Schaltkreis ist, um so größer ist der Bedarf an Pins. Man fand heraus, daß in einem aus verschiedenen Partitionen bestehenden großen Rechensystem eine grobe Beziehung zwischen der Anzahl logischer Gatter und der benötigten Pins für eine Partition besteht [Keye87]. Diese Beziehung ist in der Literatur als die 'Regel von Rent' bekannt (2.16). Da die Regel von Rent häufig von der zugrunde liegenden Anwendung abhängt, wird sie von verschiedenen Autoren auch leicht modifiziert dargestellt. Für den hier verfolgten Zweck, eine grobe Abschätzung vorzunehmen, ist die in [Keyes87] gefundene Darstellung jedoch ausreichend.

$$P = B\,N^s \qquad (2.16)$$

Dabei ist P die Anzahl der Pins, N ist die Anzahl der logischen Gatter in der Partition, B und s sind technologiespezifische Konstanten. Die in der Literatur angegebenen Werte für s liegen zwischen 0.5 und 0.7. Für die zweite Konstante ist nach Keyes [Keye87] B=1.2 ein brauchbarer Wert.

Für die nachfolgende Abschätzung wird ein integrierter Schaltkreis als ein in Partitionen aufgeteiltes großes System betrachtet.

In diesem integrierten großen System sollen N Gatter zur Verfügung stehen. Mit Hilfe der Regel von Rent läßt sich dann abschätzen, wieviele Pins bei der Integration von 1 bis m PE am Rand des integrierten Schaltkreises angebracht werden müssen. Bei m gleichartig aufgebauten PE kann man annehmen, daß jedes der m PE N/m Gatter besitzt. Die sich daraus ergebende Gesamtanzahl an Pins wäre dann (2.17).

$$P_m = m\,B\left(\frac{N}{m}\right)^s \tag{2.17}$$

Abb. 2.19 zeigt für die Parameterwerte von s=0.5 und B=1.2 den Verlauf der Anschlüsse für alle PE in Abhängigkeit der Anzahl integrierter PE.

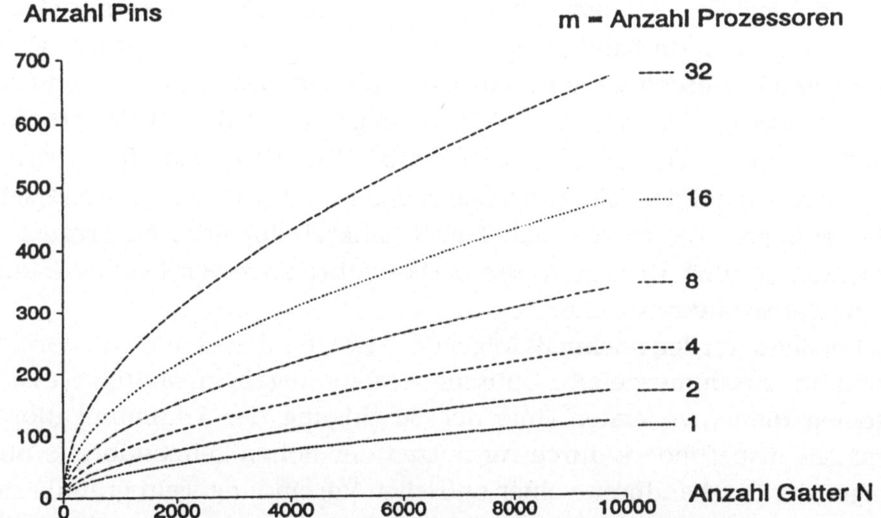

Abb. 2.19 Anzahl externer Anschlüsse in Abhängigkeit der Anzahl integrierter Prozessorelemente

Deutlich zu erkennen ist, daß mit wachsender Anzahl an integrierten PE auch die Gesamtanzahl der PE-externen Anschlüsse zunimmt. Ein Teil dieses Kommunikationsbedarfes wird zwar intern auf dem Chip zwischen den PE erfolgen, der weitaus größere Teil muß jedoch über chip-externe Anschlüsse geschehen. Eine sehr große Anzahl Pins (ca. 1000) stößt jedoch in rein elektronischen Systemen an technologische Grenzen, wenn dort die Anschlüsse über den Rand des Chips geführt werden.

Außerdem wird bei großer PE-Zahl auch die interne Kommunikation auf dem Chip zunehmend schwieriger realisierbar. Kann man dagegen, wie bei optischen Systemen geplant, direkt den Kommunikationskanal vertikal zur Chipfläche realisieren, ergeben sich mehr Freiheitsgrade durch den Aufbau dreidimensionaler Architekturen. Als Ergebnis dieser Überlegung kann man schließen, daß Rechensysteme, die anstelle weniger "großer" aus vielen "kleinen" Prozessoren aufgebaut sind (wie z.B. der DAP oder die Connection Machine), einen höheren Bedarf an Kanaldichte aufweisen und somit am ehesten die hohe Ortsbandbreite optischer Verbindungen ausnutzen.

Ein weiterer Vorteil der über die gesamte Schaltkreisfläche gleichmäßig verteilten "optischen Pins" ist durch den einfacheren Verdrahtungsaufwand gegeben. Es müssen nicht mehr lange Leitungen evtl. von der Mitte aus zu den am Rand gelegenen Anschlüssen geführt werden. Diese Leitungen und Anschlüsse sind schwierig zu realisieren und in ihnen wird verhältnismäßig viel Energie in Wärme umgesetzt (z.B. 100mW pro Anschluß in einem VLSI-CMOS Schaltkreis bei 150 MHz; [MuCl89]). Ferner spart man sich auf der Schaltkreisfläche den Platz für möglicherweise sehr viele Leitungen, die zu den auf dem Schaltkreis integrierten Prozessorelementen geführt werden müssen. Dies führt zu einer besseren Auslastung der Schaltkreisfläche.

Abschließend werden nochmals folgende Aussagen dieses und des vorigen Abschnitts zusammengefaßt. Optische Verbindungen in Multiprozessorsystemen dienen in erster Linie der Beseitigung des Kommunikationsengpasses insbesondere durch Ausnutzen der hohen Zeitbandbreite und weniger der Ortsbandbreite einer optischen Verbindung. Fein granulierte, massiv parallele SIMD-Rechner (CM1, DAP) haben, um möglichst hohe Parallelität zu erreichen, einen Bedarf an sehr hoher externer Kanaldichte. Deswegen besteht bei diesen Systemen ein größerer Bedarf an der Ortsbandbreite optischer Verbindungen als bei Systemen, die eine geringere "Dichte" bei den Prozessoranzahlen aufweisen.

3 Architekturkonzepte der digitalen Optik

Die Abbildung eines möglichst großen Spektrums von Algorithmenklassen auf Architekturen der digitalen Optik setzt eine flexible, programmierbare Struktur voraus, die aus den im vorigen Kapitel beschriebenen Bauelementen zusammengesetzt ist. Die folgenden vorgestellten Ansätze

Mustersubstitutionslogik [BrHu86],

Programmierbare optische Logikfelder [MuHu88],

Programmierbare optoelektronische Logikfelder [FeZü92]

stellen solche programmierbaren Architekturkonzepte dar, in denen der Aufbau von universellen optischen bzw. optoelektronischen Architekturen angestrebt wird. Dabei handelt es sich bei der Mustersubstitutionslogik (3.1) und den programmierbaren optischen Logikfeldern (3.2) um aus der Literatur bekannte rein optische Ansätze, während die programmierbaren optoelektronischen Logikfelder (3.3) ein hier entwickeltes hybrides Konzept darstellen.

3.1 Mustersubstitutionslogik

Mustersubstitutionslogik (MSL) beruht auf der Erkennung und Ersetzung eines bestimmten binären Musters innerhalb einer binären Datenebene. Bei entsprechend geschickter Wahl des Such- und Erkennungsmusters kann damit prinzipiell digitale Logik realisiert werden. Eine logische Funktion wird spezifiziert durch eine Substitutionsregel, in der Suchmuster und Ersetzungsmuster als eine logische Einheit zusammengefaßt werden. Abb. 3.1 zeigt das Prinzip der Mustersubstitution.

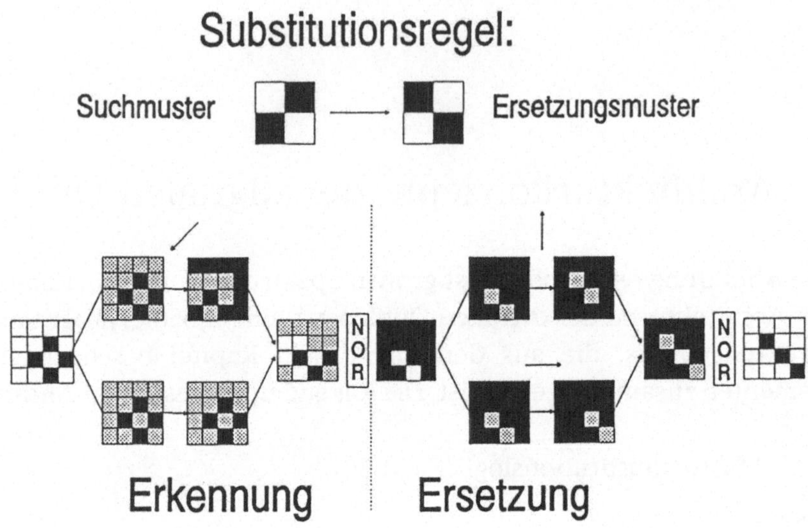

Abb. 3.1 Prinzip der Mustersubstitution

Der gesamte Prozeß teilt sich in eine Erkennungs- und Ersetzungsphase auf. Während der Erkennungsphase wird parallel in einem ganzen Bild die Position des in der Substitutionsregel definierten Suchmusters festgestellt. Dazu werden von der Eingangsdatenebene exakt so viele Kopien hergestellt, wie sich innerhalb des Suchmusters dunkle Pixel (niedrige Lichtintensitäten bzw. kein Licht) befinden. Somit existiert zu jedem dunklen Pixel innerhalb des Suchmusters eine korrespondierende Kopie der Datenebene. Entsprechend der relativen Position dieses Pixels innerhalb des Suchmusters werden diese Kopien verschoben. Die Verschiebung erfolgt dabei in zur Pixelposition entgegengesetzter Richtung. Zum Beispiel wird die in Abb. 3.1 zur Pixelposition (1,1) - d.h. rechte, obere Ecke - gehörende Kopie genau um eine Position nach links unten verschoben, während bei der zum Ursprung (0,0) - linke, untere Ecke - korrespondierenden Datenebene keine Verschiebung stattfindet.
Die derart verschobenen Kopien werden nun pixelweise überlagert, so daß sich überall dort, wo sich das Suchmuster befand, dunkle Pixel, d.h. keine

Lichtintensitäten, überlagern. Das bei der Überlagerung neu entstandene Bild wird nun auf ein Feld von NOR-Gattern abgebildet und dadurch invertiert. Als Ergebnis erhält man genau an jenen Positionen eine hohe Lichtintensität, an denen sich der Koordinatenursprung des Suchmusters befand. Die Erkennungsphase ist damit abgeschlossen, und es folgt die analog verlaufende Ersetzungsphase. Die Anzahl herzustellender Kopien wird jetzt von der Anzahl dunkler Pixel im Ersetzungsmuster der Substitutionsregel bestimmt. Die Verschiebung der Kopien passiert diesmal nicht entgegengesetzt, sondern entsprechend der Lage des korrespondierenden Pixels im Ersetzungsmuster zum Ursprung. Das bedeutet für das Beispiel in Abb. 3.1 für die eine Kopie eine Verschiebung nach oben und für die andere Kopie eine Verschiebung nach rechts. Nach der Überlagerung der verschobenen Kopien wird die neu entstandene Matrix wieder auf ein Feld aus NOR-Gattern abgebildet, um wieder normierte Intensitätspegel zu erhalten. Da es gegenwärtig noch keine funktionsfähigen rein optischen NOR-Gatter gibt, muß das Licht mit einem aus Photodioden bestehenden Feld in einen äquivalenten Strom konvertiert werden, an dem dann eine Schwellwertbildung vorgenommen wird. Alternativ wäre es auch möglich, SEED-Elemente zu benutzen, die als ein 3-Port-Terminal Element betrieben werden [McAu91]. Die für den Substitutionsprozeß notwendigen Vervielfältigungen, Verschiebungen und Überlagerungen der Datenebene erfolgen mittels klassischer optischer Komponenten wie Strahlteilern, Linsen und Spiegeln.
Die parallele Anwendung von mehreren Substitutionsregeln ist durch den Einsatz von Strahlteilern möglich, die die Datenebene vor der Mustersubstitution in mehrere parallele Strahlengänge kopieren. In jedem dieser Strahlengänge befindet sich eine Erkenner/Ersetzerstufe, so daß mehrere Substitutionsregeln zur gleichen Zeit angewendet werden können. Am Ende werden die parallelen Strahlengänge wieder in einer Datenebene vereinigt.

Abb. 3.2 verdeutlicht dies am Beispiel eines Ripple-Carry-Addierers. Die Daten sind wieder in der bereits oben dargestellten spatialen Intensitäts- oder Dual-Rail-Kodierung gegeben.
Dies ist notwendig, da während der Erkennung immer nur nach dunklen Pixeln gesucht wird, d.h. nur ein einziger Zustand ist detektierbar.

Die gleichzeitige Suche nach hellen Pixels würde die zusätzliche Herstellung weiterer Kopien erfordern, was die ohnehin kritischen Energieanforderungen noch verschärfen würde. Da aber die Implementierung von digitaler Logik immer die Erkennung einer binären 0 und einer binären 1 verlangt, benutzt man bei der Kodierung neben der Lichtintensität auch den Ort eines Signals. Für jede der vier möglichen Eingangskombinationen der zu addierenden Operandenbits existiert eine Substitutionsregel. Der gesamte Prozeß läßt sich rückkoppeln, so daß bei n-Bit Wortlänge der Operanden nach maximal n Durchläufen in den Summenpixeln das Ergebnis in Dual-Rail-Kodierung vorliegt.

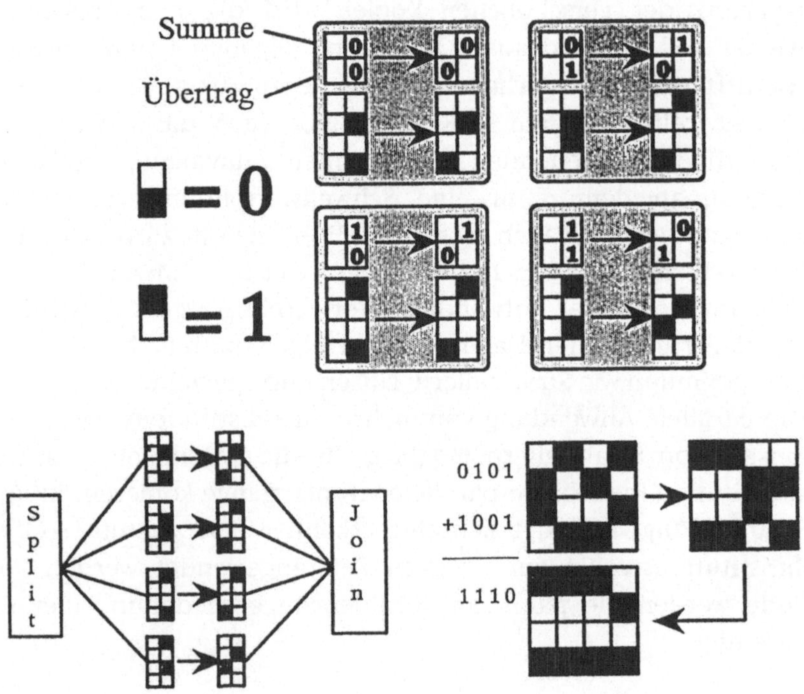

Abb. 3.2 Arithmetische Operationen mit Mustersubstitution

Weitere Beispiele sowie Bewertungen zur Anwendung der Mustersubstitutionslogik werden in den kommenden Kapiteln folgen. Während es sich bei der hier vorgestellten Funktionsweise um eine Art zweidimensionale Logik handelt, greift die nachfolgende Idee eine aus dem Entwurf elektronischer Schaltkreise bekannte Methodik auf.

3.2 Programmierbare Logikfelder

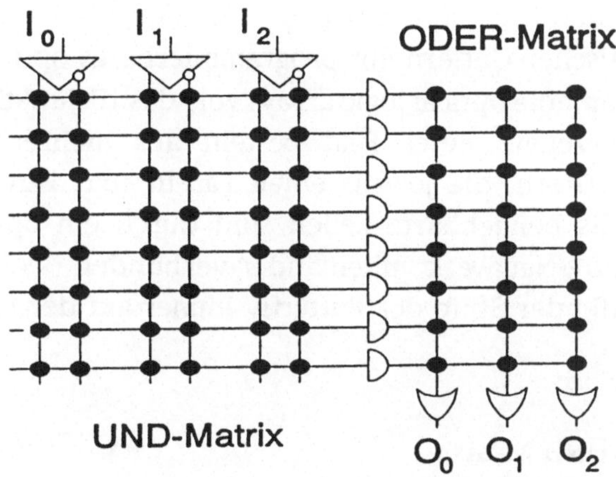

Abb. 3.3 Aufbau eines programmierbaren Logikfeldes

Elektronisch programmierbare Logikfelder (programmable logic arrays - PLA) gehören zu der Familie der PLD-Bausteine (programmable logic design). Diese bestehen im wesentlichen aus einer UND- und einer ODER-Matrix (Abb. 3.3), welche die Implementierung von logischen Funktionen auf der Basis von disjunktiven Normalformen (DNF) (3.1) ermöglichen.

$$z_j = \sum_m \prod_k a_k^i \; ; \; i \in (0,1) \; ; x_k^1 = x_k \; ; x_k^0 = \overline{x_k} \qquad (3.1)$$

Durch gezieltes Durchschmelzen von Leitungen können alle möglichen Kombinationen von i binären Eingabesignalen oder deren Komplemente durch UND-Gatter konjunktiv verknüpft werden.

Dazu bedarf es 2^i UND-Gatter. Die auf diese Weise ermittelten Produkte gelangen in die ODER-Matrix. Dort kann wieder über gezieltes Durchschmelzen von Leitungen eine gewünschte Kombination dieser Produkte auf ein ODER-Gatter geleitet werden. Die Anzahl der ODER-Gatter ist gleichzeitig die Anzahl der maximal programmierbaren DNF. Je nachdem, ob nun die UND-, die ODER- bzw. beide Matrizen programmiert werden können, handelt es sich um einen PROM-, einen PAL- bzw. einen PLA-Baustein [TI90].

Murdocca [MuHu88] et al. schlagen auf der Basis von zukünftig verfügbaren optischen Gattern ein programmierbares optisches Logikfeld (POLA - programmable optical logic array) vor, das disjunktive kanonische Formen (DKF) erzeugt. Dieses Feld besteht aus mehreren Zeilen von optischen UND-Gattern, die jeweils einen Fan-In und Fan-Out von zwei aufweisen. Jeweils benachbarte Zeilen sind durch ein optisch zu realisierendes Butterfly-Netzwerk miteinander verbunden (s.Abb. 3.4). Dabei wird mit fortlaufender Stufe der Butterfly immer auf der halbierten Zeile fortgesetzt.

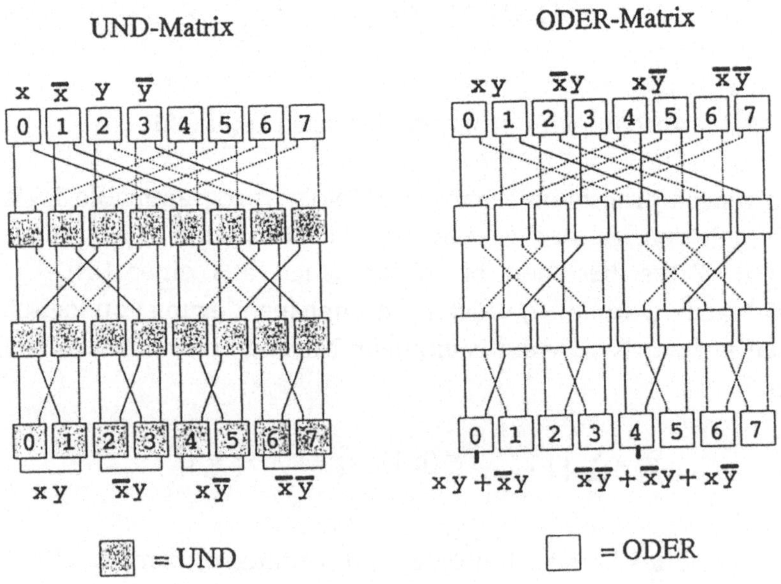

Abb. 3.4 Programmierbares optisches Logikfeld

Falls m die Anzahl der Eingangsvariablen ist, benötigt man m+1 Zeilen mit jeweils 2^{m+1} Gatter, um nach m+1 Stufen alle möglichen Kombinationen der Eingangsvariablen und deren Komplemente zur Verfügung zu haben. Danach durchläuft man ein zweites, topologisch identisch aufgebautes Netzwerk. Anstelle der UND-Gatter befinden sich hier jedoch ODER-Gatter. Damit ist die disjunktive Kombination aller in der UND-Stufe erzeugten Produktterme möglich, und man erhält am Ausgang der (m+1)-ten Zeile der ODER-Matrix die DKF. Die Programmierung erfolgt durch Auswahl der benötigten Kombinationen mit Hilfe von Lochmasken, die nach jeder Zeile angebracht sind. Diese lassen das von den Gattern abgegebene Licht nur an den Löchern passieren (s. durchgezogene Linien in Abb. 3.4). Ferner wird bei der optischen PLA davon ausgegangen, daß man sehr schnelle optische Gatter zur Verfügung haben wird, was zu Wettrennbedingungen aufgrund unterschiedlicher Signallaufzeitlängen führen kann. Um gleiche Laufzeiten der am Gattereingang eintreffenden Signale zu garantieren, müssen die optischen Weglängen aller Lichtsignale gleich lang sein. Dies läßt sich optisch leichter mit regulären als mit irregulären Verbindungen herstellen. Gleichlange Laufzeiten zwischen den Gatterzeilen aus Abb. 3.4 erlauben eine Fließbandverarbeitung auf Gatterebene, was die Möglichkeit bietet, den Datendurchsatz zu erhöhen.
Die Idee, flexible Architekturen durch programmierbare, zweistufige Boolesche Funktionen aufzubauen, wird auch in dem im nächsten Abschnitt vorgestellten Ansatz verfolgt.

3.3 Programmierbare optoelektronische Logikfelder

Da, wie vielerorts vermutet wird, auch langfristig keine zu elektronischen Gattern konkurrenzfähige rein optische Logikgatter verfügbar sein könnten, wird im folgenden ein Konzept für die Programmierung von disjunktiven Normalformen auf der Basis hybrider Komponenten vorgestellt. Durch Hintereinanderschaltung solcher hybrider Komponenten läßt sich die durch optische Verbindungen mögliche hohe Ortsbandbreite nutzen. Da sich bei der in hybriden Komponenten geplanten elektronischen Verarbeitung auch leichter Zustände speichern lassen, als bei der eben vorgestellten rein optischen Variante, wird die Abbildung von endlichen, deterministischen Automaten in die Hardware einfacher.

Das Konzept der programmierbaren optoelektronischen Logikfelder (POELA) sieht vor, mehrere programmierbare Logikfelder auf einem integrierten Schaltkreis unterzubringen. Da sich damit einfach aufgebaute Zustandsautomaten programmieren lassen, wird im folgenden eine optoelektronische PLA als ein Prozessorelement (PE) bezeichnet. Es werden Aufbau (Abschnitt 3.3.1), Programmierung (Abschnitt 3.3.2) und Parallelisierungsgrad in Abhängigkeit von verschiedenen Aufbautechniken eines Prozessorelementes (Abschnitt 3.3.3) dargestellt.

3.3.1 Formaler Aufbau eines Prozessorelementes

Der Aufbau eines PE wird nachstehend als endlicher, deterministischer Automat beschrieben. Jedes PE kann als Schaltwerk (s.Abb. 3.5) aufgefaßt werden, das die Eingänge $I_1, I_2, ..., I_n$ und die Ausgänge $O_1, O_2, ..., O_n$ besitzt. Das "Gedächtnis" des Schaltwerkes wird in den internen Flip-Flops $M_1, M_2, ..., M_m$ gespeichert. Ferner enthält ein PE externe Signale als Eingang. Wie später noch gezeigt wird, sollen mehrere solcher PE auf einem gemeinsamen Substrat zusammengefaßt werden. Die externen Signale $E_1, E_2, ..., E_k$ sind globale Eingänge, die an alle zusammengefaßten PE übertragen werden. Die Funktionen λ_i und δ_j sind in dem vorliegenden Fall stets DNF.

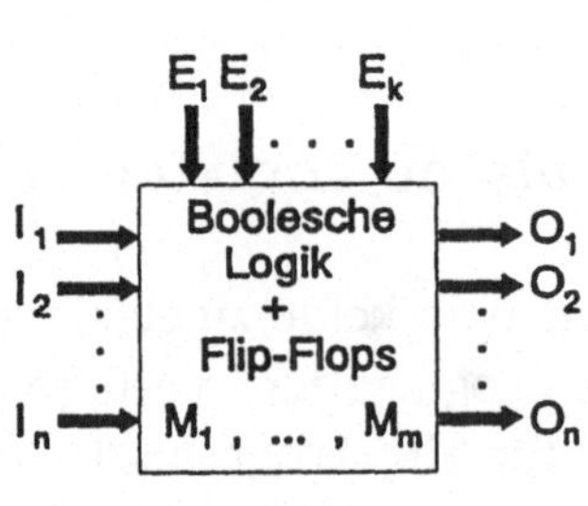

$$O_1=\lambda_1(I_1,...,I_n,M_1,...,M_m,E_1,...,E_k)$$
$$O_2=\lambda_2(I_1,...,I_n,M_1,...,M_m,E_1,...,E_k)$$
$$...$$
$$O_n=\lambda_n(I_1,...,I_n,M_1,...,M_m,E_1,...,E_k)$$

$$M_1=\delta_1(I_1,...,I_n,M_1,...,M_m,E_1,...,E_k)$$
$$M_2=\delta_2(I_1,...,I_n,M_1,...,M_m,E_1,...,E_k)$$
$$...$$
$$M_m=\delta_m(I_1,...,I_n,M_1,...,M_m,E_1,...,E_k)$$

Abb. 3.5 Formale PE-Modellierung

Weiterhin handelt es sich bei einem PE um ein synchrones Schaltwerk, d.h. nach erfolgter Eingabe der Signale I_i zu einem durch den Takt definierten Zeitpunkt T liegen die Ergebnisse an den Ausgängen O_i zum Zeitpunkt T+1 vor.

Durch die Ausrichtung auf DNF erhält man eine größere Flexibilität bei der Abbildung der Funktion eines PE in Hardware, als beispielsweise bei der Beschränkung auf den Befehlsvorrat eines minimalen RISC-Prozessors, den man sich alternativ für die obigen Funktionen λ und δ vorstellen kann. Darüber hinaus vereinfacht sich die Programmierung, wenn das funktionale Verhalten einzelner PE durch eine DNF spezifizierbar ist. Insbesondere die Funktion von Zellen auf Bitebene arbeitender systolischer Arrays läßt sich durch eine Wahrheitstafel beschreiben, aus der die DNF ableitbar ist (s. Kap. 7).

3.3.2 Programmierung eines Prozessorelementes

Die durch die Realisierung des Schaltwerks mit DNF erworbene Flexibilität setzt voraus, daß diese DNF für verschiedene Anwendungen programmierbar sind. Im Gegensatz zu elektronischen PLA-Bausteinen soll die Auswahl der Konjunktionen bzw. Disjunktionen in dem hier vorgestellten PE nicht über das Durchschmelzen von Leitungen oder dem Aufbringen von Ladung an Feldeffekttransistoren erfolgen [TI90]. Stattdessen wird eine DNF durch den Inhalt von auf dem Chip befindlichen Registern programmiert. Abb. 3.6 zeigt den Aufbau eines PE, bestehend aus n optischen Ein- und Ausgängen, dem m Bit breiten internen Zustandsspeicher, s Konjunktionsblöcken (UND-Blöcke) und m+n Disjunktionsblöcken (ODER-Blöcke). Auf die Darstellung externer Signale in wurde aus Gründen der Übersichtlichkeit verzichtet.

Jede Konjunktion wird durch eines von s Selektionsregistern S_i (s.Abb. 3.6) bestimmt, wobei s die maximal mögliche Anzahl an Konjunktionen in einem PE ist. Für jedes potentiell mögliche Eingangssignal und deren Negation ist ein Bit in dem Selektionsregister vorgesehen. Eine Konjunktionsvariable ist entweder ein externes Lichtsignal I_i, das in einen Photostrom konvertiert wurde, ein interner Zustand M_i oder ein Komplement eines I_i bzw. M_i. Eine logische 1 in einem Bit von S_i bewirkt, daß die dem Bit zugeordnete Variable für die Konjunktion ausgewählt wird. Bleibt das Bit ungesetzt, wird die entsprechende Variable in der durch das Selektionsregister definierten Konjunktion nicht benutzt. Die Auswahl der Variablen erfolgt durch eine ODER-Operation des invertierten Selektionsbits mit der zugehörigen Variablen (Abb. 3.6).

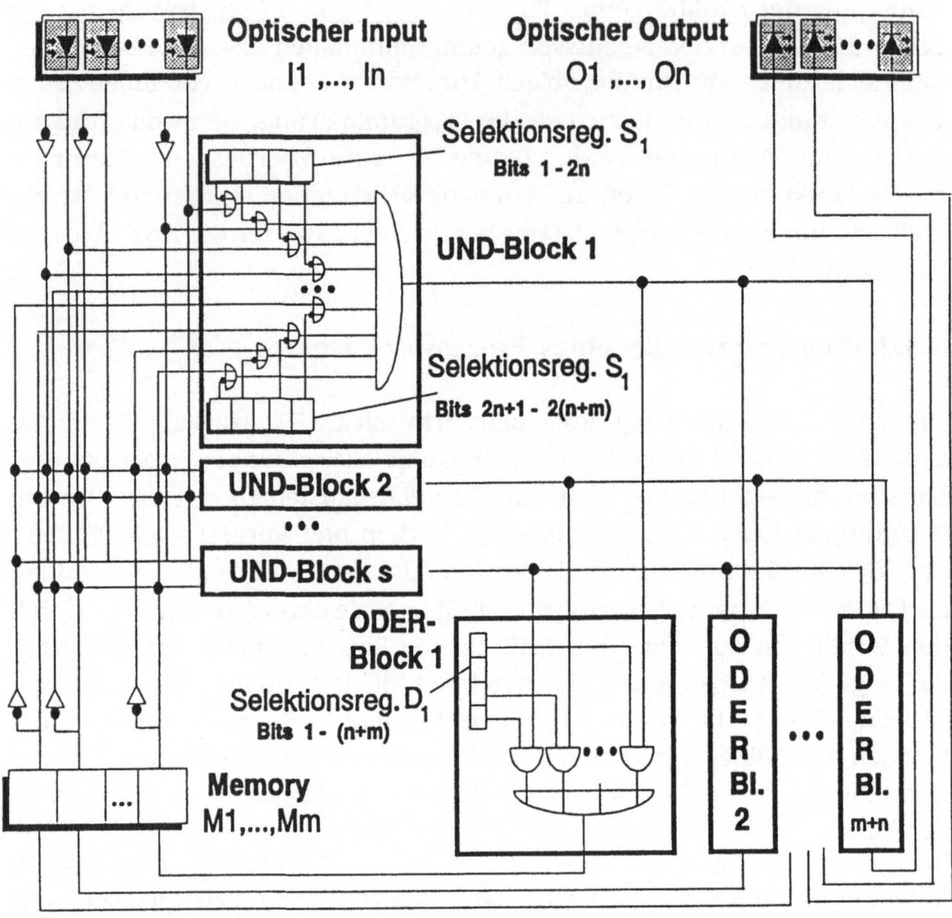

Abb. 3.6 Funktionaler Aufbau eines Prozessorelements

Diese Verknüpfung bewirkt, daß durch eine in einem Bit des Selektionregisters enthaltene logische 1 die zugehörige Konjunktionsvariable, im Falle einer eingetragenen 0 eine 1 an ein UND-Gatter mit 2(n+m) Eingängen weitergeleitet wird (Abb. 3.6).
Auf diese Weise erhält man am Ausgang des UND-Gatters das Ergebnis der gewünschten Konjunktion. Folgendes Beispiel demonstriert die Vorgehensweise.

Beispiel: Auswahl der Konjunktion $I_1 \overline{M_2}$

m = n = 2 Zwei optische Eingänge und zwei interne Zustände
Inhalt des Selektionsregisters S = (1 0 0 0 0 0 0 1)2,
Bit 1 von S korrespondiert mit I_1, Bit 2 mit (not I_1),
Bit 3 mit I_2, Bit 4 mit (not I_2),
Bit 2n+1=5 mit M_1, Bit 2n+2=6 mit (not M_1),
Bit 2n+3=7 mit M_2, Bit 2n+4=8 mit (not M_2)

$$(\overline{S_1} \vee I_1)(\overline{S_2} \vee \overline{I_1})(\overline{S_3} \vee I_2)(\overline{S_4} \vee \overline{I_2})(\overline{S_5} \vee M_1)(\overline{S_6} \vee \overline{M_1})(\overline{S_7} \vee M_2)(\overline{S_8} \vee \overline{M_2}) =$$
$$I_1\ 1\ 1\ 1\ 1\ \ 1\ 1\ \overline{M_2} = I_1 \overline{M_2} \tag{3.2}$$

Eine analoge Methode wird zur Auswahl der in einer Disjunktion benötigten Konjunktionen verwendet. Wiederum werden mit Hilfe eines Selektionsregisters D_i die vorab ermittelten Ergebnisse der Konjunktionen durch bitweise UND-Operationen mit den Ausgängen der Konjunktionsblöcke ausgewählt und auf ein ODER-Gatter mit s Eingängen geleitet. Das Ausgangssignal dieses ODER-Gatters ist dann das Resultat der DNF. Dieses Signal beschreibt entweder eines der internen Speicherbits M_j oder wird als ein in Licht zu konvertierendes optisches Ausgangssignal O_k benutzt (s. Abb. 3.6). Damit jedes interne Zustandsbit und jeder optische Ausgang mit einem Signal versorgt wird, benötigt man insgesamt m+n ODER-Blöcke.

3.3.3 Parallelisierungsgrad der Prozessorelemente in Abhängigkeit ver schiedener möglicher Implementierungen

Nachdem der funktionale Aufbau eines PE geklärt wurde, wird der Grad der Parallelität abgeschätzt, d.h die Anzahl an gleichzeitig zu betreibenden PE. Diese Anzahl hängt, wie im folgenden gezeigt wird, von der Implementierungstechnik ab. Es werden im folgenden 3 verschiedene mögliche Implementierungen vorgestellt. Diese werden als diskrete (Abschnitt 3.3.3.1), hybride (Abschnitt 3.3.3.2) und monolithische (Abschnitt 3.3.3.3) Aufbautechniken bezeichnet. Da in allen drei Techniken die Anzahl der notwendigen Gatter eine Rolle spielt, wird vorab die Gatteranzahl für ein PE spezifiziert (3.3).

Diese wurde in Abhängigkeit des m Bit großen lokalen Speichers, der Anzahl optischer Ein/Ausgänge n, der Anzahl globaler Eingangssignale e und der Anzahl benötigter Konjunktionen s aus ermittelt.

$$\begin{aligned}
\tau(n,m,e,s) &= m+n+e+2(m+n+e)s && \text{/ Inverter} \\
&\quad + s[2(n+m+e)+1] && \text{/ Gatter in s UND-Blöcken} \\
&\quad + (m+n)(s+1) && \text{/ Gatter in m+n ODER-Blöcken} \\
&= s(5m+5n+2e+1)+2(m+n)
\end{aligned} \tag{3.3}$$

3.3.3.1 Diskrete Aufbautechnik

In diskreter Aufbautechnik würde ein PE als eine Baugruppe bestehend aus diskreten Bauelementen für Photodetektoren, Photoemittern, programmierbaren PAL-Bausteinen und Treibern auf einer Karte aufgebaut. Durch Faseroptik können beispielsweise mehrere solcher Baugruppen miteinander verbunden werden (Abb. 3.7). Für eine solche Anordnung werden nun Werte für die Durchlaufzeit, die Größe und die Verlustleistung pro PE geschätzt.

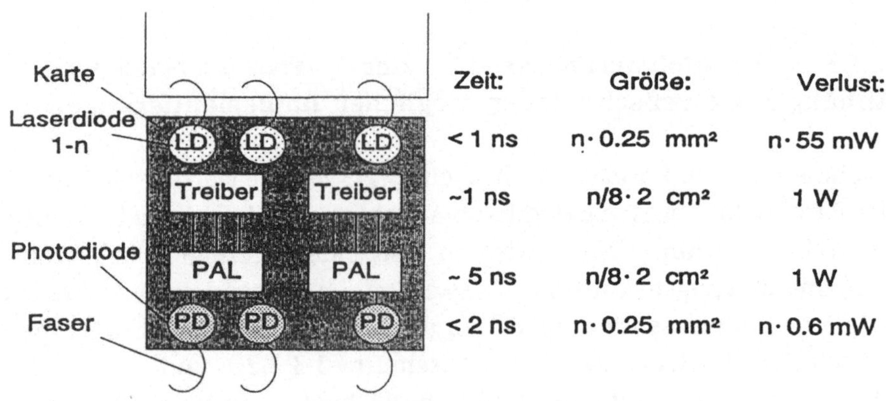

Abb. 3.7 Schema eines diskret aufgebauten POELA

Gängige Laserdioden, wie z.B. die SHARP LT023 [Shar88] können mit mehr als 1 GHz moduliert werden. Eine PIN-Photodiode, wie z.B. die AME 9601 [Poly91], erzeugt nach maximal 2 ns Anstiegszeit aus der empfangenen Lichtleistung ein stabiles elektrisches Ausgangssignal. Ein in ECL-Technologie realisierter PAL, der PAL GI210 [AMD90], führt in 5ns eine DNF aus. Auch die Treiberbausteine verstärken den Pumpstrom in ca. 1 ns. Somit läßt sich folgern, daß eine heute mit kommerziell erhältlichen Bauteilen aufgebaute Baugruppe in ca. 10ns, also mit einer Rate von 100 MHz, optische Signale empfangen, verarbeiten und zur nächsten Baugruppe übertragen kann. Betrachtet man einen Pipelinebetrieb (s. Kap. 2.3.2.1), in dem der PAL-Baustein als permanente Datenquelle fungiert, kann der Systemtakt auf mindestens 200 MHz erhöht werden.

Im folgenden wird abgeschätzt, wieviele physikalische PE derzeit auf einer Karte mit 10x10 cm Ausmaß unterkommen. Ein physikalisches PE soll aus genau einem PAL-Baustein inklusive zugehörigem Treiber und, da der PAL 8 Ein-/Ausgänge besitzt, 8 Laserdioden und 8 Photodioden bestehen. Im Gegensatz zu einem virtuellen PE, das eventuell weniger logische Ein-/Ausgänge benötigt als der PAL physikalisch besitzt. Mehrere virtuelle PE können in solch einem Fall auf ein physikalisches PE abgebildet werden. Jede der genannten Dioden benötigt ca. 25 mm^2 Platz auf der Karte, d.h. ein physikalisches PE braucht ca. 4 cm^2 Fläche für die Dioden. Der PAL und der Treiber sind integrierte Halbleiterelemente mit einer Größe von jeweils ca. 2 cm^2. Insgesamt ergeben sich somit 8 cm^2 pro physikalisches PE. Um zusätzlichen Platzbedarf für weitere Komponenten zu berücksichtigen, z.B. elektronische Bauelemente wie Widerstände, Kapazitäten etc., wird angenommen, daß ein physikalisches PE ca. 10cm^2 benötigt. Auf einer gängigen Karte würden somit etwa 10 physikalische PE Platz finden.

Im folgenden wird abgeschätzt, welche Verlustleistung in einer solchen Anordnung entsteht. Hierbei wird unterschieden zwischen dem Verlust, der in der Logik, d.h. im PAL und im Treiber entsteht, und dem Verlust auf der optischen Übertragungsstrecke vom Treiberausgang bis zum Eingang des PAL auf der Empfängerseite. Für die folgenden Überlegungen wird von einer Situation ausgegangen, in der an der Photodiode soviel Licht ankommt, daß der photoinduzierte Strom keiner weiteren

Verstärkung bedarf. Im Unterschied dazu, sei auf das optoelektronische EXOR-Gatter aus Abb. 2.15 hingewiesen, in dem der Ausgang der Photodiode elektrisch verstärkt wird. Damit am Empfänger zwischen einer logischen 0 und einer logischen 1 eindeutig unterschieden werden kann, ist ein Spannungshub von ca. 1V erforderlich. Von diesem notwendigen Spannungshub kann man nun auf die erforderliche Lichtleistung an der Photodiode und daraus wiederum auf die von der Laserdiode abzugebende Leistung rückschließen.

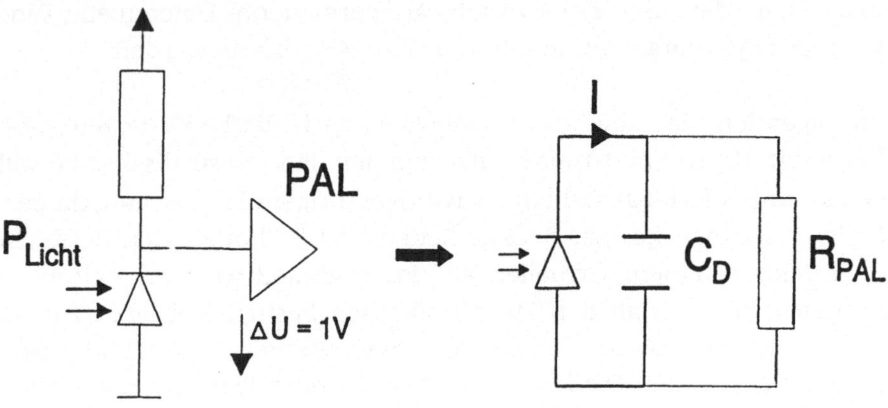

Abb. 3.8 Vereinfachtes Ersatzschaltbild für Photodiode und PAL-Eingang

Abb. 3.8 zeigt ein vereinfachendes Ersatzschaltbild der Photodiode und des PAL-Eingangs. Ersetzt man die Photodiode durch ihr Ersatzschaltbild und berücksichtigt, daß der Eingangswiderstand des PAL sehr groß ist, kann vereinfachend angenommen werden, daß der gesamte Photostrom I den Kondensator auflädt (3.4).

$$Q = I\,t \qquad (3.4)$$

Ferner gilt für die Ladung an dem Kondensator (3.5). Dabei ist C_D die Sperrschichtkapazität der Photodiode und ΔU der notwendige Spannungshub.

Unter Berücksichtigung des Photostromes I in Abhängigkeit der Lichtleistung sowie (3.4) und (3.5) erhält man für die notwendige Lichtleistung am Empfänger P_{Emp} (3.6).

$$Q = C_D \Delta U \qquad (3.5)$$

$$P_{Emp} = \frac{C_D \Delta U h f}{\eta q} \frac{1}{t} \qquad (3.6)$$

Für die genannte Photodiode AME9601 mit den Parametern C_D=2pF, $(h \cdot f)/(\eta \cdot q)$=0.5 A/W und ΔU=1V für den notwendigen Spannungshub ergibt sich bei 1/t=200MHz eine notwendige Lichtleistung von P_{Emp}=0.8 mW. Es kann zum Zwecke einer groben Schätzung angenommen werden, daß die Verlustleistung in der Faser auf den hier beabsichtigten kurzen Übertragungsstrecken vernachlässigbar ist. Bei der Ein- und Auskopplung ist jedoch mit ca. 50% Verlust zu rechnen; d.h. die Laserdiode muß ca. 1.6 mW Licht abstrahlen. Da die mit 3 mW angegebene optische Ausgangsleistung der Laserdiode LT023 fast doppelt so hoch ist, ergeben sich 2 Möglichkeiten. Eine besteht darin, mit einer höheren Taktrate zu arbeiten, also einen PAL einzusetzen, der mit 400 MHz anstelle von 200 MHz arbeitet. Die zweite Möglichkeit sieht einen Pulsbetrieb der Laserdiode vor; bei einem Duty-Cycle von ca. 50%, bei dem die Anforderungen gerade noch erfüllt werden, halbiert sich die Leistungsaufnahme. Letztere liegt bei der genannten Laserdiode bei 110 mW. Da im Vergleich dazu, der Verlust an der Photodiode gering ist (0.8mW·21%), wird die auf die Kommunikation zurückzuführende Verlustleistung hauptsächlich durch die 55 mW pro Laserdiode bestimmt. Bei einem physikalischen PE mit 8 Laserdioden ergeben sich somit 440 mW. Der Anteil, der auf die Logik zurückgeht, ist für PAL und Treiber jeweils 1 W. Ein physikalisches PE setzt folglich ca. 1.5 W in Wärme um.

Stellt man hier wieder den Platzbedarf von 10 cm^2 in Rechnung, bedeutet dies, daß mit einfacher Luftkühlung die notwendige Wärmeabfuhr durchführbar ist. Demzufolge läßt sich festhalten, daß bei diskreter Aufbautechnik die Anzahl an PE und damit die **Rechenleistung letztendlich durch die Größe der Bauelemente limitiert** ist.

3.3.3.2 Hybride Aufbautechnik

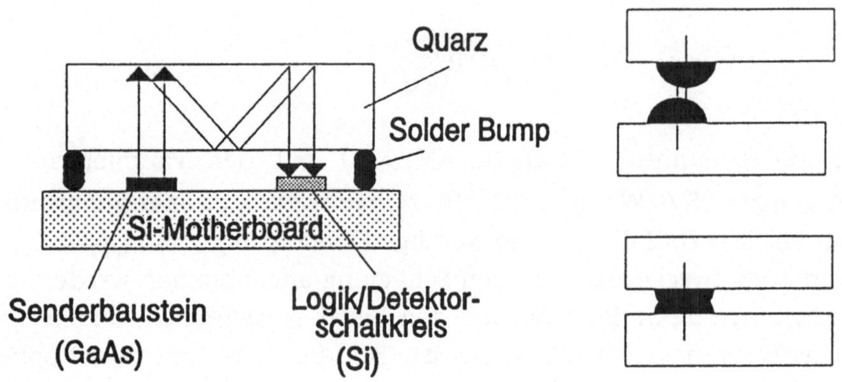

Abb. 3.9 Hybride Aufbautechnik mit "Flip-Chip"-Solder-Bumping

In einer hybriden Technik, die als ein Nahziel in der digitalen Optik betrachtet werden kann, plant man in Silizium integrierte Logik-Photodetektor-Schaltkreise und aus GaAs-Laserdioden bestehende integrierte Schaltkreise auf einem Keramik- oder Siliziumsubstrat aufzusetzen [Park90] (Abb. 3.9). Zu jedem Logik-Detektor-Chip gehört ein GaAs-Laserdioden-Chip als optischer Ausgang. Das Substrat fungiert z.B. als ein Siliziumboard und ist der Größe nach identisch mit einer Waferscheibe. Auf dem Trägersubstrat selbst verlaufen nur die Verbindungen vom Logik-Detektor-Schaltkreis zu den zugehörigen GaAs-Laserdioden. Es handelt sich infolgedessen nicht um eine Wafer-Scale-Integration, was entscheidend zur Erhöhung der Ausbeute beiträgt. Über der Waferscheibe wird mit Hilfe der sogenannten Flip-Chip Solder-Bumping Technik [Park90] eine innerhalb eines Quarzglases verlaufende "optische Verdrahtung" angebracht [Jahn92], die die optischen Chip-zu-Chip-Verbindungen realisiert. Bei dieser Technik werden an miteinander korrespondierenden Stellen die sogenannten solder bumps aufgebracht.

Dabei handelt es sich um mit Lötmittel versehene Kontaktstellen. Wafer und Quarzglas werden dann übereinander gelegt und durch Erhitzen der "solder bumps" miteinander elektrisch kontaktiert und gleichzeitig paßgenau mechanisch verbunden. Vorteilhaft an dieser Technik ist die durch das Erhitzen ausgelöste Selbstjustage der Kontaktstellen (s. Abb. 3.9 rechts). Dadurch ergibt sich eine hohe Positioniergenauigkeit zwischen Quarzglas und Emitter-/Detektorelementen, die beim Fokussieren vom Quarz auf die möglicherweise kleinen Detektoren und beim Fokussieren von den Emittern in den Quarz unbedingt erforderlich ist.

Im folgenden wird, analog zur diskreten Aufbautechnik, die Durchlaufzeit, der Integrationsgrad und die Verlustleistung für ein in hybrider Aufbautechnik realisiertes POELA-PE abgeschätzt. Sowohl für Mikrolaserdioden als auch für integrierte Photodioden gilt, daß sie mit mindestens 1 GHz betrieben werden können. Da bei der Ausführung einer DNF in einem POELA-PE 4 Gatterebenen durchlaufen werden, erhält man eine Durchlaufzeit von $4t_{Gate}$, wenn t_{Gate} der Laufzeit für ein Gatter entspricht.
Allgemein erhält man somit für die Ausführung einer DNF inklusive optischem Empfang und Übertragung eine Durchlaufzeit von $2+4t_{Gate}$ ns.

Die Laufzeit t_{Gate} für ein einzelnes Gatter hängt davon ab, welche Halbleitertechnologie man verwendet. Dies gilt selbstverständlich auch für den Platzbedarf und die Verlustleistung. Es werden daher bezüglich dieser Parameter in Tabelle 3.1 Orientierungswerte für verschiedene Technologien angegeben, um damit die Rechenleistung eines hybrid aufgebauten optoelektronischen Systems abzuschätzen. Es sei darauf hingewiesen, daß die niedrige Durchlaufzeit für CMOS (0.1 ns) sich auf die flüssiggekühlte CPU des Hochleistungsrechners ETA[10] bezieht. Der Parameter N_{Gate} bezüglich des Platzbedarfes (3.Spalte) betrifft die Gatteranzahl inklusive dem Aufwand für Verdrahtung, Spannungsversorgung etc. pro mm^2.

Technologie	t_{Gate}	N_{Gate}/mm^2	P_{Gate}
bipolar:			
ECL	0.1 ns [a]	10 [a]	1 mW [a]
MOSFET:			
NMOS	5 ns [a]	300 [c]	100 W [e]
CMOS	0.1 ns [f]	200 [f]	100 W [f]
ACMOS (Advanced CMOS)	1 ns [b]	7000 [d]	1 W [b]

a: [HoJe88]; b:National Semicon. Datenbuch [NaSem91]; c: Motorola NMOS-Mikroprozessor M68000;
d: Transistoranzahl des RISC-Prozessors DEC Alpha; e : Bei leitendem Transistorzustand;
f: flüssiggekühlte CPU des Hochleistungsrechners ETA-10 [HoJe88]

Tab. 3.1: Leistungsparameter verschiedener Halbleitertechnologien

Unter Berücksichtigung der Werte aus Tab. 3.1 wird im folgenden die Größe eines POELA-PE abgeschätzt. Der Platzbedarf für in Silizium integrierte Photodioden beträgt bei der in Kap. 2.2.2.2 vorgestellten, als Schaltelement in Verbindungsnetzwerken eingesetzten monofacialen Komponente 15Ox15O μm^2 [ZüSt91]. In der nächsten Generation erscheinen 10x10 μm^2 machbar. Die Größe von Laserdioden ist durch die Kontaktfläche für den elektrischen Pumpstrom bestimmt. Bei den in den BELL-Laboratorien entwickelten oberflächenemittierenden Laserdioden der 1.Generation benötigte man dafür ca. 20000 μm^2. Dies bedeutet für ein POELA-PE mit n optischen Eingängen, daß Senderbaustein und Logik/Detektorschaltkreis zusammen ein Fläche von $(0.02n+\tau 1/N_{Gate})$ mm^2 benötigen. Dabei ist τ die durch (3.3) ermittelte Gatteranzahl und $1/N_{GATE}$ die Durchschnittsfläche für ein Logikgatter pro mm^2.

Zur Bestimmung der durch die Kommunikation bedingten Verlustleistung kann man wieder auf (3.6) zurückgreifen. Da man es hier jedoch mit sehr kleinen Photodioden zu tun hat, ist die Diffusionskapazität C_D ($\approx$10 pF) geringer als im obigen diskreten Fall.

Für 200 MHz Datenrate erhält man 5μW als notwendige Eingangslichtleistung an der Photodiode. Berücksichtigt man wieder 50% Verlust auf der optischen Übertragungsstrecke, muß die Laserdiode 10μW Lichtleistung abgeben. Bei einer Leistungsaufnahme von ca. 5mW reicht somit ein Wirkungsgrad von 0.5%, den Mikrolaserdioden auch leicht erzielen. Da gegenwärtig der Wirkungsgrad aber generell gering ist (ca. 10%), wird nahezu die gesamte elektrische Eingangsleistung dissipiert. Die Verlustleistung einer einzelnen Mikrolaserdiode liegt somit um drei Größenordnungen höher als der für die Photodiode geschätzte Wert (< 1μW), weshalb für die hier vorgenommene grobe Abschätzung die in den Photodioden auftretende Verlustleistung vernachlässigt wird. Da Emitterkomponente und der Logik/Detektorschaltkreis in der hybriden Aufbautechnik örtlich voneinander getrennt sind, muß die Kühlleistung das Maximum der in diesen beiden Komponenten dissipierten Energie pro PE abführen können. In allgemeiner Form bestimmt sich somit der Schätzwert für ein POELA-PE mit n optischen Ein/Ausgängen und einer nach (3.3) bestimmten Gatteranzahl τ durch max (5n, τ P_{Gate}+0.005n) mW. Dabei ist P_{Gate} die in mW angegebene Verlustleistung pro Gatter.

Die nachstehende Tabelle 3.2 faßt die ermittelten Abschätzungen für Laufzeit, Größe und Verlustleistung für die diskrete und hybride Aufbautechnik zusammen. Dabei wurde jeweils 1GHz Grenzfrequenz für die Lichtdetektion und Lichterzeugung angenommen. Bei der hybriden Aufbautechnik wird dabei nochmals bezüglich der verschiedenen Halbleitertechnologien zur Implementierung der Logik unterschieden.

Aufbau-technik	Laufzeit pro PE [ns]	Größe/PE [mm^2]	Verlustleistung/PE [mW]
diskret	5-10	1000	1500
hybrid (allgemein)	$2+4t_{Gate}$	$0.02n+\tau\, 1/N_{Gate}$	$\max(5n,\tau P_{Gate}+0.005n)$
ECL	2.4	$0.02n + 0.1\,\tau$	$\max(5n, \tau+0.005n)$
NMOS	22	$0.02n + 0.003\,\tau$	$\max(5n, 0.1\,\tau+0.005n)$
CMOS	2.4	$0.02n + 0.005\,\tau$	$\max(5n, 0.1\,\tau+0.005n)$
ACMOS	6	$0.02n+1.4\sigma\, 10^{-4}$	$\max(5n, 1.4\,\sigma\, 10^{-4}+0.005n)$

t_{Gate}: Gatterlaufzeit; N_{Gate} : Anzahl der Gatter inkl. Verdrahtung /mm^2; P_{Gate}: Verlustleistung/Gatter; τ: Gatteranzahl/PE (s.(3.3)); σ: Transistoranzahl/PE; n: Anzahl der optischen Eingänge;

Tab. 3.2 Leistungsparameter für ein POELA-PE für verschiedene Aufbautechniken

Zur Veranschaulichung der Tabelleneinträge wird nun für die verschiedenen Aufbautechniken die Leistungsfähigkeit eines POELA-PE abgeschätzt, das die Funktion eines 1-Bit-Volladdierers (s. Kap. 5) erfüllt. Zuerst wird die diskrete Aufbautechnik betrachtet. Da der PAL mit seinen acht Eingängen zwei 1-Bit-Volladdierer aufnehmen kann, wären 512 physikalische PE nötig, um die Prozessorleistung des DAP510 (1024 PE) zu erreichen, dessen PE im wesentlichen ebenfalls die Funktion eines 1-Bit-Volladdierers ausführt. Dies erfodert nach Tabelle 3.2 ca. 0.5 m^2 Fläche. Eine rein elektronische VLSI-Lösung würde wesentlich weniger Platz benötigen. Bereits der in LSI-Gate-Array Technik realisierte mini-DAP besitzt 128 PE auf einer Karte inklusive 2MB Speicher [HoJe88]. Aus dieser Überlegung wird deutlich, daß eine diskrete Aufbautechnik nur dann Sinn macht, wenn man gezwungen ist, Daten über lange Strecken zu übertragen. Ein POELA-PE könnte dann z.B. als Vermittlungsknoten eines Verbindungsnetzwerkes programmiert werden (s. Kap. 6.3.2).

Für die hybride Aufbautechnik ergibt sich folgende Überlegung. Ein als 1-Bit-Volladdierer programmiertes POELA-PE muß mindestens 3 optische Ein/Ausgänge und mindestens ein lokales Flip-Flop besitzen und muß mindestens 7 Konjunktionen programmieren können. Ein solches PE benötigt nach (3.3) 155 Gatter. Für eine typische IC-Fläche von 1cm^2 erhält man nach Tab. 3.2 folgende PE-Anzahlen, Verlustleistungen und die unter Berücksichtigung der Laufzeit eines PE geschätzte maximale Anzahl an 1-Bit-Additionen.

ECL:	6 PE	1 W	-->	2.410^{9}	1-Bit-Additionen
NMOS:	192 PE	3 W	-->	8.710^{9}	"
CMOS:	119 PE	2 W	-->	4810^{9}	"
ACMOS:	760 PE	11.4 W	-->	12610^{9}	"

Aus der Aufstellung wird ersichtlich, daß sich aufgrund der hohen Integrationsdichte die höchste Rechenleistung für die Realisierung der Logik mit ACMOS ergibt. Die Verlustleistung ist zwar laut Tabelle fünfmal höher als bei der CMOS-Variante. Letztere ist aber bereits der Wert für die flüssiggekühlte CMOS-CPU des Hochleistungsrechners ETA^{10}. Die dabei in Wärme dissipierte Leistung von 11.4 W ist jedoch mit einer reinen Luftkühlung nicht mehr abführbar. Anspruchsvolle Kühlungstechniken, die aber bereits Stand der Technik sind (IBM TCM 20W/cm^2, [AlGo89]; DEC Alpha 11 W/cm^2), müssen in diesem Fall in Anspruch genommen werden. Wichtig ist zu erwähnen, daß die 11.4 W Verlustleistung bei dem mit ACMOS-Logik aufgebauten POELA-PE in den optischen Senderelementen entstehen. Somit wird im Gegensatz zur diskreten Aufbautechnik die **Rechenleistung** nicht durch die Größe der Bauelemente sondern **durch die Verlustleistung in den optischen Sendern limitiert.**

3.3.3.3 Monolithische Aufbautechnik

In einem III-V Halbleitermaterial (z.B. GaAs) wurde in Labormustern die optoelektronische Integration von Photodiode und Elektronik, sowie SEED-Modulatoren und Elektronik als auch Laserdioden und Elektronik gezeigt. Was bisher nicht gezeigt wurde, ist die monolithische Integration aller drei Komponenten Lichtsender, Lichtdetektor und elektronische Logik. Es sind allerdings keine fundamentalen Gründe bekannt, die dagegen sprechen. Daher ist dieses Gebiet auch Gegenstand vieler aktueller Forschungsarbeiten. Neben der Machbarkeit der Integration bleibt ferner zu klären, ob optoelektronische hochintegrierte Schaltkreise ("opto-VLSI") großtechnisch und kostengünstig herstellbar sind. Da hierzu gegenwärtig noch keine genaueren Aussagen gemacht werden können, sei an dieser Stelle nur auf die Möglichkeit hingewiesen, optoelektronische PE auch monolithisch aufzubauen. Eine Abschätzung bzgl. den Parametern Zeit, Größe und Verlustleistung wird im Rahmen hier nicht vorgenommen.

Abschließend seien nochmals die wichtigsten Aussagen dieses Kapitels zusammengefaßt. Die rein optischen Verarbeitungskonzepte MSL und POLA verfolgen das Ziel, den Aufbau programmierbarer, universeller optischer Rechensysteme zu ermöglichen. Beide Techniken sehen die Verwendung regulärer optischer Verbindungen vor. Aufgrund dieser regulären Verbindungsstruktur ergibt sich bei der Implementierung von Schaltfunktionen eine wesentlich höhere Gatteranzahl als bei einer rein elektronischen Lösung, was in den nächsten Kapiteln noch genauer nachgewiesen wird. Andererseits bietet die reguläre Verbindungsstruktur die Möglichkeit einer Fließbandverarbeitung auf Gatterebene. Dies setzt aber sehr schnelle, weit im Subnanosekundenbereich operierende, optische Gatter voraus, die derzeit zumindest nicht mit moderaten Verlustleistungen realisierbar sind.

Wir haben daher ein optoelektronisches Konzept (POELA) auf der Grundlage programmierbarer DNF entwickelt. Mit solch einem POELA-PE erhält man ein sehr flexibles, an die optischen Randbedingungen angepaßtes Element, das die Manipulation von Daten in optoelektronischen Systemen zuläßt. Man kann diesen Baustein sowohl als 2x2-Kreuzschienenverteiler programmieren und damit als Schaltelement in Sortier- und Verbindungsnetzwerken verwenden als auch zur Lösung numerischer Funktionen einsetzen. Für die Implementierung eines POELA-PE wurden 2 mögliche Techniken näher untersucht. Eine aus diskreten Bauelementen aufgebaute POELA-Architektur bringt aufgrund der durch die Größe der Bauelemente limitierten Rechenleistung nur bei langen Übertragungen

Vorteile (DFÜ). Für Parallelrechner ist dagegen eine hybride Aufbautechnik vielversprechender. Eine Kombination aus GaAs-Senderelementen und ACMOS-Logik ergibt die größte Rechenleistung. Diese wird derzeit durch die Verlustleistung in den optischen Senderelementen nach oben begrenzt.

In den folgenden Kapiteln werden parallele Rechnerarchitekturen auf der Grundlage von POELA-Bausteinen, Mustersubstitutionslogik und optischen PLA vorgestellt und miteinander verglichen. Vorab ist es jedoch notwendig, diesen unterschiedlichen Konzepten einen gemeinsamen Rahmen zu geben.

4 Abstraktionsmodell für den Entwurf digitaler optischer Systeme

Wie die unterschiedlichen Verarbeitungskonzepte MSL, POLA und POELA als auch die verschiedenen Aufbautechniken des POELA-Konzeptes zeigen, ist der Entwurf eines digitalen optischen Systems ein komplizierter, unterschiedliche Entwurfsphasen betreffender Vorgang. Um die unterschiedlichen Konzepte gemeinsam zu erfassen und gleichzeitig die Abbildung einer Architektur bzw. eines Algorithmus auf eine konkrete Hardwarearchitektur zu vereinfachen, ist es hilfreich, eine Abstraktion beim Entwurf eines digitalen optischen Systems vorzunehmen.

Abstraktion ist das Verbergen von Details zur Beherrschung der Komplexität [Melh88]. Ein wichtiges Hilfsmittel im Zusammenhang mit dem Schaltungsentwurf ist die Einteilung in verschiedene Abstraktionsebenen. Jede dieser Abstraktionsebenen behandelt eine Stufe im Entwurfsprozeß, der beispielsweise beim Top-Down-Entwurf von VLSI-Schaltkreisen mit einer an die Notation von Programmiersprachen angelehnten Beschreibung beginnt und mit einem Maskenlayout endet. In einem an der Optik orientierten Entwurfsmodell kann z.B. dieser Prozeß mit einer aus optischen/optoelektronischen Bauteilen wie Linsen, Hologrammen, Glasfasern, Lichtemittern, Photodetektoren usw. bestehenden Anordnung enden. Je höher der Abstraktionsgrad ist, um so weiter ist man von an der Hardware ausgerichteten Implementierungsdetails entfernt, was zur Beherrschung der Komplexität nützlich ist. Ein niedriger Abstraktionsgrad gestattet dagegen die Betrachtung einzelner, spezieller Probleme, was insbesondere für den Herstellungsprozeß von Bedeutung ist. Die Ebenen sind untereinander als gleichwertig zu bewerten, aber jede für sich bietet die Betrachtung eines unterschiedlichen Aspektes im gesamten Entwurfsprozeß [Hart90].

Im elektronischen Bereich existieren zahlreiche Entwurfswerkzeuge für die unterschiedlichen Ebenen. In vielen Forschungsarbeiten beschäftigt man sich mit dem automatischen Übergang zwischen den Abstraktionsebenen. Einen der bekanntesten Ansätze stellen in diesem Zusammenhang "Silicon-Compiler" dar. Hier wird eine funktionale Beschreibung eines Schaltkreises automatisch in mehreren Stufen [Gais85] in ein physikalisches Layout transformiert. Silicon-Compiler in dem eben beschriebenen Sinn haben somit eine reine Top-Down-Vorgehensweise. Eine andere Möglichkeit besteht darin, Top-Down- und Bottom-Up-Strategien zu mischen [Hoer86], was insbesondere für die Optimierung von im Entwurf enthaltenen kritischen Bereichen hilfreich ist. Beispielsweise können für Teile eines optoelektronischen oder "optischen" Schaltkreises auf einer unteren Ebene Speziallösungen entwickelt werden. Die dabei gewonnenen charakteristischen Größen werden an die übergeordnete Abstraktionsebene übermittelt und können dort in Simulationen verarbeitet werden, die z.B. nur Zeit- und Energiebedarf des untersuchten Systems berücksichtigen.

Obwohl es eine Normierung der Abstraktionsebenen, die den elektronischen Schaltungsentwurf unterstützen, nicht gibt, sind die in den verschiedenen Modellen [Gajs83], [Ramm89], [Maer89] vorgeschlagenen Abstraktionsebenen ähnlich definiert [Hart90]. Es ist beabsichtigt, daß für die digitale Optik als geeignet erachtete Abstraktionsmodell (Abb. 4.1) an das in [Hart90] veröffentlichte anzulehnen, was sich seinerseits wieder an einen Vorschlag aus [Walk85] orientiert. In der Benennung unterscheidet sich das hier vorgestellte Modell gegenüber dem von [Hart90] dargestellten nur in der niedrigsten Abstraktionsebene. Das dort als elektrische Schaltkreisebene bezeichnete Abstraktionsniveau erhält hier die Bezeichnung "Optische Bauteileebene".

Es folgt eine kurze Beschreibung der einzelnen Abstraktionsebenen. Die Architekturebene (1) beschreibt einen Entwurf in der höchsten Abstraktionsebene. Darin beschrieben ist die Hardwarearchitektur eines Systems, beispielsweise die Zuordnung der Hardwarearchitektur in die Klasse der SIMD-Rechner. Ebenso werden charakteristische Leistungsdaten, wie Geschwindigkeit oder Antwortzeit in die Beschreibung mit aufgenommen.

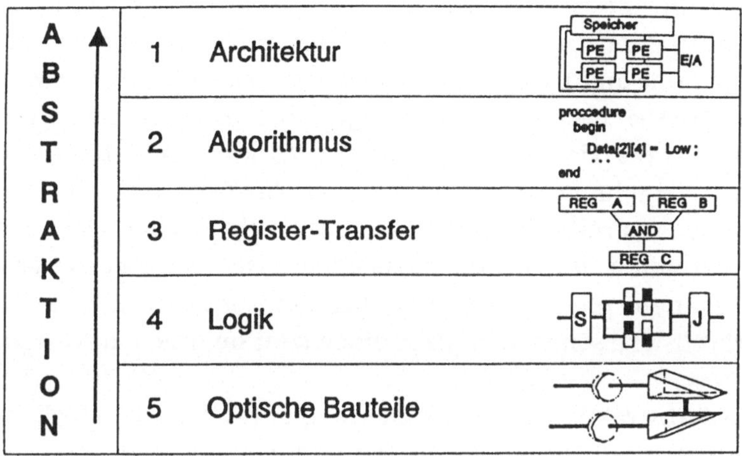

Abb. 4.1 Abstraktionsebenen der Digitalen Optik. Der Abstraktionsgrad nimmt von unten nach oben zu.

Bei Verbindungssystemen kann in dieser Ebene eine Spezifizierung bzgl. der Verbindungstopologien z.B. Stern-, Ringkopplung oder Busstruktur vorgenommen werden. Auf der Ebene der Algorithmen (2) wird die Funktionalität eines Vermittlungs- bzw. Prozessorknotens in einer an Programmiersprachen orientierten Notation spezifiziert. Ein Beispiel hierfür ist die Formulierung eines Algorithmus durch sogenannte Rekurrenzgleichungen, die als eine Metasprache verwendet werden, aus der dann ein Programm für eine spezielle Rechenstruktur generiert wird [Thal89]. Rekurrenzgleichungen wurden auch verwendet, um daraus systolische Arrays abzuleiten [Quin84], die als ein Rechenmodell für die Register-Transfer-Ebene (3) betrachtet werden können (s. Kap. 7). In dieser Register-Transfer-Ebene wird ein Entwurf anhand des Datenaustausches von Registern veranschaulicht. Die Logikebene (4) stellt das zu entwerfende System durch die kombinatorische Verknüpfung logischer Gatter dar. Im Falle einer, wie in der Optik gegebenen Manipulation zweidimensionaler Datenebenen, kann dies durch die Ersetzung von Mustern innerhalb einer Datenebene formal beschrieben werden (s. Mustersubstitutionslogik).

Die Ebene der optischen Bauteile (5) ist eng am Herstellungsprozeß orientiert. Ein Entwurf ist hier als eine Anordnung von optischen bzw. optoelektronischen Bauteilen wie z.B. Linsen, Hologrammen, Glasfasern, Lichtdetektoren und Lichtemittern definiert. Deren Verhalten wird durch aus der Physik bekannte Gleichungen beschrieben, aus denen sich beispielsweise die Lichtleistung oder der Wirkungsgrad für die optische Abbildung berechnen lassen (s. Kap. 2). Im Gegensatz zu den darüberliegenden Abstraktionsebenen steht hier nicht das digitale, sondern das analoge Verhalten des zu untersuchenden Systems im Vordergrund. Die dabei relevanten physikalischen Größen sind deshalb nicht auf logische Pegel diskretisiert, sondern besitzen einen kontinuierlichen Wertebereich.

Jede dieser Abstraktionsebenen sollte dem Entwickler die Möglichkeit der Validierung seines Entwurfs geben. Darunter versteht man, die Korrektheit eines Entwurfes nachzuweisen. Hierfür gibt es zwei unterschiedliche Richtungen. Eine mittels formaler Verifikation mehr theoretisch ausgerichtete Vorgehensweise, die aber oftmals nicht die geeigneten Verfahren zur Verfügung stellt. Die andere Richtung der Validierung ist mehr an der Praxis orientiert und beinhaltet experimentelle Verfahren sowie Simulation. In den kommenden Kapiteln wird beabsichtigt, das funktionale Verhalten eines Entwurfs anhand von Simulationen zu validieren. Dabei wird die sogenannte Mehrebenensimulation bevorzugt, d.h. eine Simulation ist auf mehreren Abstraktionsebenen durchführbar.

Das hier vorgestellte Abstraktionsmodell der digitalen Optik ist der zentrale Rahmen für die in den folgenden Kapiteln vorgenommenen Modellierungen und Bewertungen paralleler optischer Rechensysteme. Da es sich bei der digitalen Optik um eine im Aufbau befindliche Technologie handelt, liegt der Schwerpunkt dabei naturgemäß in den unteren Abstraktionsebenen (3-5). Daher werden für die Abstraktionsebenen 3-5 in den folgenden Kapiteln 5-7 in einer Bottom-Up-Gliederung, ausgehend von der Bauteileebene bis hinauf zur Register-Transfer-Ebene, die verwendeten Modelle und deren Anwendungen vorgestellt.
In einem nächsten Schritt sollten diese näher am physikalischen Verhalten ausgerichteten Ebenen an die abstrakteren Ebenen angebunden werden.

Dies ermöglicht die direkte Übernahme der bereits beim elektronischen Systementwurf für die Algorithmen- und Architekturebene entwickelten Konzepte für die digitale Optik. Kapitel 9 ist ein Beispiel hierfür. Dort werden optische und hybride Feldrechnerkonzepte bewertet, in denen auch die Algorithmenebene einen Schwerpunkt darstellt.

Ein Beispiel für einen Top-Down-Entwurf eines digitalen optischen Systems stellen die in Kap. 3.2 vorgestellten programmierbaren optischen Logikfelder dar. Die Anordnung der Eingangsvariablen sowie der Aufbau der zwischen benachbarten Gatterzeilen befindlichen Masken wird automatisch aus einer vorgegebenen DKF ermittelt [Murd90]. Die dabei verwendeten Programmierwerkzeuge können als Vorläufer eines optischen "Silicon-Compilers" betrachtet werden, in dem Übergänge zwischen benachbarten Abstraktionsebenen automatisch erfolgen. Als Beispiel für eine im Sinne einer Top-Down-Strategie realisierten Verbindung benachbarter Abstraktionsebenen, wird in Kap. 7 ein automatischer Übergang von der Register-Transfer-Ebene zur Logikebene durchgeführt. Konkret werden dabei in die Register-Transfer-Ebene einordbare systolische Arrays in die Syntax einer auf Logikebene operierenden, für optische Architekturen geeigneten Rechnerentwurfs-sprache übersetzt. Ebenso sind die in diesem Buch weiter hinten vorgestellten Schnittstellen und formalen Beschreibungsmodelle als Ausgangspunkte für die Entwicklung eines Top-Down-Entwicklungswerkzeuges einzuordnen.

5 Modelle für optoelektronische Systeme auf Bauteileebene

In diesem Kapitel werden Modellierungen und Simulationen auf der niedrigsten Stufe des vorherigen Abstraktionsmodells beschrieben. Zur Durchführung der Arbeiten wurde das von der Firma Analogy kommerziell vertriebene Entwicklungswerkzeug SABER [Analogy88] gewählt. Da dieses Werkzeug vor allem beim elektronischen Schaltungsentwurf verwendet wird, soll untersucht werden, ob die Anbindung der Optik an die Elektronik mit diesem Werkzeug möglich ist.

Die hier auf Bauteileebene durchgeführte Verbindung von Optik und Elektronik stellt ein neues Arbeitsgebiet dar. Dementsprechend sind die hier vorgestellten Arbeiten als exemplarisch einzustufen. Zum Einstieg wurde deshalb mit der Modellierung einer optoelektronischen Punkt-zu-Punkt-Verbindung ein vergleichsweise einfaches Beispiel gewählt. Darauf aufbauend sollten in Zukunft komplexere Schaltkreise modelliert werden, um schließlich auf Bauteileebene die wichtigsten Komponenten optischer und optoelektronischer Rechnerarchitekturen modellieren zu können.

Im ersten Abschnitt dieses Kapitels erfolgt eine Beschreibung der Entwicklungsumgebung, insbesondere der zu SABER gehörenden Modellierungssprache MAST. Mit dieser formalen Sprache wird die Funktionsweise der auf Bauteileebene zum Einsatz kommenden Komponenten beschrieben. Danach wird exemplarisch die Modellierung und Simulation einer optoelektronischen Punkt-zu-Punkt-Verbindung mit MAST/SABER durchgeführt. Anhand eines Vergleichs mit dem ebenfalls auf Bauteileebene arbeitenden Werkzeug SPICE, werden die Vorteile der Verwendung von MAST/SABER dargestellt.

Zum Abschluß dieses Kapitels werden die Grenzen dieses Entwurfssystems beim Entwurf dreidimensionaler optoelektronischer Schaltkreise angesprochen und mögliche Verbesserungen vorgeschlagen.

5.1 Die Modellierungssprache MAST

MAST (Modelling Analog Systems) erlaubt die Modellierung des funktionalen Verhaltens sowohl von analogen Systemen als auch von in analogen Systemen eingesetzten Bauelementen. Diese Modellierung geschieht mit einer Beschreibungssprache, die sich an der Syntax höherer Programmiersprachen orientiert. Diese Beschreibung wird von der eigentlichen Simulationssoftware SABER kompiliert, um anschließend das analoge Funktionsverhalten eines Bauelementes bzw. eines Systems zu testen. Mit MAST lassen sich beliebige analoge Systeme beschreiben, deren Verhalten durch Differentialgleichungen mit maximal zweiter Ordnung oder Zustandsgleichungen berechnet werden kann. Diese Modelle eignen sich beispielsweise zur Beschreibung mechanischer, elektronischer, optischer oder auch strömungsmechanischer Systeme bzw. einer Kombination davon.

Ferner ist mit MAST eine hierarchische, modulare Modellierung möglich. Dies erlaubt bei der Definition eines Modells zur Darstellung einer Unterfunktion auf ein anderes, bekanntes Modell zurückzugreifen. Dabei darf auch das zur Realisierung der Unterfunktion benutzte Modell selbst wieder aus anderen Modellen zusammengesetzt sein. Ein mit MAST definiertes Modell wird als sogenanntes Template bezeichnet. Ein Template modelliert entweder ein ganzes System, ein Teilsystem oder ein als atomares Element aufzufassendes Bauelement. Im folgenden Abschnitt wird der Aufbau eines solchen Templates beschrieben und Beispiele für die Modellierung einiger der in Kap.2 aufgeführten optischen bzw. optoelektronischen Bauelemente gezeigt.

5.1.1 Aufbau eines MAST-Templates

Ein Template besteht im wesentlichen aus drei Hauptteilen, die alle für die Simulation des Modells wesentlichen Informationen erhalten [Analogy88]. Diese sind der

Templatekopf, der
Templaterumpf und der
Beitrag des durch das Template beschriebenen Modells zum Systemgleichgewicht.

Ein Templatekopf ähnelt in seiner Bedeutung und in seinem Aufbau den in höheren Programmiersprachen verwendeten Prozedurköpfen. Der Templatekopf beschreibt, wie ein Modell benutzt werden muß, um es in einem zu simulierenden System oder in einer Netzliste zu verwenden. Der Templatekopf besteht aus dem Namen des Templates, den Verbindungsknoten zu den anderen Templates sowie den charakteristischen Parametern des durch das Template modellierten Elementes. Abb. 5.1 zeigt ein einfaches Beispiel für den Templatekopf eines elektrischen Widerstandes. Dieser kann an den beiden Knoten a und b mit anderen Komponenten verbunden werden. Als charakteristischen Parameter besitzt er einen Widerstand von 30 Ohm.

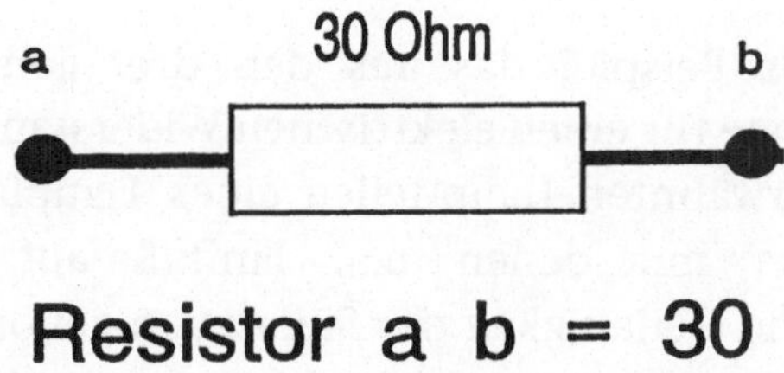

Abb. 5.1 Kopf eines Templates für einen elektrischen Widerstand

Der Templaterumpf beschreibt die Wirkungsweise der im Template verwendeten Variablen.

Es existieren zwei unterschiedliche Typen von Variablen, die abhängigen und die unabhängigen Variablen. In einem Template müssen die abhängigen Variablen stets als Funktion der unabhängigen Variablen ausgedrückt werden. Während der Simulation können nur die unabhängigen Variablen verändert werden. Als Ergebnis kann man den Einfluß dieser Veränderung auf die abhängigen Variablen beobachten. MAST betrachtet zum Beispiel in elektrischen Modellen die an den Verbindungsknoten anliegende Spannung als unabhängige Variable. Der durch die Knoten fließende elektrische Strom hängt u.a. von der Spannung ab und wird folglich als eine abhängige Variable behandelt.

Der dritte Hauptteil betrifft den Beitrag des durch das Template modellierten Bauelementes zum Systemgleichgewicht. Diese Angabe ist für die richtige Funktionsweise des Simulators entscheidend. Der Simulator versucht während der Berechnung des Funktionsverhaltens, Werte für die unabhängigen Variablen zu finden, so daß das 1. Kirchhoffsche Gesetz erfüllt ist, d.h. die Summe aller abhängigen Variablen, die durch einen Knoten fließen (in MAST auch als through variable bezeichnet) muß 0 sein (5.1). Daher muß in jedem Template der Einfluß der abhängigen Variablen auf die Knoten explizit angegeben werden. Der Einfluß der unabhängigen Variablen in der Simulation wird implizit berücksichtigt.

$$\sum_{\text{node } n} i_n = 0 \tag{5.1}$$

Abb. 5.2 zeigt als Beispiel das aus den drei genannten Hauptteilen bestehende Template für einen elektrischen Widerstand.
Neben den drei erwähnten Hauptteilen eines Templates existieren noch weitere Segmente, mit denen u.a. Einfluß auf die Ausführungsgeschwindigkeit und Genauigkeit der Simulation genommen werden kann. Für den hier verfolgten Ansatz, die Verbindung von Optik und Elektronik auf Bauteileebene in den Grundzügen aufzuzeigen, sind diese jedoch nicht weiter relevant.

```
template Resistor a b = Res /* Definition des Templatekopf

electrical  a,b              /* Verbindungsknoten und
number      Res              /* charakteristische Bauteileparameter
{                            /* Beginn des Templaterumpfes
        val i  Ir            /* Definition von Strom und
        val v  Vr            /* Spannung als lokale Variable
values {
        Vr  = v(a)-v(b)      /* Bestimmung der Spannung
        Ir  = Vr/Res         /* Relation ab- und
}                            /* unabhängiger Variablen
equations {                  /* Einfluß der abhängigen
        i(a) += Ir           /* Variablen auf das
        i(b) -= Ir           /* Systemverhalten
}
}                            /* Ende des Rumpfes
```

Abb. 5.2 Modellierung eines elektrischen Widerstands mit MAST

5.2 Modell einer optoelektronischen Punkt-zu-Punkt-Verbindung

In diesem Abschnitt wird anhand des einfachsten denkbaren Modells einer optoelektronischen Punkt-zu-Punkt-Verbindung exemplarisch das Prinzip der Modellierung eines optoelektronischen Schaltkreises auf Bauteileebene aufgezeigt. Konkret besteht die Anordnung aus einer Lumineszenzdiode als Lichtemitter, einer Linse als optischem Übertragungselement und einer Photodiode als Empfangselement. Für jedes dieser Elemente muß ein Template gefunden werden, das der Funktionsweise des Elementes entspricht. Während ein Template in erster Linie die atomaren Elemente repräsentiert, kann ein komplexeres, aus atomaren Elementen bestehendes System durch eine sogenannte Netzliste modelliert werden. Prinzipiell erlaubt die MAST-Syntax auch, ein zusammengesetztes System wieder als Template zu beschreiben. Für die weiteren Betrachtungen ist diese Eigenschaft aber nicht wesentlich.

Abb. 5.3 zeigt die Netzliste zu einer aus einem elektrischen Widerstand und einem Kondensator aufgebauten Serienschaltung.

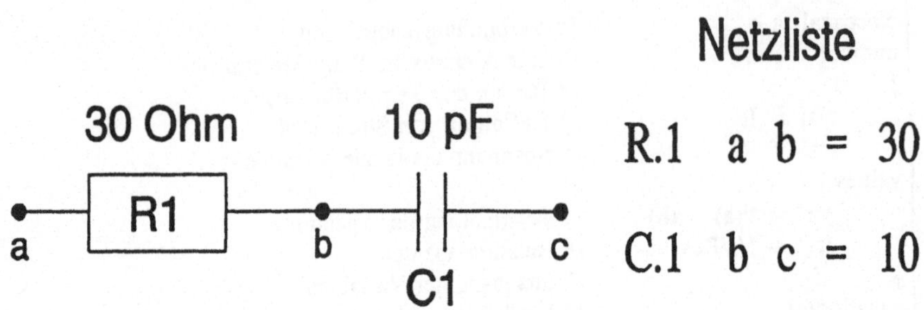

Abb. 5.3 Modellierung zusammengesetzter Systeme in MAST durch Netzliste

Der in Abb. 5.3 gezeigte Knoten b stellt einen elektrischen Verbindungspunkt dar. Bei einer Übertragung eines optischen Informationssignals durch den freien Raum, z.B. mit einer Linse, ist eine solche Situation aber nicht gegeben. Die Übertragung des Lichts, ohne den Einsatz eines Wellenleiters, benötigt keine mechanische Kontaktierung am Sender und am Empfänger. Da aber die Schnittstellen einzelner Bauelemente in MAST über gemeinsame Verbindungsknoten modelliert werden, entsteht das Problem, die gemeinsame Schnittstelle zwischen der LED und der Linse bzw. zwischen der Linse und der Photodiode zu modellieren. Zur Lösung dieses Problems werden zwei unterschiedliche Möglichkeiten betrachtet:

die Einführung imaginärer optischer Verbindungsknoten
die Verwendung von Referenzvariablen

5.2.1 Modellierung der optischen Übertragung durch Verbindungsknoten

MAST bietet die Möglichkeit, auch eigene für die spezielle Anwendung benötigte Knoten neu einzuführen. Dabei ist ebenfalls zu definieren, welche (abhängigen) Variablen auf diesen neuen Knoten einen Einfluß ausüben, ähnlich wie der elektrische Strom als abhängige Variable auf einen elektrischen Knoten einwirkt. Im Falle eines, bezüglich der Freiraumübertragung imaginären optischen Verbindungsknotens wird die Lichtleistung als abhängige Variable definiert. Ein weiteres Problem in diesem Zusammenhang stellt die Berücksichtigung der aufgrund von Absorption, Reflexion und Streulicht unvermeidlichen Verluste an optischer Lichtleistung dar. Da der elektrische Strom nicht verloren geht, ist die Situation bei der Modellierung elektrischer Stromkreise einfacher. Wie im vorigen Abschnitt bereits erwähnt, basiert die Simulation in MAST auf der Basis eines verallgemeinerten Kirchhoffschen Gesetzes. Dieses sagt aus, daß die Summe aller abhängigen Variablen in einem Knoten 0 ergeben muß. Diese Bedingung muß auch von neu definierten optischen Knoten und deren abhängiger Variable, der Lichtleistung, erfüllt werden (5.2).

$$\sum_{opt\_n} P_{opt\_n} = 0 \qquad (5.2)$$

Hinter dieser Bedingung steckt im Prinzip die Einhaltung des Energiesatzes, d.h. die bei der Informationsübertragung auf die Photodiode verlorene Lichtleistung muß in der Energiebilanz berücksichtigt werden. Dazu ist eine Modellierung der LED als optische Leistungsquelle notwendig (Abb. 5.4). Diese gibt optische Leistung durch den emittierten Lichtstrahlungsfluß über Knoten a an die Linse weiter.

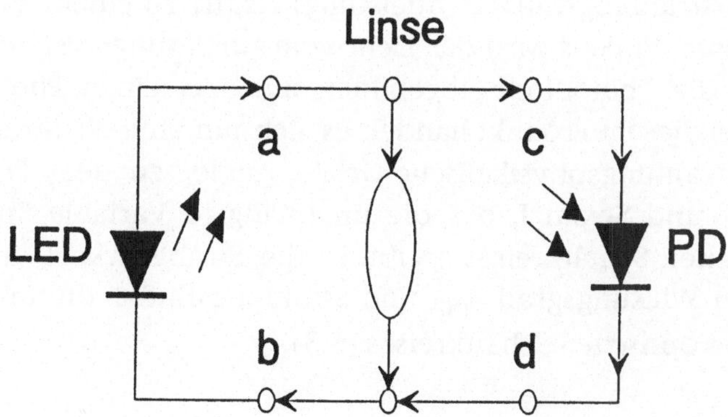

Abb. 5.4 Modellierung der optischen Übertragung mit optischen Knoten

Anhand des optischen Wirkungsgrades läßt sich errechnen, welcher Teil des Strahlungsflusses über Knoten c an die Photodiode weitergegeben wird und welcher Teil im Modell über den Knoten b wieder in die Quelle "zurückfließt". Der an der Photodiode angekommene Strahlungsfluß induziert den Photostrom und soll, um die für das Modell notwendige Einhaltung des Energiesatzes zu gewährleisten, ohne Verluste über Knoten d wieder zurück zur Quelle fließen. Verluste, die durch Streulicht, Absorption etc. auftreten, werden dadurch berücksichtigt, daß sie von Knoten a wieder in den Knoten b "zurückfließen". In diesem Sinn handelt es sich um eine idealisierte aber durchaus effektive Modellierung.
Die analoge Funktion des elektrischen Stromflusses in einem elektrischen Schaltkreis übernimmt in diesem optischen Schaltkreis der in der Einheit Watt gemessene Strahlungsfluß. Somit handelt es sich bei dem Strahlungsfluß um eine in der Terminologie der Sprache MAST als abhängige Variable bezeichnete Größe. In diesem Zusammenhang stellt sich die Frage, welche Größe die unabhängige Variable darstellt? Hier hilft wiederum eine zum elektrischen Schaltkreis analoge Betrachtung weiter. Ähnlich wie der Kehrwert des Ohmschen Widerstand den Leitwert für den elektrischen Strom darstellt, ist der Wirkungsgrad einer optischen Abbildung ein Leitwert für den Strahlungsfluß. Dieser Wirkungsgrad selbst ist wiederum ein Maß für den bei der optischen Abbildung übertragenen Teil des vom Sender in den Raum abgestrahlten Lichts. Das Produkt aus Strahlungsfluß und optischem Wirkungsgrad beschreibt somit den übertragenen Strahlungsfluß (Lichtleistung) relativ zu einem Raumwinkel. Innerhalb dieses Winkels wird das Licht vom Abbildungssystem eingefangen und auf die Photodiode abgebildet, um dort einen Photostrom zu induzieren. Bei diesem Produkt handelt es sich um eine als Strahlstärke I_e bezeichnete strahlungsphysikalische Größe. Analog zu dem Produkt aus Widerstand R und Strom I, das die unabhängige Variable Spannung U eines elektrischen Schaltkreises ergibt, ist die Strahlstärke I_e als Produkt aus optischem Wirkungsgrad η_{opt} und Strahlungsfluß Φ die unabhängige Variable dieses optischen Schaltkreises (5.3).

Die nachfolgende Beschreibung zeigt die wesentlichen Ausschnitte der mit MAST möglichen Modellierung zu der in dargestellten Anordnung mit Hilfe neu definierter optischer Knoten.

$$U = R\,I\,; \qquad I_e = \eta_{opt}\,\Phi \quad \left[\frac{W}{sr}\right] \tag{5.3}$$

U: unabhängige Variable — I_e : unabhängige Variable

I : abhängige Variable — Φ : abhängige Variable

Zunächst müssen die neuen physikalischen Größen sowie die imaginären optischen Knoten inklusive ihrer abhängigen und unabhängigen Variablen definiert werden.

```
unit ("W","Watt","Strahlungsfluß")Φ
unit ("W/sr","Watt/Steradiant","Strahlstärke") Ie
pin optical through Strahlungsfluß across Strahlstärke
```

Die LED wird durch ein Template als Lichtquelle beschrieben. Diese enthält neben den elektrischen Knoten zum Anschluß an die Betriebsspannung die beiden optischen Knoten a und b. Ferner werden die charakteristischen Parameter, wie z.B. der Wirkungsgrad der LED oder die emittierte Lichtwellenlänge, im Templatekopf übergeben. Damit läßt sich nach den in Kap. 2 angegebenen physikalischen Formeln der Strahlungsfluß bzw. die damit identische Lichtleistung berechnen, die über den optischen Knoten a aus Abb. 5.4 nach außen gegeben wird.

```
template LED ... a b             /* Templatekopf */
            = Diodenparameter
electrical ...
optical  a,b
{                                /* Templaterumpf */
var   Φ     var_Φ                /* Variable für Strahlungsfluß */
values {
      var_Φ = ...                /* Strahlungsfluß aus Diodenparameter */
}                                /* berechnen (s. Kap. 2) */
equations {                      /* Beitrag zum Systemgleichgewicht */
      Φ(a) += var_Φ              /* Strahlungsfluß aus Knoten a */
      Φ(b) -= var_Φ              /* Strahlungsfluß in Knoten b */

}
}
```

Das Template der Linse spezifiziert vier optische Verbindungsknoten a, b, c und d. Als charakteristische Parameter werden die für die Abbildung entscheidenden physikalischen Größen wie z.B. das Öffnungsverhältnis F der Linse (Verhältnis Linsendurchmesser zu Brennweite) und der Abbildungsmaßstab M der Abbildung (s. (2.7)) übergeben. Daraus läßt sich nach den in Kap. 2 gezeigten Formeln der optische Wirkungsgrad η_{opt} der optischen Abbildung errechnen. Aus dem Produkt des optischen Wirkungsgrades und dem über Knoten a empfangenen Lichtstrahlungsfluß kann man dann unter idealisierten Bedingungen bestimmen, wieviel Licht auf die Photodiode übertragen wird. Die dabei erzielten Größen sind als Werte in erster Näherung zu betrachten. Ein genaueres Systemverhalten erfordert die Berücksichtigung von Abbildungsfehlern und der exakten Strahlausbreitung. Die mathematischen Zusammenhänge sind dabei zu kompliziert, als das sie von dem beschränkten Befehlsumfang von MAST erfaßt werden können (s. dazu auch Bemerkung in Abschnitt 5.4).

```
template LENS a b c d          /* Templatekopf */
         = Linsenparameter


optical  a,b,c,d
{                              /* Templaterumpf */
var    Ie      var_Ie          /* Variable für Strahlstärke */
var    Φ       var_Φ           /* Variable für Strahlfluß */
number    ηopt                 /* Konstante für optischen Wirkungsgrad */
...

values {
      ηopt  = ...              /* Berechnung optischer Wirkungsgrad */
      var_Φ  = Φ(a)            /* Strahlungsfluß aus Eingangsknoten a */
      var_Ie = Ie(c)-Ie(d)     /* Strahlstärke an opt. Ausgangsknoten */
 }

equations {                    /* Beitrag zum Systemgleichgewicht */
    ...
    var_Ie  = var_Φ*Φopt       /* von der Linse im Raum eingefangener */
}                              /* Lichtanteil */
}
```

Da die Ausgangsknoten c und d der Linse identisch mit den Eingangsknoten der Photodiode sind, bewirkt die an c und d anliegende Strahlstärke die Induktion des Photostromes, der mit den in (2.19) gezeigten physikalischen Formeln, u.a aus dem Quantenwirkungsgrad der Photodiode und der Lichtwellenlänge, in dem der Photodiode zugeordneten Template berechnet werden kann.

```
template PD  c d ...              /* Templatekopf */
        = Diodenparameter

optical   c,d
electrical ...
{                                 /* Templaterumpf */
val    Ie     var_Ie              /* Variable für Strahldichte */
val    I      Iph                 /* Variable für induzierten Photostrom */
number        ηPD                 /* Konstante für Wirkungsgrad */

values {
       ηPD    = ...               /* aus Diodenparameter errechnen */
       var_Ie = Ie(c)-Ie(d)       /* Bestimmung des von der Linse über- */
}                                 /* tragenen Strahlungsflusses */

equations {                       /* Beitrag zum Systemgleichgewicht */
       ...
       Iph = ηPD*var_Ie           /* Berechnung des Photostroms */
}
}
```

Analog zu der in Abb. 5.3 gezeigten Netzliste kann man nun über die Köpfe der drei in diesem Abschnitt vorgestellten Templates eine Netzliste zur Modellierung einer optoelektronischen Punkt-zu-Punkt-Verbindung konstruiert werden.

5.2.2 Modellierung der optischen Übertragung durch Referenzvariablen

Eine andere Möglichkeit einen optischen Übertragungskanal mit MAST zu modellieren, besteht in der Verwendung von Referenzvariablen. Diese Art der Modellierung besitzt vielleicht nicht die Originalität wie die eben gezeigte, nah an der Physik orientierte Lösung, ist aber einfacher zu realisieren und nicht minder effektiv. Die Verwendung von Referenzvariablen ist eine "Software-Lösung", die die Kopplung von Elementen ohne direkten mechanischen Kontakt zu modellieren erlaubt. Das Konzept gestaltet sich analog zur Parameterübergabe nach dem "call-by-reference"-Prinzip in höheren Programmiersprachen. Der Wert einer in einem Template als unabhängig definierten Variable kann einem anderen Template zur Verfügung gestellt werden. Abb. 5.5 verdeutlicht das Prinzip.

```
template LED p n = ...

electrical   p n

{
...
var p Popt
...
Popt = Diodenstrom * η
}
```

```
template LENS Popt_out_led = ...


ref p Popt_out_led
{
...
var p Popt_out
...
Popt_out = Popt_out_led * ηopt
}
```

```
template PD l m Popt_in_PD =
...
electrical  l m
ref p Popt_in_PD
{
...
var I Iph
...
Iph = Popt_in_PD * η
}
```

```
Netzliste:
LED p n = ...
LENS (LED.Popt) = ...
PD l m (PD.Popt_out) = ...
```

Abb. 5.5 Modellierung eines optischen Übertragungskanals durch Referenzvariable

In einem Template, das eine LED modelliert, wird die von der LED erzeugte Lichtleistung P_{opt} als Variable (Schlüsselwort var) deklariert. Auf den Wert dieser Variablen kann ein anderes, z.B. ein die Funktion einer Linse beschreibendes Template zugreifen, wenn dies im Kopf des Linsentemplates entsprechend als Übergabeparameter deklariert wird. Dieses Linsentemplate besitzt als einzigen Eingang $P_{opt\_out\_led}$, identisch mit der von der LED erzeugten Lichtleistung P_{opt}.

In Abhängigkeit des optischen Wirkungsgrades der Abbildung wird ein Teil P_{opt_out} der Eingangsleistung nach dem gleichen Prinzip der Parameterübergabe durch Referenzvariablen an ein Template übergeben, das der Photodiode entspricht. In diesem Template kann dann der aus der Lichteingangsleistung $P_{opt\_in\_PD}$ erzeugte Strom errechnet werden. Der Zugriff auf die richtigen Referenzvariablen wird über entsprechende Netzlistenanweisungen gesichert.

```
element template LENS  P_opt_in = F, M, sender_typ, ω

ref    p      P_opt                       # vom Sender abgegebene Lichtleistung
number        M,                          # Abbildungsmaßstab (s. Kap. 2)
              F,                          # Öffnungsverhältnis (L/f s. Kap. 2)
              ω                           # Öffnungswinkel Laserstrahl (s. Anhang)
enum          {LED,LD}    send_typ        # Sender LED oder Laserdiode (LD)

{
       number        hilf,η_opt           # Definition von Hilfsvariablen

       var    P      P_opt_out            # Referenzvariable für opt. Ausgang
       val    P      Phelp1,Phelp2        # Hilfsvariablen für EQUATIONS-Teil

       parameters {                       # Berechnung von Konstanten
         hilf = [((M*F)/(M-1))**2]/4      # s. Gleichung (2.6)
         if (send_typ == LED)             # Falls Sender eine LED
             η_opt = hilf                 # Hilfsvariable übernehmen
         if (send_typ == LD)              # Falls Sender eine Laserdiode
             η_opt = hilf*                # anderen Wirkungsgrad berechnen
                 ln2/(tan(ω)**2)          # s. [Schwa91]
       }

       values {
         Phelp1 = P_opt_in * η_opt        # übertragene Lichtleistung berechnen
         Phelp2 = P_opt_out               # Hilfsvariable für EQUATIONS-Teil
       }

       equations {                        # Referenzvariable müssen wie nebenste-
         P_opt_out : Phelp2 = Phelp1      # hend gezeigt im EQUATIONS-Teil
       }                                  # spezifiziert werden (nähere Details
}                                         # s. MAST-Handbuch)
```

Abb. 5.6 Einfaches MAST-Modell für eine Linse

Nachdem nun das Prinzip der Modellierung eines optischen Übertragungskanals aufgezeigt wurde, müssen die einzelnen elementaren Bauelemente LED, Linse und Photodiode noch als Templates umgesetzt werden. Diesen Templates werden die charakteristischen Parameter des entsprechenden Bauelements übergeben, aus denen sich dann mit Hilfe der in Kap. 2 angegebenen Gleichungen das Funktionsverhalten berechnen läßt. Abb. 5.6 demonstriert dies am Beispiel der Linse.
Die Templates für die Lumineszenzdiode und die Photodiode werden auf analoge Weise erstellt. Ihr genaues Aussehen ist dem Anhang zu entnehmen. Hat man für alle drei elementaren Bauelemente diese Templates zur Verfügung, kann die gesamte optoelektronische Punkt-zu-Punkt-Verbindung durch die nachstehende Netzliste beschrieben werden.

```
v.1 vcc1 0 = dc=2
led.1 vcc1 0 = 100m,0.03
lens.1 popt(led.1) = 1.8,1,led,0
v.2 vcc2 0 = dc=-10m
phd.1 vcc2 0 popt(lens.1) = 10e-12,0.6
```

Die ersten beiden Zeilen beschreiben eine Lumineszenzdiode mit 3% Wirkungsgrad und 100mA Sättigungsstrom, die an einer Gleichspannungsquelle v.1 mit 2 Volt angeschlossen ist. Das Licht wird von einer Linse mit einem Öffnungsverhältnis von 1.8 übertragen. Sender und Empfänger sind so justiert, daß sich ein Abbildungsmaßstab von 1 ergibt. Als Sendertyp wird eine Lumineszenzdiode spezifiziert, so daß der weitere Parameter für den Öffnungswinkel eines Laserstrahls keine Bedeutung hat. Die Photodiode wird mit einer Vorspannung von 10mV (photoleitende Betriebsart) aus einer Spannungsquelle v.2 betrieben. Der Dunkelstrom der Diode wird mit 10pA angenommen. Ferner soll die Photodiode eine Empfindlichkeit von 0.6 A/W besitzen.

Abb. 5.7 zeigt z.B. den in der Photodiode erzeugten Photostrom bei einer von 1.6V bis 2.1V variierender Betriebsspannung an der LED. Deutlich ist der für Dioden typische exponentielle Verlauf zu erkennen, der bei lichtemittierenden Photodioden allerdings erst bei ca. 2V Durchlaßspannung einsetzt.

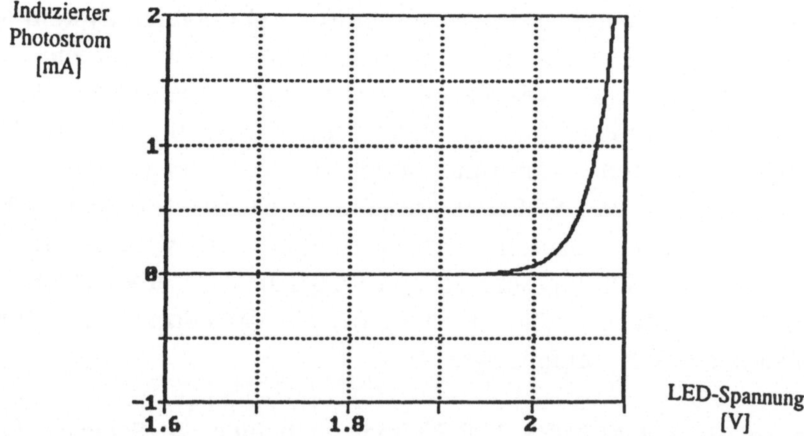

Abb. 5.7 Strom/Spannungskennlinie für optoelektronische Punkt-zu-Punkt-Verbindung

Für weitergehende Studien im Hinblick auf optoelektronische Rechenwerke, kann man das die Photodiode beschreibende Template mit anderen Templates verbinden, die z.B. ein logisches Gatter oder eine Speicherzelle modellieren.

Im folgenden wird eine weitere Möglichkeit zur Modellierung einer optoelektronischen Punkt-zu-Punkt-Übertragung vorgestellt, die jedoch stets elektrische Ersatzmodelle verlangt. Eine abschließende Beurteilung von MAST/SABER erfolgt nach einem Vergleich mit dem nachfolgend beschriebenen System SPICE in Abschnitt 5.4.

5.3 Modellierung optoelektronischer Systeme mit SPICE

SPICE ist ein in den 70er Jahren an der Universität Berkeley entwickeltes, universelles Simulationsprogramm zur Analyse elektronischer Schaltungen [Nage75]. Ursprünglich als Ausbildungshilfsmittel für Studenten gedacht, hat es mittlerweile auch auf dem kommerziellen Sektor sehr große Verbreitung gefunden und existiert für eine Vielzahl von Rechnern. Ein weiterer Vorteil von SPICE ist ferner, daß die Eingabesprache von SPICE sehr leicht zu erlernen ist.

Im Gegensatz zu dem im vorigen Abschnitt beschriebenen System MAST/-SABER können mit SPICE aber nur rein elektronische Systeme simuliert werden. Mischsysteme, wie beispielsweise eine optoelektronische Punkt-zu-Punkt-Verbindung, müssen über entsprechende Ersatzschaltbilder modelliert werden. Aufgrund der breiten Verteilung und der Berücksichtigung von SPICE in anderen Entwurfswerkzeugen, z.B. kann auch das in den beiden vorigen Abschnitten vorgestellte System MAST/SABER in SPICE geschriebenen Programmcode übersetzen, wird in diesem Abschnitt ein möglicher Weg für die Verbindung von Optik und Elektronik mit SPICE aufgezeigt.

Genauso wie bei MAST/SABER besteht auch hier die Schwierigkeit den optischen Ausgang bzw. Eingang im Modell des elektrischen Schaltkreises eines Lichtemitters bzw. eines Lichtdetektors unterzubringen. Während bei MAST/SABER aber zumindest die optische Übertragungsstrecke direkt programmiert werden kann, ist dies mit SPICE nicht möglich. Auch für die optische Übertragungsstrecke muß man ein äquivalentes elektronisches Ersatzschaltbild finden. Dies ist immer möglich, sofern ein optischer Wirkungsgrad angegeben werden kann, der einen linearen Einfluß auf die zu übertragende Lichtenergie ausübt. Die optische Übertragungsstrecke kann dann einfach als Spannungsteiler modelliert werden. Dieser elektronische Ersatzschaltkreis muß dann mit anderen Schaltkreisen gekoppelt werden, die den Lichtemitter und den Lichtdetektor repräsentieren. Für die Kopplung von Schaltkreisen sieht SPICE das Konzept von Strom- und Spannungsquellen vor, die entweder spannungs- oder stromgesteuert sind. Die grundsätzliche Idee der durchgeführten Modellierung einer optoelektronischen Punkt-zu-Punkt-Verbindung stellt sich folgendermaßen dar:

- Modellierung der Lichtemitter als stromgesteuerte Spannungsquellen
- Modellierung der optischen Abbildung durch Spannungsteiler
- Modellierung der Lichtdetektoren als spannungsgesteuerte Stromquellen

Dies bedeutet, daß an die Stelle der übertragenen optischen Leistung oder des Strahlungsflusses eine dem Betrag nach identische elektrische Spannung tritt, die von einer stromgesteuerten Spannungsquelle erzeugt wird.

Abb. 5.8 zeigt das verwendete Ersatzschaltbild eines Lichtemitters. Der zwischen den Knoten 2 und 0 durch die Diode fließende Strom steuert eine Spannungsquelle. Diese ist in Abb. 5.9 zu sehen. Die Spannung dieser Quelle fällt an zwei Widerständen R1 und R2 in einem als Spannungsteiler realisierten Stromkreis ab. In diesem Spannungsteiler wird die Spannung U entsprechend dem optischen Wirkungsgrad der Abbildung zwischen den Widerständen R1 und R2 geteilt.

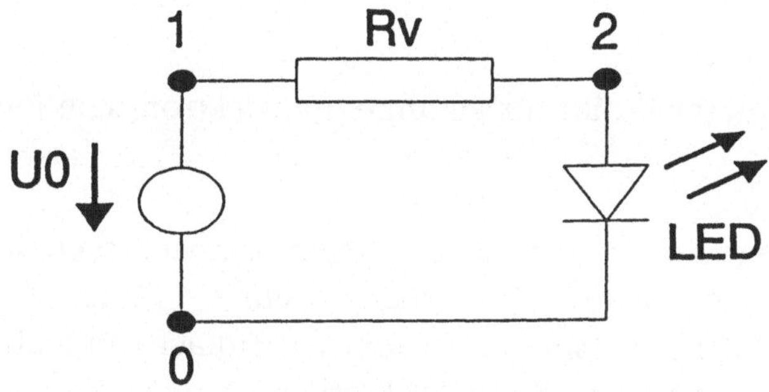

Abb. 5.8 Ersatzschaltbild für eine Lichtemitterdiode

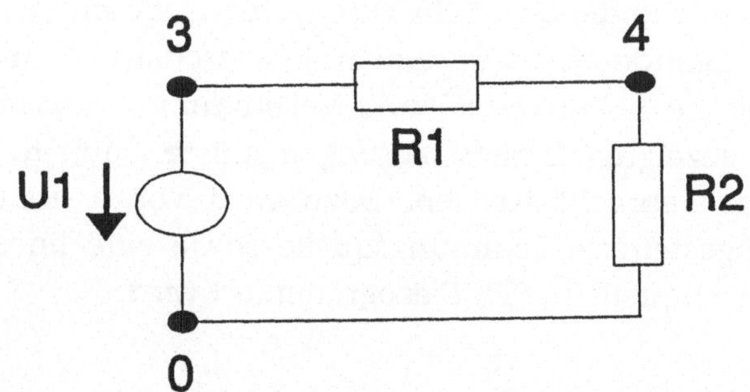

Abb. 5.9 Spannungsteiler als Ersatzschaltbild für eine optische Abbildung

Die am Widerstand R2 anliegende Spannung, die der übertragenen optischen Leistung entspricht, steuert dann eine Stromquelle, die einen zum Photostrom eines Lichtdetektors äquivalenten Strom I_{ph} abgibt (Abb. 5.10).

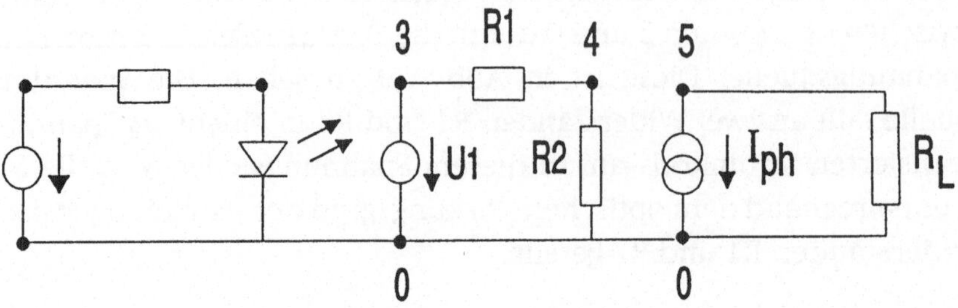

Abb. 5.10 Ersatzschaltbild für gesamte optoelektronische Punkt-zu-Punkt-Verbindung

An dieser hängt eine Last R_L, die z.B. einem Operationsverstärker inklusive nachgeschalteter Logik innerhalb eines Smart-Pixel-Elementes (s. Abschnitt 2.2.2.2) entsprechen kann. Der Einfachheit halber wurde hier eine Photodiode in photovoltaischer Betriebsart angenommen, d.h. ohne in Sperrichtung der Photodiode angelegter Vorspannung. Im folgenden soll nur der Betrag des induzierten Photostromes I_{ph} von Interesse sein.

Abb. 5.10 zeigt, wie die drei Schaltkreise für Lichtemitter, Übertragungsstrecke und Lichtdetektor in einem Ersatzschaltbild für die gesamte optoelektronische Punkt-zu-Punkt-Verbindung zusammengeschaltet werden. Die gezeigten Ersatzschaltungen müssen nun in entsprechende SPICE-Formate gebracht werden. Dazu wird vorab erläutert, wie eine lineare stromgesteuerte Spannungsquelle sowie eine lineare spannungsgesteuerte Stromquelle in SPICE programmiert wird.

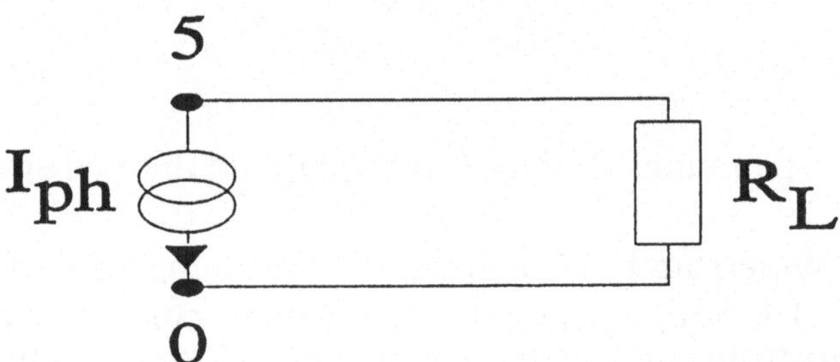

Abb. 5.11 Vereinfachtes Ersatzschaltbild eines induzierten Photostroms

Folgende SPICE Anweisungen modellieren eine lineare stromgesteuerte Spannungsquelle:

```
Hname   a1   a2   Vnv   wert
Vnv     e1   e2
```

Dem mit H beginnenden Namenfeld folgen die Knotenfelder der vom Knoten a1 zum Knoten a2 anliegenden Ausgangsspannungsquelle. Die Komponente wert enthält die Größe des Übertragungswiderstandes W in Ohm. V_{nv} ist der Name der Spannungsquelle des Steuerstromzweiges, in der der Strom i vom Knoten e1 zum Knoten e2 fließt. Die an den Knoten a1 und a2 anliegende Spannung ist das Produkt von W und i. Dabei entspricht W dem Wirkungsgrad bei der Wandlung von elektrischer in optische Leistung im Lichtemitter.

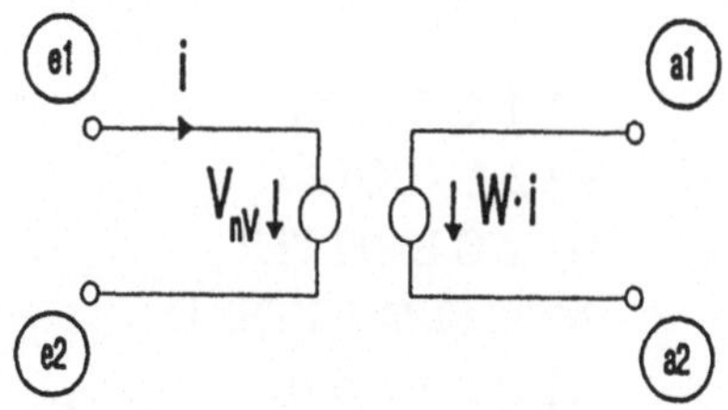

Abb. 5.12 Stromgesteuerte Spannungsquelle

Eine lineare spannungsgesteuerte Stromquelle wird in SPICE wie folgt programmiert:

```
Gname   a1   a2   e1   e2   wert
```

Die Anweisung muß mit einem G beginnen, gefolgt von einem Namen, der die lineare stromgesteuerte Spannungsquelle eindeutig kennzeichnet. Die Knoten a1 und a2 bezeichnen die Ausgangsstromquelle. Per Definition fließt dabei der Strom vom Knoten a1 zum Knoten a2. Die Knoten e1 und e2 legen die steuernde Spannung U fest. Das Wertefeld enthält den in Siemens gegebenen Übertragungsleitwert LW. Der erzeugte Strom ist das Produkt aus U und LW.

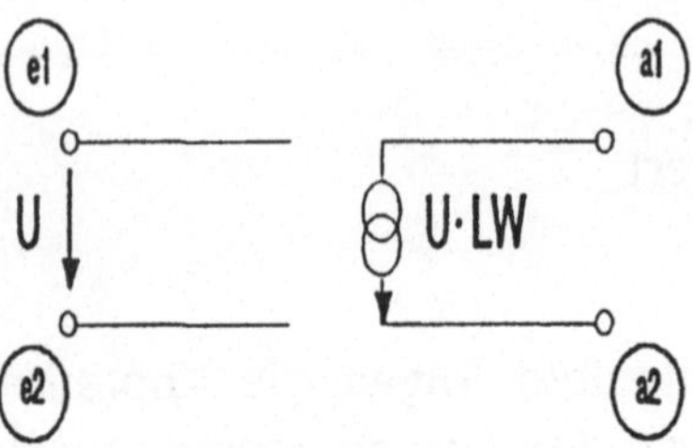

Abb. 5.13 Spannungsgesteuerte Stromquelle

Mit Hilfe dieser Elementaranweisungen ist es nun möglich, die oben gezeigten Ersatzschaltbilder miteinander in SPICE zu koppeln. Der nachstehende Programmausschnitt eines SPICE-Programms ist äquivalent zu dem in Abb. 5.8 dargestellten Ersatzschaltbild eines Lichtemitters.

```
V1 1 0 2VOLT
Rv 2 1 40OHM
D1 2 0 EMITTER
.MODEL EMITTER D
H1 0 3 V1 0.07
```

Der gezeigte SPICE-Code beschreibt eine Diode D1, die in Reihe mit einem Vorwiderstand Rv von 40 Ohm an einer 2V-Spannungsquelle V1 angeschlossen ist. Mit Hilfe der Anweisung .MODEL EMITTER wird ein neuer Diodentyp definiert, der z.B. den für die Diode eines Lichtemitters typischen Durchlaßspannungswert (≈2V) berücksichtigt. Der in der fünften Zeile zu sehende Übertragungswiderstand 0.07 entspricht für η_{LED}=5% und λ=885nm dem Term $\eta_{LED}\cdot(h\cdot f)/q$, der nach (2.2) mit dem vom Knoten 2 zu Knoten 0 fließenden Diodenstrom multipliziert werden muß, um die optische Ausgangsleistung zu erhalten. Im vorliegenden SPICE-Modell wird eine zu dieser optischen Ausgangsleistung dem Betrag nach analoge Ausgangsspannung zwischen den Knoten 3 und 0 durch den Diodenstrom gesteuert (s. Abb. 5.9).

Die nachfolgenden zwei Elementaranweisungen beschreiben den Spannungsteiler.

R1 4 3 5OHM
R2 4 0 7.5OHM

Die Ohmschen Werte der beiden Widerstände R1 und R2 müssen die in (5.4) gegebene Bedingung erfüllen, um damit die Spannung U derart zu teilen, daß an dem zwischen dem Knoten 4 und dem Masseknoten 0 befindlichen Widerstand R2 genau die Spannung $U \cdot \eta_{opt}$ abfällt.

$$R1 = R2\left(\frac{1}{\eta_{opt}} - 1\right) \tag{5.4}$$

Die folgende SPICE-Elementaranweisung bewirkt die Steuerung der an den Knoten 5 und 0 befindlichen Stromquelle (Abb. 5.10). Der mit der an den Knoten 4 und 0 anliegenden Spannung zu multiplizierende Übertragungsleitwert 6.048 Siemens errechnet sich aus dem Produkt des Quantenwirkungsgrades η_{qe} des Lichtdetektors, physikalischen Konstanten sowie der Lichtfrequenz f durch den Term $(\eta_{qe} \cdot q)/(h \cdot f)$ (s. auch (2.1)).

G1 5 0 4 0 6.048S

Die abschließende SPICE-Elementaranweisung schließt an der durch den Photostrom gespeisten Stromquelle eine Last (z.B. Logikgatter bzw. Flip-Flop) mit einem bestimmten Widerstand an.

RL 0 5 50OHM

Das gesamte SPICE-Programm inklusive der zur Simulationssteuerung notwendigen Kontrollanweisungen kann dem Anhang entnommen werden. Der Graph in Abb. 5.14 zeigt das von SPICE erzeugte Ergebnis einer durchgeführten Simulation einer mit den obigen Ersatzschaltbildern modellierten optoelektronischen Punkt-zu-Punkt-Verbindung. Aufgetragen ist wie in Abb. 5.7 der induzierte Photostrom I(PD) in Abhängigkeit der an der Emitterdiode anliegenden Spannung V1. Auch hier ist wieder das durch die Diodenkennlinie gegebene exponentielle Verhalten zu erkennen.

```
  V1       I(VIPH)

                       -2.000D-02    -1.500D-02    -1.000D-02    -5.000D-03    .000D+00
- - - - - - - - - - - - - - - - - - - - - - - - - - - - - - - - - - - - - - - - - - -
   .000D+00 -2.768D-31   .           .            .           .            *
  5.000D-01 -5.920D-12   .           .            .           .            *
  1.000D+00 -1.322D-08   .           .            .           .            *
  1.500D+00 -2.818D-05   .           .            .           .            *
  2.000D+00 -1.556D-03   .           .            .           .        *   .
  2.500D+00 -4.313D-03   .           .            .           .*           .
  3.000D+00 -7.273D-03   .           .            .       *   .            .
  3.500D+00 -1.031D-02   .           .            *           .            .
  4.000D+00 -1.337D-02   .           .     *      .           .            .
  4.500D+00 -1.646D-02   .          *.            .           .            .
  5.000D+00 -1.957D-02   .*          .            .           .            .
- - - - - - - - - - - - - - - - - - - - - - - - - - - - - - - - - - - - - - - - - - -
```

Abb. 5.14 SPICE-Plot für die Simulation einer optoelektronischen Punkt-zu-Punkt-Verbindung.

Wie an dem Beispiel der optoelektronischen Punkt-zu-Punkt-Verbindung mit MAST/SABER und SPICE deutlich wird, ist aufgrund des größeren Befehlsumfangs von MAST/SABER eine pragmatischere Lösung möglich. Durch die Verwendung von if-then-Anweisungen kann in einer einzigen Routine (template) in Abhängigkeit des Sendertyps (Lambert- oder Gauß-Strahler) der richtige optische Wirkungsgrad ausgewählt werden. Bei SPICE muß man dagegen vor dem Start der Simulation die entsprechenden Übertragungsleitwerte extern errechnen und die neuen Werte in die SPICE-Eingabedatei eintragen. Dies wirkt sich insbesondere dann nachteilig aus, wenn man in Simulationen implizite Größen, wie beispielsweise den Abbildungsmaßstab M oder das Öffnungsverhältnis F der optischen Abbildung variieren möchte. Natürlich darf bei diesem Vergleich bezüglich der Effizienz von MAST/SABER und SPICE nicht vergessen werden, daß das System MAST/SABER wesentlich teuerer als SPICE ist. Aufgrund der Mächtigkeit und der Flexibilität ist bei komplizierteren optoelektronischen Systemen jedoch das System MAST/SABER zu bevorzugen. Zum Abschluß dieses Kapitels soll noch auf Grenzen der hier auf Bauteileebene verwendeten Werkzeuge hingewiesen werden, die sich aus der naturgemäßen Zweidimensionalität der optischen Abbildung ergeben.

5.4 Grenzen bei der Modellierung zweidimensionaler optischer Abbildungen

Auch mit SABER/MAST ergeben sich trotz der weitaus größeren Möglichkeiten der Programmierung Schwierigkeiten bei der Erweiterung von Punkt-zu-Punkt-Verbindungen zu zweidimensionaler Kommunikation zwischen Sender- und Empfangsebenen. Prinzipiell ist es zwar möglich, die Verbindung einer Senderebene mit einer Empfangsebene durch mehrfache einzelne optoelektronische Punkt-zu-Punkt-Verbindungen zu spezifizieren. Bei einer sehr großen Anzahl einzelner Verbindungen von beispielsweise 1000 würde dies jedoch eine Liste von ebenfalls 1000 Netzlisten-anweisungen erfordern. Bedenkt man, daß mehrere solcher Sender- und Empfangsebenen hintereinander folgen können, kann man sehr leicht eine äußerst unübersichtliche Beschreibung erhalten. Weitere Schwierigkeiten bereitet die - insbesondere bei angestrebten kleinen Komponenten - wichtige Frage des optischen Übersprechens auf der Empfängerebene. Gerade auf der Bauteileebene möchte man vom idealen Verhalten abrücken, um die Randbedingungen für die zuverlässige Funktionsweise der einzelnen Systemkomponenten herauszufinden. Um optisches Übersprechen zu simulieren, ist es notwendig, den Einfluß eines Senderkanals auf die lokale Nachbarschaft am Empfängerort modellieren zu können. Durch die Definition imaginärer optischer Knoten ist dies prinzipiell möglich. Diese Lösung ist nach Meinung der Autoren aber unpraktisch, da man unter Umständen mehrere Knoten für einen Kanal spezifizieren muß, die alle im Templatekopf aufgelistet werden müssen. Dies kann wieder sehr leicht zu unübersichtlichen Strukturen führen. Aber auch die Verwendung von Referenzvariablen ist nur beschränkt möglich, da für jeden Kanal in der Nachbarschaft eine separate Variable definiert werden muß.

Abhilfe könnte hier die Erweiterung der MAST-Syntax um neue Datentypen, wie z.B. einem Feld, schaffen. Ein solches Feld könnte dann aus einer Ansammlung von Netzlistenkomponenten bestehen, von denen jede einzelne eine spezifische optoelektronische Punkt-zu-Punkt-Verbindung darstellt. Um die einzelnen Feldkomponenten auch möglichst einfach adressieren zu können, sollten hierzu Schleifenanweisungen in den Befehlsumfang aufgenommen werden.

Dies vereinfacht insbesondere die Behandlung ortsinvarianter, regulärer optischer Verbindungen. Auch die Berücksichtigung von lokalem Übersprechen kann durch Erweiterung um einen Datentyp Feld leichter behandelt werden, da optisches Übersprechen nicht für jeden Kanal völlig verschieden, sondern für alle Kanäle ähnlich ist [Schwa91].

Insgesamt läßt sich somit feststellen, daß bei der Berücksichtigung von Ortsbeziehungen, z.B. durch Aberrationen verursachte Abbildungsfehler, optisches Übersprechen oder Strahlführung die für die Elektronik auf Bauteileebene verwendeten Systeme entweder nicht ausreichend sind (SPICE) oder sich als unpragmatisch (SABER) erweisen. Ein System, das manche dieser Anforderungen erfüllt, ist z.B. CODE V [CODEV], das aber nur optische und keine optoelektronischen Bauelemente kennt. Notwendig wäre somit langfristig eine Synthese aus Programmen wie SABER und CODE V, um Optik und Elektronik befriedigend zu verbinden. SABER läßt zwar die Anbindung selbstgeschriebener Programme in C oder FORTRAN zu, dennoch sollten aber aus Effizienzgründen solche Erweiterungen direkt von den Herstellern übernommen werden.

Für vergleichsweise einfache Modelle, wie z.B. die hier gezeigte Punkt-zu-Punkt-Verbindung, in der ein elektrischer Draht durch einen optischen "Draht" ausgetauscht wird, ist die Mächtigkeit eines Systems wie MAST/SABER jedoch ausreichend. Auch die bei der Übertragung mit Wellenleitern wichtige Frage der Dispersion, d.h. die durch die Ausbreitung im Wellenleiter verursachte Verbreiterung des Sendeimpulses, ist zufriedenstellend modellierbar [KuWu92].

Um den durch die Optik aufgrund der im Raum durchgeführten Kommunikation zwischen Gatterebenen möglichen Effizienzgewinn in einem hybriden oder optischen Rechensystem zu erfassen, wurde bei den im nächsten Kapitel dargestellten Arbeiten in der Logikebene von Beginn an die Verwendung paralleler optischer Verbindungen berücksichtigt.

6 Modellierung digitaler optischer Systeme auf Logikebene

Im folgenden Kapitel werden die auf der Logikebene vorgenommenen Arbeiten dargestellt. Zur Durchführung der dabei notwendigen Simulationen und Bewertungen verschiedener digitaler optischer Systeme wurde im Gegensatz zu den Arbeiten auf der Bauteileebene keine bereits existierende Software verwendet, sondern mit einem eigens für diesen Zweck entwickelten Programmsystem gearbeitet. Dies erschien ratsam, um die in Kap. 6.1 dargestellten speziellen Eigenschaften dreidimensionaler optischer Architekturen optimal zu berücksichtigen. In Kap. 6.2 wird der grundlegende Aufbau dieses neuen Entwicklungswerkzeuges vorgestellt. Anschließend werden in Kap. 6.3 mit diesem Entwicklungswerkzeug verschiedene digitale optische Systeme für arithmetische Anwendungen und für den Einsatz in Verbindungsnetzwerken untersucht.

6.1 Rechnerentwurfssprachen für optische 3D-Architekturen

Durch die Verwendung von optischer Hardware in digitalen Systemen ergeben sich bestimmte Eigenschaften, die mit Programmen, die beim Entwurf elektronischer Schaltkreise eingesetzt werden, nur schwer zu berücksichtigen sind. Diese betreffen, die

- parallele Verarbeitung in aus identischen Gattergruppen aufgebauten Ebenen, die durch optische Übertragungskanäle in der 3.Dimension miteinander verbunden sind,
- die Modellierung der mit Strahlteilern zu realisierenden Vervielfältigung einer aus leuchtenden bzw. nicht leuchtenden Pixeln bestehenden Datenebene,

- die einfache Modellierung paralleler, regulärer optischer Verbindungen,
- die Berücksichtigung spezieller optischer Verfahren zur Datenmanipulation, wie z.B. der Mustersubstitutionslogik,
- die Ausgabe einer Folge von Pixelebenen als Ereignisspur.

Entwicklungswerkzeuge für rein elektronische Systeme, die auf Logikebene arbeiten, unterstützen hauptsächlich den Entwurf von planar aufgebauten Einzelkomponenten, wie z.B. einer ALU, einer CPU oder eines Schnittstellenbausteines. Parallele Verarbeitung von aus Bildpunkten aufgebauten Datenebenen setzt voraus, möglichst einfach Operationen auf einer Datenebene definieren zu können. Die Vervielfältigung dieser Datenebene und deren parallele Verarbeitung in getrennten Strahlengängen müssen mit einem für die digitale Optik geeigneten Entwicklungswerkzeug leicht programmierbar sein. Das gleiche gilt für die Modellierung regulärer Verbindungen, deren Einsatz geringere Komplexität verursacht als die Verwendung irregulärer, ortsvarianter Verbindungen. Insbesondere diese zusätzliche Komplexität hat auch in den bei AT&T aufgebauten Demonstratoren dazu geführt, reguläre optische Verbindungen zwischen Logikebenen zu verwenden [Murd92]. Die Bedeutung der Zweidimensionalität in der Optik zeigt sich auch bei der Datenmanipulation durch Mustersubstitution, in der neben der 1/0-Information eines Signals auch dessen Position innerhalb eines Rasters entscheidend für das Ergebnis ist. Zwar ist auch bei einem elektronischen Schaltkreis entscheidend auf welcher Leitung eine Information übertragen wird, diese kann aber prinzipiell unabhängig vom Ort verlegt werden. Systembeschreibungen auf Logikebene, die Funktionalität lediglich durch eine entsprechende Verdrahtung logischer Gatter modellieren, können diese Ortsabhängigkeiten nur sehr umständlich erfassen. Ein für die digitale Optik geeignetes Entwurfswerkzeug sollte diese Ortsabhängigkeiten direkt berücksichtigen. Eine weitere Anforderung an ein auf Logikebene arbeitendes System besteht darin, durch geeignete Ausgabemöglichkeiten das Auffinden von Fehlern zu erleichtern. Dazu genügt es nicht, die Simulationsspur einzelner Signale aufzuzeichnen, sondern es muß immer die Lichtinformation in der gesamten Datenebene beobachtbar sein.

Aufgrund der aufgeführten Punkte erscheint es ratsam, ein eigenes, speziell an die Bedürfnisse der digitalen Optik angepaßtes Entwurfssystem für die Logikebene zu entwerfen. Dieses System gestattet verschiedene Lösungsmöglichkeiten für Systeme mit identischem funktionalen Verhalten zu simulieren und miteinander zu vergleichen. Dies ist insbesondere hilfreich für eine im Aufbau befindliche Disziplin, wie die digitale Optik, in der unterschiedliche Verarbeitungskonzepte (MSL, POLA, POELA, s. Kap. 2) zur Realisierung von Rechensystemen diskutiert werden. Ferner lassen sich mit solch einem Werkzeug Erfahrungen bezüglich des Systementwurfs sammeln, die bei der Entwicklung optischer Komponenten genützt werden können. Beispielsweise können Simulationen helfen, adäquate Werte für die notwendige Anzahl interner Speicherbits, optischer Ein/Ausgänge und Konjunktionen eines POELA-Prozessorelementes zu finden.
Dabei sind mit adäquaten Werten solche gemeint, die es erlauben, viele Algorithmen umzusetzen, ohne dabei zu hohe Anforderungen an in der Zukunft zu entwickelnde Bauelemente zu stellen.

6.2 Die Rechnerentwurfssprache HADLOP

Um auch in der digitalen Optik über ein Entwurfsmodell für die Logikebene zu verfügen, das die im vorigen Abschnitt genannten Kriterien erfüllt, wurde hier das System HADLOP (HArdware Description Logic for Optical Processing) [Fey93] entwickelt. Mit HADLOP ist es möglich, alle in Kap. 3 vorgestellten Verarbeitungstechniken der digitalen Optik, wie Mustersubstitutionslogik (MSL), programmierbare optische (POLA) und optoelektronische (POELA) Logikfelder zu berücksichtigen und miteinander zu vergleichen. Damit erlaubt HADLOP sowohl die Bearbeitung von rein optischen als auch optoelektronischen Systemen. Diese können durch die HADLOP-Syntax modelliert, simuliert und bezüglich des Hardwareaufwandes bei einer bestimmten Rechenleistung bewertet werden.

Tabelle 6.1 zeigt Eigenschaften von HADLOP, die deutlich machen, weshalb HADLOP auf Logikebene operiert. Für die verschiedenen Verarbeitungstechniken sind die wesentlichen Merkmale der HADLOP-Modellierung für die Datenmanipulation und den Datentransport gezeigt.

Die Datenmanipulation für POLA und POELA wird, wie in der Logikebene üblich, durch disjunktive Normalformen (DNF) beschrieben.
Für den Ansatz mit MSL werden logische Operationen nicht durch DNF sondern durch Ersetzungsregeln ausgedrückt. Die optische Übertragung von Information zwischen datenmanipulierenden Logikmodulen wird in beiden Fällen durch eine Folge von Punkt-zu-Punkt-Verbindungen bestimmt. Auf jeder Punkt-zu-Punkt- Verbindung wird genau 1 Bit übertragen. Die Punkt-zu-Punkt-Verbindung wird durch explizite Angabe der Sender- und der Empfängerkoordinate eindeutig bestimmt.

	Optische und Optöelektronische Logikfelder	Mustersubstitutionslogik
Logische Operationen	disjunktive Normalformen (DNF) $x = a \cdot b + \bar{b} \cdot c$	Ersetzungsregeln
Transfer-operationen	explizite Angabe der Punkt-zu-Punkt Übertragung Sender Empfänger (0,0) ---> (1,1)	explizite Angabe der Punkt-zu-Punkt Übertragung Sender Empfänger (0,0) ---> (1,1)

Tab. 6.1 Modellierung der Datenverarbeitung und des Datentransports mit HADLOP

Abb. 6.1 zeigt die drei wichtigsten Module des Entwurfshilfsmittels HADLOP. Es sei an dieser Stelle darauf hingewiesen, daß sowohl das Programm als auch die formale Beschreibungssprache mit HADLOP bezeichnet werden. Der Entwurfsmodul enthält einen einfach aufgebauten CAD-Editor, der den interaktiven Entwurf eines digitalen optischen Systems in der HADLOP-Syntax ermöglicht. Diese durch Tabellen und einen Systemcode (s. 6.2.1) gegebene formale Beschreibung wird von dem Entwurfsmodul erzeugt und dem Simulations- und Bewertungsmodul zur Weiterverarbeitung übergeben.

Mit Hilfe dieser Beschreibung kann der Simulationsmodul das funktionale Verhalten des entworfenen Systems berechnen. Ferner erzeugt der Simulationsmodul eine sogenannte Blockzählerliste, in der festgehalten wird, wie oft im System eventuell vorhandene Verarbeitungsschleifen durchlaufen wurden.

Diese Information benötigt der Bewertungsmodul, dessen Aufgabe es ist, den Energie- und Zeitbedarf eines zu untersuchenden Systems abzuschätzen. Zur Durchführung dieser Aufgabe greift der Bewertungsmodul auf Technologieparameter zurück, die in einer Datei gespeichert sind.

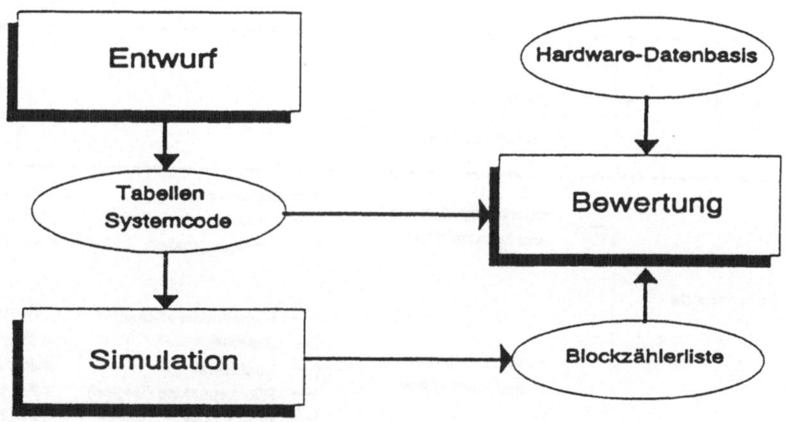

Abb. 6.1 Aufbau des HADLOP-Entwurfsystems

Voraussetzung für den Aufbau eines automatischen Entwurfssystems ist die Transformation von Systemspezifikationen benachbarter Abstraktionsebenen. Beispielsweise muß dazu eine in der Register-Transfer-Ebene einordbare Spezifikation eines Systems in eine Spezifikation auf Logikebene, wie z.B. der HADLOP-Syntax, automatisch übersetzt werden. Analog dazu kann z.B. für einen automatischen Übergang der Logik- zur Bauteileebene die HADLOP-Syntax in eine Netzlistenbeschreibung der auf Bauteileebene operierenden Systemsprache MAST transformiert werden. Für die Einbindung von HADLOP in ein automatisches Entwurfssystem kommt somit der HADLOP-Syntax eine zentrale Bedeutung bei.

Auch für das Verständnis der mit HADLOP möglichen Simulation und Bewertung digitaler optischer Systeme ist die Kenntnis der in HADLOP verfügbaren Sprachelemente notwendig.

6.2.1 Die Sprachelemente von HADLOP

Die formale Modellierung jedes digitalen optischen Systems mit HADLOP ist in zwei logische Blöcke gegliedert.
Diese können selbst wieder in feinere Sprachkonstrukte unterteilt werden (Abb. 6.2). Der HADLOP-Formalismus beginnt stets mit Tabellen. Der zweite Block enthält den weiter unten dargestellten Systemcode.

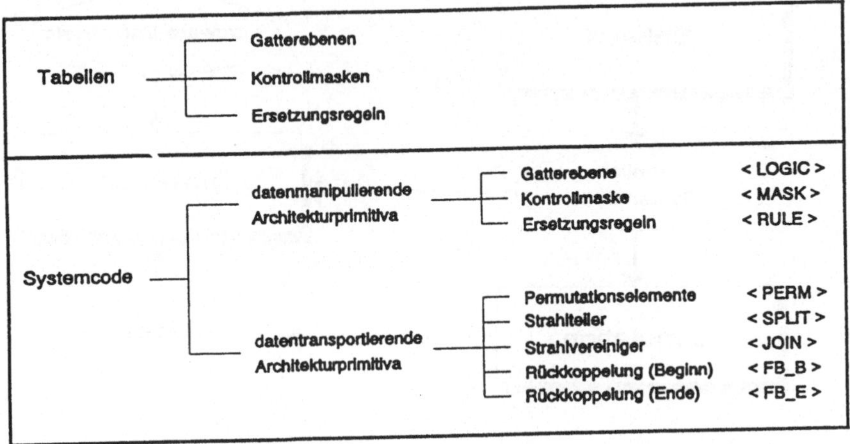

Abb. 6.2 Aufbau einer HADLOP-Beschreibung

In den Tabellen werden die in einem System verwendeten datenmanipulierenden Komponenten spezifiziert. Zu diesen gehören

- Gatterebenen, die z.B. hybride Schaltkomponenten ("smart pixels", s. Kap. 2.2.2.2) modellieren; ihre Funktionalität wird durch DNF definiert, ferner
- statische Kontrollmasken die eine pixelweise logische Verknüpfung mit der Datenebene durchführen, sowie
- Mustersetzungsregeln (s. Kap. 3.1).

Für unterschiedliche, in einem digitalen optischen System verwendete Gatterebenen existiert jeweils ein Eintrag in der Tabelle. Im Systemcode, der die Topologie des Systems festlegt, wird durch eine Referenz auf diese Tabelle eine eindeutig bestimmte Gatterebene ausgewählt.

Abb. 6.3 vermittelt einen Eindruck, wie in HADLOP eine Gatterebene spezifiziert wird. Diese Spezifikation entspricht auch im wesentlichen der Information, die in den Gatterebenentabellen in codierter Form eingetragen wird. Wie in Kap. 2 beschrieben, wird man sich in zukünftigen digitalen optischen Systemen der Einfachheit halber vor allem auf identisch aufgebaute und damit nach dem SIMD-Prinzip arbeitende Gattergruppen beschränken. Jede dieser Gattergruppen operiert auf einem eindeutig zugeordneten Pixelraster. Demzufolge ist die in für ein bestimmtes Pixelraster gezeigte Spezifikation stellvertretend für die Arbeitsweise aller Gattergruppen in der gesamten Gatterebene zu interpretieren.

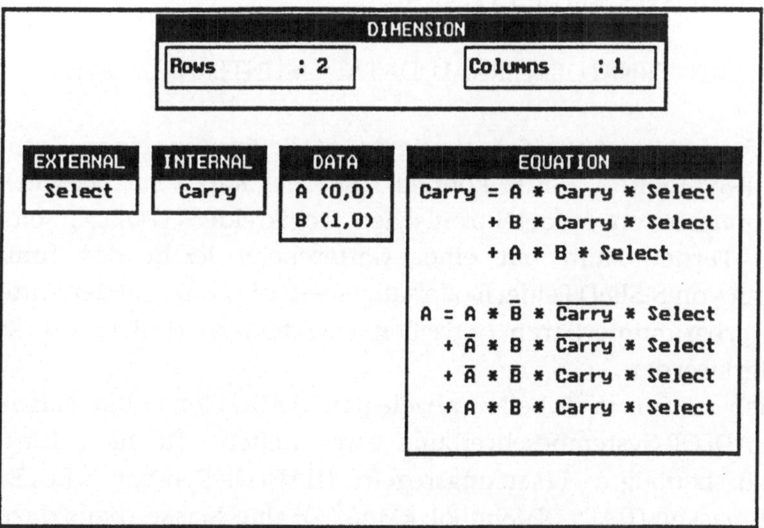

Abb. 6.3 HADLOP-Spezifikation einer Gatterebene

In dem gezeigten Fall handelt es sich um einen 1-Bit Volladdierer, der auf einem 2x1-Pixelraster operiert (s. DIMENSION). In dem mit DATA überschriebenen Fenster ist die über das Pixelraster ablaufende optische Ein-/Ausgabeschnittstelle einer Gattergruppe angegeben.

Jedes Ein-/ Ausgangssignal wird über einen Namen (z.B. A,B) eindeutig definiert. Die Position des Signals ist durch eine Koordinate innerhalb des Pixelrasters eindeutig festgelegt.
Die Funktion, die durch die Gattergruppe ausgeführt wird, ist die Boolesche Verknüpfung drei unterschiedlicher Klassen von 1-Bit Signalen. Eine Klasse sind die externen Signale (s. EXTERN), die für jede Gattergruppe in der Ebene als globales Eingangssignal fungieren. Im Gegensatz dazu sind die internen Signale (s. INTERN) lokale Speicherbits, die jeder Gattergruppe zugeordnet sind. Die von der Gattergruppe ausgeführten Funktionen werden durch Boolesche Gleichungen f_i ($i \geq 1$) bestimmt (6.1).
Die Eingangsvariablen dieser Gleichungen sind über das Pixelraster empfangene Eingangssignale (DATA), interne Speicherbits (INTERNAL) oder externe für die gesamte Gatterebene global definierte Signale (EXTERNAL). Das Ergebnis dieser Booleschen Verknüpfung betrifft dann entweder ein Ausgabepixel aus der Klasse DATA oder ein internes Speicherbit aus der Klasse INTERNAL.

$$f_i : \{\mathrm{EXTERNAL} \cup \mathrm{INTERNAL} \cup \mathrm{DATA}\}^+ \rightarrow \{\mathrm{INTERNAL} \cup \mathrm{DATA}\} \qquad (6.1)$$

Mit Hilfe der in Abb. 6.3 gezeigten Modellierung einer Gatterebene (HADLOP-Symbol: LOGIC) können die in Kap. 3.3 beschriebenen programmierbaren optoelektronischen Logikfelder (POELA) modelliert werden. Ferner kann mit einer Gatterebene leicht das funktionale Verhalten von S-SEED Feldern oder allgemein die Funktion der Gatterzeilen in den programmierbaren optischen Logikfeldern (POLA) aus Kap. 3.2 modelliert werden.
Zusätzlich zu den in Tabellen abgelegten LOGIC-Elementen existieren in jeder HADLOP-Systembeschreibung zwei weitere Tabellen für jeweils eventuell benötigte Ersetzungsregeln (HADLOP-Symbol: <RULE>) und Kontrollmasken (HADLOP-Symbol: <MASK>). Eine Maske dient dazu unerwünschte Positionen aus einer Datenebene zu eliminieren. Physikalisch gesehen wird das Licht durch einen Absorber an der entsprechenden Pixelposition vernichtet. Sowohl Kontrollmasken als auch die linken und rechten Seiten einer Ersetzungsregel lassen sich durch statische binäre Matrizen beschreiben (Abb. 6.4). Diese werden durch die Dimension der Matrix und die Inhalte der Matrixelemente definiert.

Der Eintrag 1 in einem Matrixelement entspricht einer Transmissivität von Licht, der Eintrag 0 der Blockierung der Lichtsignale. Die Einträge werden von oben nach unten und von links nach rechts aufgelistet.
An die Tabellen schließt sich der Systemcode an (s. Abb. 6.2), der die topologische Anordnung der in einem System verwendeten Architekturprimitiva beschreibt. Ein Architekturprimitiva ist ein Grundbaustein; ein gesamtes System ist aus mehreren solcher Bausteine zusammengesetzt. In der Menge der Architekturprimitiva sind neben den bereits erwähnten datenmanipulierenden Elementen - Gatterebene (<LOGIC>), Ersetzungsregel (<RULE>) und Kontrollmaske (<MASK>) - auch datentransportierende Elemente enthalten.

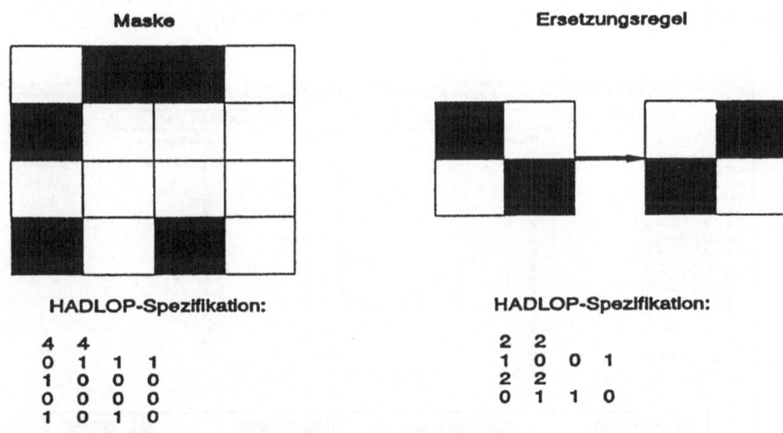

Abb. 6.4 Spezifikation einer Kontrollmaske und einer Ersetzungsregel

Dazu gehören

- Permutationselemente,
- Strahlteiler/Strahlvereiniger, und
- Elemente zum Aufbau von Rückkopplungen.

Permutationselemente (HADLOP-Symbol: <PERM>) modellieren z.B. durch Hologramme [Kobo91] oder Linsenfelder [HuSa92] realisierte optische Punkt-zu-Punkt-Verbindungen zwischen benachbarten Gatterebenen. Abb. 6.5 zeigt die HADLOP-Spezifikation eines solchen Permutationselementes.

Dieses modelliert eine optische Verbindung einer Sender- mit einer Empfangsebene mit jeweils 4x4-Pixelelementen. Für jede Pixelposition innerhalb der Senderebene wird eindeutig festgelegt, um wieviel Zeilen und Spalten ein über diese Pixelposition übertragenes Datum bei der Abbildung auf die Empfangsebene verschoben wird. Die Definition von regulären und auch optisch bereits realisierten Verbindungsmustern, wie z.B. einem Perfect Shuffle oder einem Butterfly, wird in HADLOP direkt unterstützt. Das bedeutet, daß bei dieser Art von Verbindung nicht explizit für jedes Senderelement die Empfängerposition angegeben werden muß wie bei einer irregulären Verbindung.
Ferner gehören zu den Transportelementen Strahlteilerelemente (<SPLIT>), die eine Datenebene vervielfältigen, um die Kopien in parallelen Datenpfaden unterschiedlich weiterzuverarbeiten (Abb. 6.6).

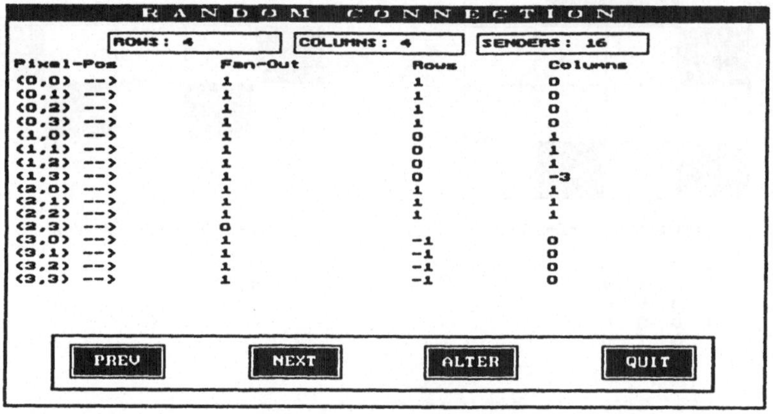

RANDOM CONNECTION

ROWS : 4 | COLUMNS : 4 | SENDERS : 16

Pixel-Pos	Fan-Out	Rows	Columns
<0,0> -->	1	1	0
<0,1> -->	1	1	0
<0,2> -->	1	1	0
<0,3> -->	1	1	0
<1,0> -->	1	0	1
<1,1> -->	1	0	1
<1,2> -->	1	0	1
<1,3> -->	1	0	-3
<2,0> -->	1	1	1
<2,1> -->	1	1	1
<2,2> -->	1	1	1
<2,3> -->	0		
<3,0> -->	1	-1	0
<3,1> -->	1	-1	0
<3,2> -->	1	-1	0
<3,3> -->	1	-1	0

PREV NEXT ALTER QUIT

Abb. 6.5 HADLOP-Spezifikation eines optischen Permutationselements

Analog zur Berücksichtigung von Strahlteilerkomponenten existieren in HADLOP Elemente zur Modellierung der Vereinigung von Datenebenen (<JOIN>). Dabei handelt es sich, wie im Falle der Kontrollmasken, um eine pixelweise logische UND bzw. ODER-Verknüpfung der aus verschiedenen, parallelen Strahlengängen zusammengeführten Datenebenen. Die Realisierung der Verknüpfung kann z.B. durch ein optoelektronisches Feld erfolgen, in dem an jedem Pixel über Photodioden das einfallende Licht aufsummiert wird.

Mit Hilfe eines Differenzverstärkers kann anschließend eine Schwellwertoperation ausgeführt werden, um wieder auf einen definierten Normpegel zu kommen, welcher zum Abschluß der JOIN-Operation zur Lichtemission genutzt wird.
Als drittes und letztes datentransportierendes Architekturprimitiva kennt HADLOP Rückkopplungen. Diese werden benötigt, um Programmschleifen implementieren zu können. Dabei durchläuft das Licht bestimmte Komponenten mehrfach, um auf diese Weise Hardware zu sparen. HADLOP kennt hierfür die Symbole <FB_B> (Feedback-Begin) für die Modellierung eines Schleifenbeginns und <FB_E> (Feedback-End) für die Darstellung des Schleifenendes. Die Rückkopplung der Datenebene am Schleifenende läßt sich technisch durch einen Strahlteiler/Strahlvereiniger und eine in Rückwärtsrichtung laufende Punkt-zu-Punkt-Verbindung realisieren.

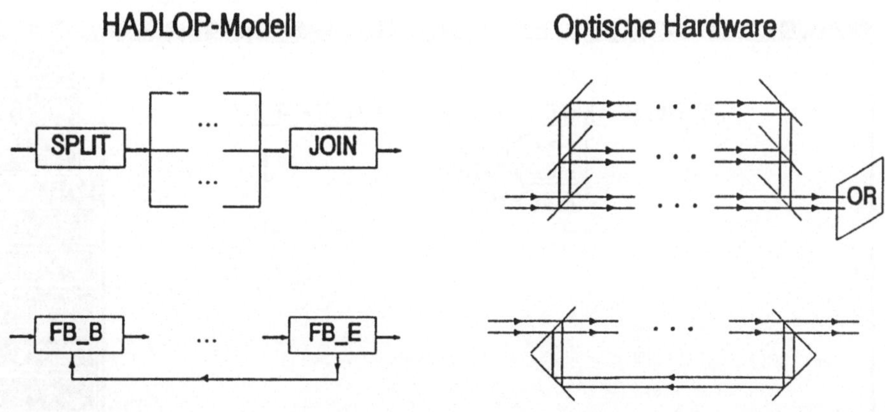

Abb. 6.6 HADLOP-Modellierung von Strahlteiler/-vereinigung (oben) und Strahlrückkopplung (unten)

Die Einkopplung am Schleifenbeginn kann z.B., wie dem Prinzip nach in Abb. 6.6 gezeigt, mit Hilfe von totalreflektierenden und teildurchlässigen Spiegeln oder Strahlteilerwürfeln geschehen.

6.2.2 Beschreibung digitaler optischer Architekturen mit HADLOP

Aus den im vorigen Abschnitt gezeigten Architekturprimitiva wird nach bestimmten Regeln eine Folge von solchen Architekturprimitiva erzeugt, die ein digitales optisches System beschreiben. Die dabei gültigen Regeln zur Ableitung dieser Folge sind durch eine die Syntax der Sprache HADLOP definierenden kontextfreien Chomsky-Grammatik festgelegt (s. Anhang B). Die Regeln dieser Grammatik nutzt der im Programmsystem bei der Systemmodellierung verwendete Editor für eine syntaxgesteuerte Arbeitsweise, d.h. nicht zulässige Systeme können nicht modelliert werden. Der Editor erzeugt einen sogenannten Systemcode. Die im Systemcode gegebene Reihenfolge der Architekturprimitiva spiegelt die topologische Anordnung der einzelnen Grundbauelemente des Systems wieder.

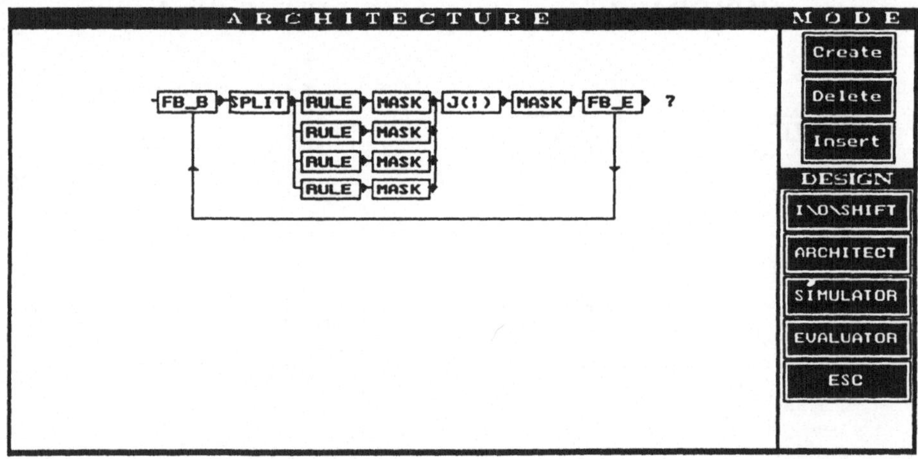

Abb. 6.7 Modellierung eines digitalen optischen Systems mit HADLOP

Im folgenden wird anhand eines auf Mustersubstitutionslogik aufbauenden Ripple-Carry-Addierers (s. 6.3.1.1) exemplarisch gezeigt, wie mit der Sprache HADLOP ein digitales optisches System beschrieben wird. Ein auf Gatterebenen aufbauendes System wird in derselben Weise modelliert. Da hierbei die Tabelleneinträge komplizierter werden, wurde aus Gründen der Anschaulichkeit ein MSL-System ausgewählt. Das System benutzt die in Abb. 3.2 gezeigten vier Ersetzungsregeln.

Abb. 6.7 zeigt das gesamte System, wie es sich im Editor des Programmsystems HADLOP darstellt. Die zugehörigen Tabellen und den Systemcode zeigt die folgende Darstellung.

```
/************************          TABELLEN          ************************/
0                /* Anzahl Gatterebenen */                 2          /* Anzahl Kontrollmasken */
4                /* Anzahl Ersetzungsregeln */             4 4        /* Dimension Maske 1 */
2 4              /* Dimension linke Seite Regel 1 */       0 0 0 0    /* Inhalt der Maskenzellen */
0 1 0 0 0 0 0 1  /* Maske linke Seite */                   0 0 0 0
2 4              /* Dimension rechte Seite Regel 1 */      0 0 0 0
1 0 0 0 0 0 0 1  /* Maske rechte Seite */                  1 1 1 1
2 4              /* Dimension linke Seite Regel 2 */       4 4        /* Dimension Maske 2 */
0 0 0 1 0 0 0 1  /* Maske linke Seite */                   0 0 0 0
2 4              /* Dimension rechte Seite Regel 2 */      0 0 0 0
0 0 1 0 0 1 0 0  /* Maske rechte Seite */                  0 0 0 0
2 4              /* Dimension linke Seite Regel 3 */       0 0 0 1
0 1 0 0 0 1 0 0  /* Maske linke Seite */
2 4              /* Dimension rechte Seite Regel 3 */
1 0 0 0 0 1 0 0  /* Maske rechte Seite */
2 4              /* Dimension linke Seite Regel 4 */
0 0 0 1 0 1 0 0  /* Maske linke Seite */
2 4              /* Dimension rechte Seite Regel 4 */
1 0 0 0 0 0 0 1  /* Maske rechte Seite */
```

Wie im vorigen Abschnitt bereits erwähnt, beginnt jede HADLOP-Beschreibung mit Tabellen für die datenmanipulierenden Elemente. Da in diesem Beispiel keine Gatterebenen verwendet werden und somit auch keine Einträge für die Tabelle der Gatterebenen notwendig sind, steht in der ersten Zeile eine 0. Im Anschluß daran wird die Anzahl der Einträge in der Tabelle der Ersetzungsregeln spezifiziert. Für das vorliegende Beispiel werden vier unterschiedliche Ersetzungsregeln, gleichbedeutend mit vier Tabelleneinträgen, benötigt. Es folgt die Spezifikation der Dimension und des Inhaltes der den Ersetzungsregeln zugehörigen statischen, binären Matrizen.

Die letzte Tabelle in einer HADLOP-Beschreibung betrifft die Kontrollmasken. In dem gezeigten Beispiel benötigt man zwei davon. Die erste in der Tabelle spezifizierte Maske ist erforderlich, um den Erkennungs-/Ersetzungsprozeß nur an definierten Positionen innerhalb einer Datenebene zuzulassen. Dies ist notwendig, um unerwünschte Erkennungen zu vermeiden. Abb. 6.8 zeigt ein Beispiel für eine solche unerwünschte Erkennung.

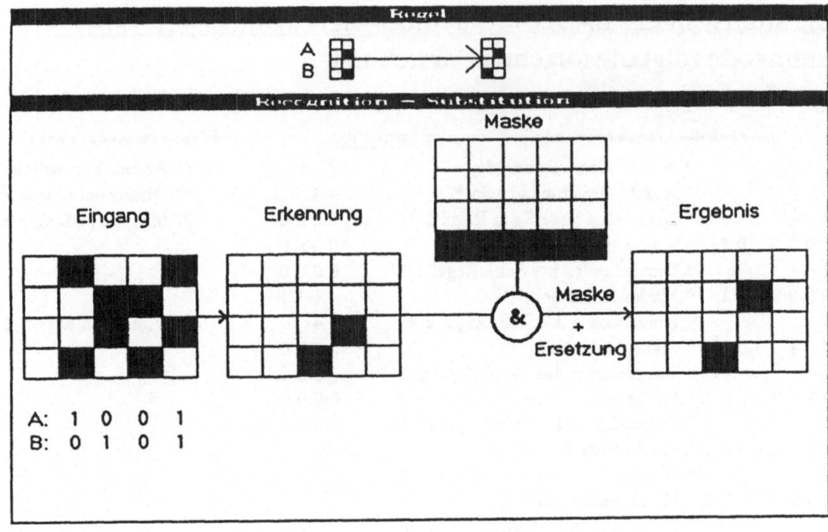

Abb. 6.8 Konfliktlösung durch Maske in der Erkennungsphase

Mit der dargestellten Ersetzungsregel wird nach der in Dual-Rail-Codierung (s. Abb. 2.15) gegebenen Bitkombination (A=0,B=0) zweier Operanden A und B gesucht. Da für die Erkennung der linken Seite der Regel nur der Abstand von leuchtenden Pixeln entscheidend ist, wird fälschlicherweise auch die Kombination (A=1,B=1) erkannt. Mit Hilfe von Masken, die nach dem Erkennungsschritt eingebaut werden, lassen sich solche unerwünschten Erkennungen beseitigen. Abb. 6.8 zeigt die für die Ripple-Carry-Addition notwendige Maske. Eine solche Maske wird für jede der vier Ersetzungsregeln benötigt.

Die zweite in der Tabelle spezifizierte Maske ist notwendig, um nach der Bearbeitung des SPLIT/JOIN-Blocks im niedrigstwertigen Bit des Summenoperanden eine logische 0 einzukoppeln. Dieses Nachziehen einer 0 ist durch den Algorithmus des Ripple-Carry-Addierers vorgeschrieben. Dies kann durch eine statische Kontrollmaske erfolgen, die genau an der Position innerhalb der Datenebene, die dem niedrigstwertigen Bit entspricht eine dual-rail codierte logische 0 enthält und durch eine pixelweise ODER-Operation mit der Datenebene verknüpft wird.

```
            /*******************          SYSTEMCODE          *********************/
FB_B                        /* Schleifenbeginn */
SPLIT 4                     /* 4 parallele Strahlengänge */
  RULE 1 MASK 1 and \       /* Pfad 1 Regel 1 aus Tabelle, Maske 1 aus Tabelle */
  RULE 2 MASK 1 and \       /* Pfad 2 Regel 2 aus Tabelle, Maske 1 aus Tabelle */
  RULE 3 MASK 1 and \       /* Pfad 3 Regel 3 aus Tabelle, Maske 1 aus Tabelle */
  RULE 4 MASK 1 and \       /* Pfad 4 Regel 4 aus Tabelle, Maske 1 aus Tabelle */
JOIN or                     /* Verknüpfung der 4 Kopien mit pixelweiser ODER-Funktion */
MASK 2 or                   /* Maske die 0 ins LSB des Summanden bringt */
FB_E                        /* Schleifenende */
end                         /* Ende des Systemcodes */
```

Nach der Tabellenspezifikation folgt der die Topologie des digitalen optischen Systems charakterisierende Systemcode. Die Anordnung der Elemente entspricht der von links nach rechts erfolgten Linearisierung des in Abb. 6.7 gezeigten Systems. Parallele Strahlenpfade werden von oben nach unten linearisiert. Da es sich im Beispiel des Ripple-Carry-Addierers um einen iterativen Prozeß handelt, beginnt der Systemcode mit einem Architekturprimitiva, das den Beginn einer Schleife (<FB_B>) festlegt. Jede der Ersetzungsregeln soll in einem separaten Strahlengang zur Anwendung kommen. Dafür ist es notwendig, die Datenebene viermal zu kopieren. In HADLOP wird dies durch das Architekturprimitiva <SPLIT> modelliert. Nach jedem SPLIT-Element muß eine positive, ganze Zahl folgen, die die Anzahl der gewünschten Kopien der Datenebene festlegt. Jede Kopie wird in einem separaten Strahlengang bearbeitet. Jeder Strahlengang darf prinzipiell wieder ein gesamtes digitales optisches System enthalten. Im ausgewählten Beispiel ist dies durch die Architekturprimitiva <RULE> und <MASK> spezifiziert. Dabei folgt jedem Architekturprimitiva eine Referenz auf einen Tabelleneintrag, um eindeutig festzulegen, welche Ersetzungsregel bzw. Maske gemeint ist. Dasselbe gilt für eine Gatterebene. Zusätzlich wird nach einer Referenz auf eine Maske der Boolesche Operator angegeben, mit dem die Datenebene und die Maske pixelweise verknüpft werden. Im Fall der Ersetzungsregeln ist dies stets der UND-Operator. Der Strahlengang selbst wird durch das Zeichen '\' abgeschlossen. Zu jedem SPLIT-Architekturprimitiva muß ein korrespondierendes JOIN-Element inklusive zugehöriger JOIN-Operation (UND- bzw. ODER) existieren, das den <SPLIT>/<JOIN>Block beendet.

Danach folgt ein weiteres Architekturprimitiva für eine Maske. Dieses besitzt eine Referenz auf die an der Position zwei in der Tabelle eingetragene Maske, die das Nachschieben der logischen 0 besorgt. Das letzte Architekturprimitiva (<FB_E>) zeigt das Ende der Rückkopplung an.

6.2.3 Simulation optischer Architekturen

Zur Berechnung des funktionalen Verhaltens eines entworfenen Systems werden innerhalb des Simulationsmoduls die im Systemcode enthaltenen Architekturprimitiva durch einen Interpreter verarbeitet. Durch gleichzeitigen Zugriff auf die Tabellen wendet der Interpreter den durch die HADLOP-Syntax gegebenen Algorithmus auf eine Eingangsdatenebene an. Diese muß zu Beginn der Simulation definiert werden.

Beim Entwurf eines Systems gibt es grundsätzlich zwei verschiedene Arten von Fehlern. Die häufigste Fehlerursache sind Systemfehler, d.h. ein zu implementierender Algorithmus wurde nicht korrekt auf die Hardware, in diesem Fall auf die HADLOP-Schlüsselwörter, abgebildet. Ferner können algorithmische Fehler passieren, d.h. ein neu entwickelter Algorithmus wurde zwar korrekt auf die Hardware abgebildet, aber er leistet nicht die gewünschte Funktion. Die Verifikation des funktionalen Verhaltens eines Systems erfordert Hilfen durch das Entwicklungswerkzeug. Zum Auffinden von Fehlern können mit dem HADLOP-Editor Haltepunkte innerhalb des modellierten Systems definiert werden. Trifft der Interpreter beim Abarbeiten des Systemcodes auf einen solchen Haltepunkt, wird die Simulation unterbrochen, und der aktuelle Inhalt der Datenebene wird auf dem Bildschirm gezeigt. Abb. 6.9 zeigt für das Beispiel des optischen Ripple-Carry-Addierers den Inhalt der Datenebene nachdem der Erkenner/Ersetzerblock zum ersten Male abgearbeitet wurde. Auftretende Abweichungen innerhalb eines Systems vom zu erwartenden Ergebnis können auf diese Weise lokalisiert werden. Das HADLOP-Schlüsselwort für einen Haltepunkt lautet <STOP>.

Addiert wurden die in Dual-Rail-Codierung gegebenen Zahlen 7 und 1. Die oberen beiden Zeilen entsprechen dem Summen-, die unteren beiden Zeilen dem Übertragsregister. Links zu sehen, die Situation nach der ersten Iteration, rechts der gesamte Verlauf.

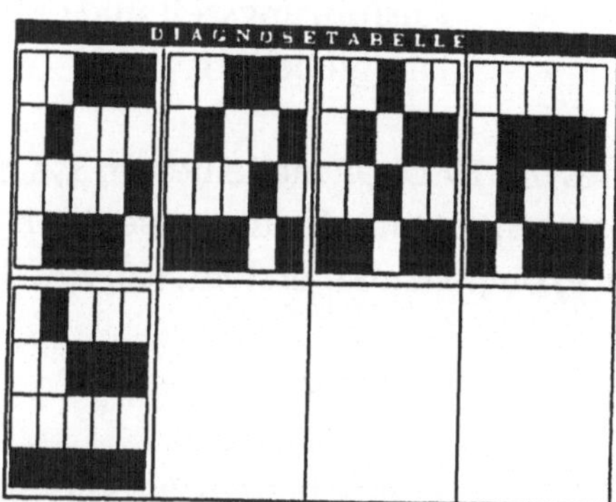

Abb. 6.9 Wirkungsweise der Debugging-Primitiva <STOP> und <DIAG>

Zusätzlich zur Definition von Haltepunkten können während der Simulation Datenebenen aufgezeichnet werden, um sich am Ende der Simulation eine Ereignisspur anzeigen zu lassen. Die Entwicklung von der Eingabe bis zum fertigen Ergebnis kann dadurch nachvollzogen werden, was ebenfalls die Fehlersuche unterstützt. Abb. 6.9 verdeutlicht dies am Beispiel des optischen Ripple-Carry-Addierers aus Abb. 6.7. Aufgezeichnet wurde jeweils die Situation vor dem Schleifenende (<FB_E>). Das dafür notwendige HADLOP-Schlüsselwort heißt <DIAG>. Die in der Diagnosetabelle links oben dargestellte Matrix zeigt die als Stimuli verwendete Eingangsdatenebene. <STOP> und <DIAG> bilden die Menge der sogenannten Debuggingprimitiva in der Syntax der Sprache HADLOP. Die Debuggingprimitiva sind syntaktisch gleichwertig zu der in 6.2.1 dargestellten Menge der Architekturprimitiva, d.h. sie sind Bestandteil des Systemcodes.

6.2.4 Bewertung digitaler optischer Architekturen

Damit zusätzlich zur der mit dem Simulator überprüften Effektivität eines Entwurfs auch dessen Effizienz beurteilt werden kann, sind bestimmte Parameter erforderlich. Dazu wurde ein Bewertungsmodul implementiert [Schw90], das Schätzwerte für die notwendige

- Ausführungszeit und den
- Energiebedarf

eines mit HADLOP modellierten Systems berechnet. Zusätzlich wird anhand der Architekturprimitiva eine Statistik über den Bedarf benötigter Hardwarekomponenten erstellt, wie z.B. der Anzahl an verwendeten

- Gatterebenen,
- Kontrollmasken,
- Komponenten zur Vervielfältigung von Datenebenen und
- Rückkopplungen.

Wie aus den vorangegangenen Kapiteln 6.2.2 und 6.2.3 ersichtlich wurde, bildet die formale Beschreibungssprache HADLOP die konzeptionelle Grundlage für die Modellierung und die Simulation eines digitalen optischen Systems. Um die Sprachelemente von HADLOP auch direkt für die Bewertung zu benutzen, könnte jedem HADLOP-Architekturprimitiva eine charakteristische Schaltzeit und Schaltenergie zugeordnet werden. Daraus ließen sich Werte für die genannten Bewertungskriterien Zeit und Energie für ein Gesamtsystem berechnen. Da die hardwarespezifischen Kenngrößen aber möglichst hardwarenah abgeschätzt werden sollten, wurde eine auf die Beschreibungssprache HADLOP aufbauende, feinere Darstellung gewählt, die sich näher am physikalischen Aufbau eines Architekturprimitivas orientiert. Ein Architekturprimitiva wird dabei in eine Folge von passiven optischen und aktiven optischen bzw. optoelektronischen Elementen zerlegt, aus der die gewünschten Parameter berechnet werden können. Abb. 6.10 zeigt die Modellierung verschiedener Architekturprimitiva als eine Folge aktiver und passiver Elemente. Die passiven Elemente dienen dabei dem Signaltransport, die aktiven Elemente der Modulation von Signalen. Ferner kann diese feinere Darstellung als Zwischencode für eine automatische Top-Down Anbindung der Logikebene an die Bauteileebene benutzt werden. Dies kann geschehen durch eine konkrete Zuordnung der aktiven und passiven Elemente z.B. zu SEEDs, Etalons oder Hologrammen, für die dann auf Bauteileebene beispielsweise MAST-Templates zur Verfügung stehen könnten.

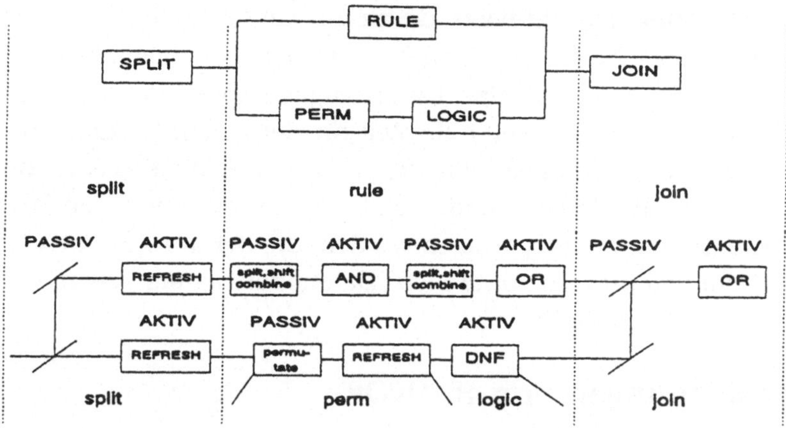

Abb. 6.10 Modellierung von HADLOP-Architekturprimitiva durch eine Folge aktiver und passiver Komponenten

Die charakteristischen Größen für die aktiven und passiven Elemente sind in einer Datei gespeichert, aus der der Bewertungsmodul die nötigen Informationen abrufen kann (s. Abb. 6.1). Nachstehend ist der Aufbau dieser Datei an einem Beispiel gezeigt.

```
#UNITS    mm,ns,fJ   /* Millimeter, Nanosekunden, Femtojoule

active      zeit   energie           #architecture  P    A     P    A
#logic                               #primitives
REFRESH     5      100               SPLIT          50   REFR
AND         5      100               JOIN           50   *
OR          5      100               RULE           60   AND   60   OR
NAND        5      100               MASK           50   *
NOR         5      100               PERM           50   REFR
DNF         10     1000              LOGIC          *    DNF
*           0      0                 #
#
```

Die aktiven Elemente werden in dieser Datenbasis durch ihre Kenndaten für die Schaltzeit und die Schaltenergie charakterisiert. Je nach der zugrunde gelegten Bauelementetechnologie, z.B. S-SEEDs oder optische Logiketalons, können hier die spezifischen Größen eingetragen werden.

Für jedes Architekturprimitiva ist deren Aufbau aus aktiven und passiven Elementen angegeben. Der Einfluß der passiven Elemente auf die Ausführungszeit ist durch eine Längenangabe spezifiziert, aus der sich über die Lichtgeschwindigkeit c die Zeit für den Datentransfer errechnen läßt. In dieser Längenangabe sollte die optische Weglänge, das Produkt aus physikalischer Weglänge und dem Brechungsindex entlang des Ausbreitungsmediums, eingetragen werden, die bei der durch das passive Element durchgeführten optischen Datenübertragung zwischen zwei aktiven Elementen auftritt.

6.3 Anwendungen von HADLOP

Die Anwendungen von HADLOP werden in diesem Abschnitt anhand zweier unterschiedlicher Beispielklassen gezeigt. In 6.3.1 stehen arithmetische Anwendungen im Vordergrund. Verschiedene Arten von Addierern werden auf ihre Eignung im Hinblick auf eine optische und optoelektronische Realisierung untersucht. Abschnitt 6.3.2 widmet sich optoelektronischen Verbindungssystemen, die z.B. in Parallelrechnerarchitekturen einsetzbar sind.

6.3.1 Vergleich optischer und optoelektronischer Addierer

Die Addition ist für die Implementierung arithmetischer Operationen von fundamentaler Bedeutung. Andere Operationen wie die Subtraktion, die Multiplikation oder die Division können prinzipiell durch den Compiler auf mehrfache Additionen zurückgeführt werden. Aus Effizienzgründen werden Addierer jedoch häufig in speziellen Multiplizier- oder Dividierwerken "hartverdrahtet" implementiert. Der Addition kommt somit grundlegende Bedeutung bei. Im folgenden werden deshalb verschiedene, sich in Zeit- und Hardwareaufwand unterscheidende Additionsverfahren vorgestellt. Für diese Verfahren wurden HADLOP-Modelle sowohl für MSL-Systeme mit regulären Verbindungen als auch für optoelektronische Gatterebenensysteme mit irregulären Verbindungen simuliert und die Ergebnisse miteinander verglichen. Zur Bewertung dieser Konzepte wird die Ausführungszeit, die Anzahl benötigter Gatter und die Pixelgröße pro Bit herangezogen.

6.3.1.1 Ripple-Carry-Addierer

Abb. 6.11 zeigt die zwei möglichen Varianten einer 1-Bit-Addition, die für die Implementierung einer sogenannten Ripple-Carry-Addition verwendet werden können [Hwang79]. Bei Ripple-Carry-Addierern wird ein an einer Bitposition entstandener Übertrag jeweils um eine Bitposition, maximal bis zum höchstwertigen Bit, weitergegeben.

Die durchgeführte 1-Bit-Addition kann dabei als Halbaddierer (HA) oder als Volladdierer (FA: engl. full adder) realisiert werden. Wie Abb. 6.11 zeigt, benötigt der Halbaddierer vier Gatter (UND bzw. ODER-Gatter) und zwei Gatterlaufzeiten. Der Volladdierer braucht neun Gatter, bei ebenfalls zwei Gatterlaufzeiten. Die Booleschen Funktionen in (6.2) zeigen die Funktionen für den Halbaddierer, (6.3) die für den Volladdierer.

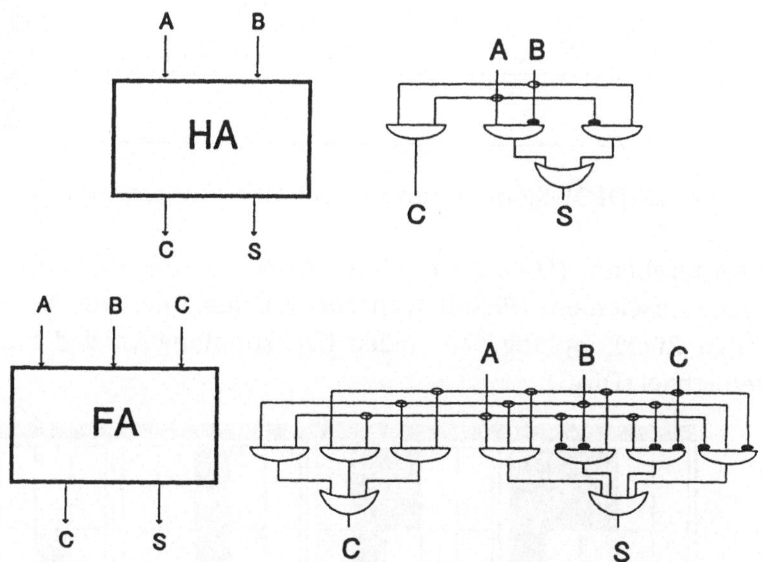

Abb. 6.11 Schematische Darstellung von 1-Bit-Halbaddierer und -Volladdierer

$$S_i = A_i \overline{B_i} + \overline{A_i} B_i \; ; \; C_i = A_i B_i \qquad (6.2)$$

$$S_i = A_i \overline{B_i}\, \overline{C_{i-1}} + \overline{A_i} B_i \overline{C_{i-1}} + \overline{A_i}\, \overline{B_i} C_{i-1} + A_i B_i C_{i-1} \qquad (6.3)$$

$$C_i = A_i B_i + A_i C_{i-1} + B_i C_{i-1}$$

Abb. 6.12 zeigt die in HADLOP durchgeführte Modellierung eines mit Gatterebenen dargestellten optoelektronischen Halbaddierers, nach dem Prinzip des in Abb. 6.15 zu sehenden aus 1-Bit-Halbaddierern aufgebauten bit-parallelen Ripple-Carry-Addierers. Das Übertragsbit eines Halbaddierers wird stets an den linken Nachbarn weitergereicht. Das ergibt bei Wortlänge N insgesamt 2N Gatterdurchläufe und eine Gatteranzahl von 4N.

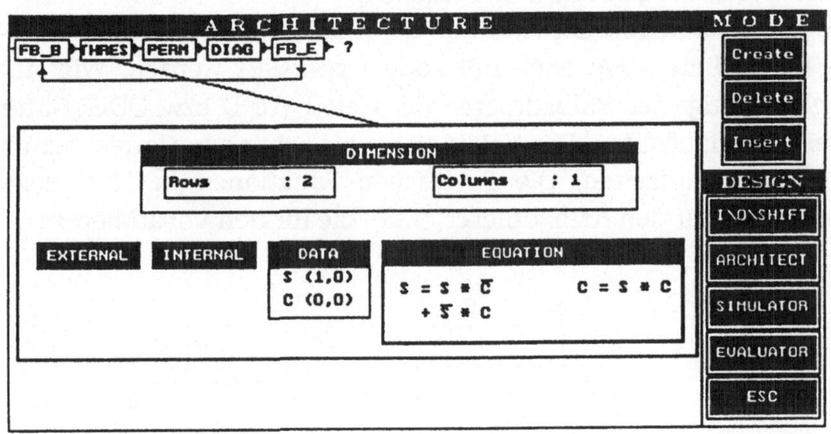

Abb. 6.12 HADLOP-Modellierung eines Halbaddierers mit Gatterebene

Die Gatterebene (LOGIC) arbeitet als Feld von Halbaddierern. Das Permutationselement (PERM) transportiert den Übertrag. Es erfolgt eine N-malige Rückkopplung. Vor jeder Rückkopplung wird die Datenebene aufgezeichnet (DIAG).

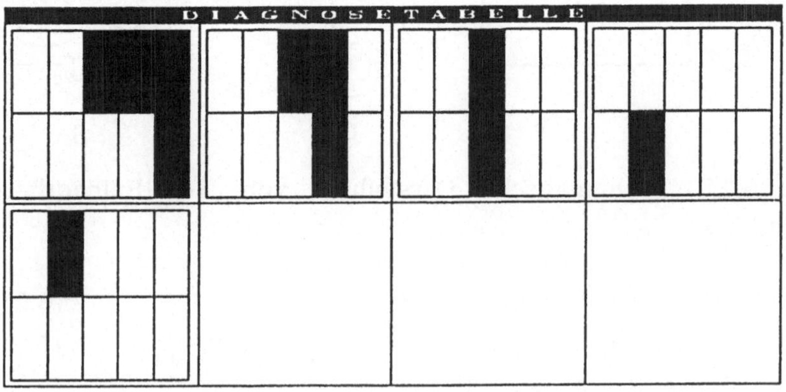

DIAGNOSETABELLE

Abb.6.13 Protokoll des Simulationslaufs des Halbaddierers mit Gatterebene

Abb. 6.13 zeigt die vier Iterationsschritte bis zum fertigen Resultat für die Addition der durch Lichtintensität codierten Zahlen 7 und 1. Bei einer angenommenen Taktrate von 100MHz pro optoelektronischer Gatterebene, z.B. mit einem POELA-Element, sowie einem Abstand von 5 cm (= 0.166 ps Laufzeit) zwischen den aktiven Komponenten errechnet der Bewertungsmodul unter Berücksichtigung der Lichtlaufwege eine Ausführungszeit von 83.5 ns für eine 4-Bit-Addition (s. Abb. 6.14, Fenster `time`).

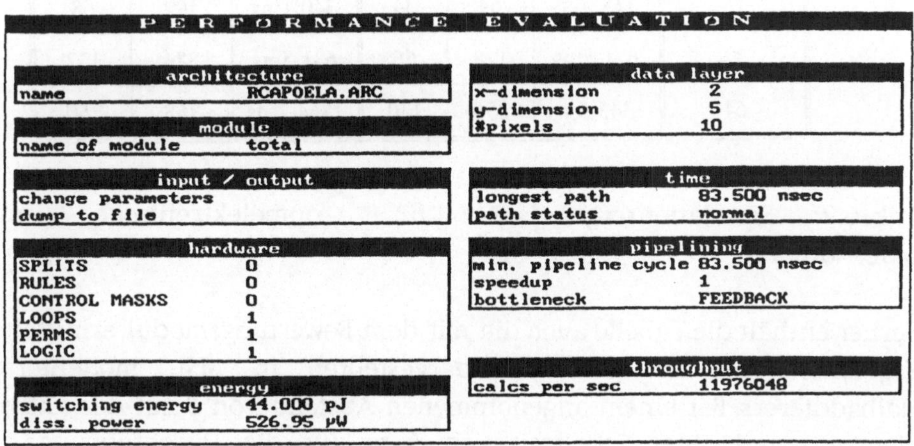

Abb. 6.14 Bewertung des mit Gatterebenen realisierten 4-Bit-Halbaddierers. Das Datenfeld besitzt die Dimension 5x2, um einen Überlauf registrieren zu können.

Der Bewertungsmodul bietet die Möglichkeit durch Benutzereingabe die Anzahl der Rückkopplungen zu modifizieren. Dadurch können, ohne neue Simulationen starten zu müssen, die Ausführungszeiten für verschiedene Wortlängen bestimmt werden. Tabelle 6.2 zeigt die simulierten Ausführungszeiten, die Pixelgröße und die Gatteranzahl für verschiedene Wortlängen N inklusive einer zusätzlichen Bitposition zur Berücksichtigung eines möglichen Überlaufes.

Wortlänge	Optoelektronische Gatterebenensysteme			MSL-Systeme		
	Zeit	Gatter	Pixel	Zeit	Gatter	Pixel
4	83,5 ns	16	10	84,16 ns	48	20
8	167,5 ns	32	18	169,5 ns	96	36
16	335,5 ns	64	34	340,1 ns	192	68
32	671,5 ns	128	66	681,5 ns	384	132
64	1343,5 ns	256	130	1364,1 ns	768	260

Tab. 6.2: Simulationsergebnisse für optoelektronische und MSL-Addierer

Ferner enthält die Tabelle auch die mit dem Bewertungsmodul ermittelten Ergebnisse des in Abb. 6.7 dargestellten in MSL modellierten Halbaddierers. Bei einem angenommenen Abstand von 5 cm der aktiven Elemente und einer Schaltzeit von 5 ns für die Durchführung der Schwellwertlogik ergeben sich die in der Tabelle aufgeführten Simulationsergebnisse. Die Anzahl der dafür notwendigen Gatter erhält man durch folgende Überlegung. Wie die Abb. 6.7 und der Systemcode des MSL-Halbaddierers zeigen, benötigt man vier Ersetzungsregeln. Da es sich bei dem MSL-System um einen sogenanntes Mehrfachregelsystem, darunter versteht man die gleichzeitige Ausführung mehrerer Ersetzungsregeln in parallel zueinander verlaufenden Strahlengängen, handelt, braucht man für jede der vier Regeln separate Ebenen zur Durchführung der bei der Erkennung und Ersetzung notwendigen Schwellwertlogik. Während es für die Erkennung noch ausreicht, das Gatter genau an die Pixelposition zu setzen, an der alle gesetzten Pixel des Ersetzungsmusters zur Überlappung kommen, ist bei der Ersetzung die Anzahl nötiger Gatter gleich der Anzahl gesetzter Pixel im Ersetzungsmuster der Regel. Da für alle vier Regeln jeweils zwei Pixel im Ersetzungsmuster gesetzt sind, benötigt man pro Regel 3 Gatter und somit insgesamt für alle vier Regeln 12 Gatter pro Bit. Die MSL-Lösung hat somit einen um den Faktor 3 höheren Aufwand gegenüber der optoelektronischen Variante.

Aufgrund der notwendigen Dual-Rail-Codierung ist die Pixelgröße pro Bit beim MSL-System 4x1 (s. Abb. 6.8). Die optoelektronische Variante benötigt, wie Abb. 6.13 zeigt, nur ein Raster der Größe 2x1.

Daß sich der Mehraufwand an Gattern beim Volladdierer gegenüber dem Halbaddierer auszahlt, zeigt der in Abb. 6.15 aus einem einzigen 1-Bit-Volladdierer und einer Speicherzelle bestehende bit-serielle Addierer. Die Operandenbits A_i und B_i werden nacheinander in dieser Volladdiererzelle (CSA; engl. carry save adder) eingegeben. Ein möglicher Übertrag wird in der Speicherzelle registriert und im nächstem Takt mit den Operandenbits A_{i-1} und B_{i-1} verarbeitet. Man erhält das Ergebnis ebenso wie im bit-parallelen Fall nach 2N Gatterdurchläufen. Allerdings benötigt man anstelle von 4N Gattern nur 9 Gatter inklusive dem Aufwand für eine 1-Bit Speicherzelle.

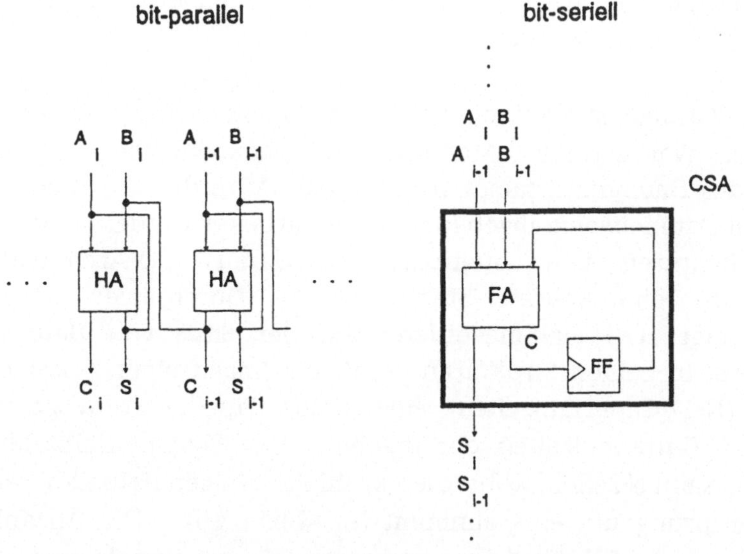

Abb. 6.15 Aus Halbaddierern und Volladdierern aufgebauter Ripple-Carry-Addierer

Da 1-Bit-Halbaddierer und 1-Bit-Volladdierer identische Gatterlaufzeiten besitzen, ändern sich die Additionszeiten des in Abb. 6.15 dargestellten aus Volladdierern aufgebauten bit-seriellen Addierers nicht gegenüber den Werten aus Tabelle 6.2.

Anders ist dies bei der Pixel- und Gatteranzahl. Die Pixelanzahl pro Bit für den optoelektronischen Fall beträgt drei, beim MSL-System aufgrund der Dual-Rail-Codierung sechs. Aufgrund der Verwendung irregulärer Verbindungen benötigt man im optoelektronischen Fall genau die neun Gatter aus Abb. 6.11 für beliebige Wortlängen. Für MSL-Systeme ist für die Gatteranzahl wieder die Komplexität der Regeln entscheidend. Da der Volladdierer drei Eingänge hat, braucht man $2^3=8$ Regeln, um alle Kombinationen der Eingangssignale zu erfassen. Jede der acht Regeln besitzt im Ersetzungsmuster zwei gesetzte Zellen, d.h. es sind zwei ODER-Gatter notwendig. Für das Suchmuster braucht man wieder ein UND-Gatter. Als Ergebnis erhält man somit $(1+2) \cdot 8 = 24$ Gatter für alle Wortlängen. Das ergibt einen um den Faktor 2.66 höheren Gatteraufwand gegenüber dem optoelektronischen Fall. Ein weiterer Nachteil besteht darin, daß beim MSL-System trotz bit-serieller Arbeitsweise auf eine Rückkopplung des Übertrags nicht verzichtet werden kann, da es keine Möglichkeit gibt, diesen zu speichern.

Durch eine Parallelverarbeitung nach dem Pipelineprinzip lassen sich bit-parallele, wort-serielle Architekturen verwirklichen, die eine Steigerung des Datendurchsatzes ermöglichen. Da in der digitalen Optik stets parallel Datenebenen abgebildet und verarbeitet werden, sind diese Parallelarchitekturen von Interesse, um daraus 3D-Architekturen abzuleiten, die eine weitere Steigerung des Durchsatzes erlauben. Abb. 6.16 zeigt zwei Pipelineaddierer auf der Basis von Halb- und Volladdierern. In beiden Strukturen erhält man nach einer Einschwingphase von 2(N-1) Gatterlaufzeiten - eine gefüllte Pipeline vorausgesetzt - stets nach 2 Gatterlaufzeiten ein Ergebnis. Der Pipeline-Halbaddierer benötigt insgesamt N Zeilen, wobei die Anzahl der nötigen Halbaddierer bei jedem Zeilensprung um eins abnimmt (s. Abb. 6.16). Die Anzahl an notwendigen Gattern G besitzt deswegen sowohl für ein optoelektronisches (OE)-System und ein MSL-System quadratischen Aufwand (6.4). Das aus Volladdierern aufgebaute System benötigt für die gleiche Aufgabe weniger Gatter. Werden in der aus Volladdierern zusammengesetzten Architektur die Operandenbits jeweils, wie in Abb. 6.16 gezeigt, um einen Takt versetzt eingegeben, kommt man mit insgesamt 9N Gattern bzw. mit 24N Gattern bei einem MSL-System aus.

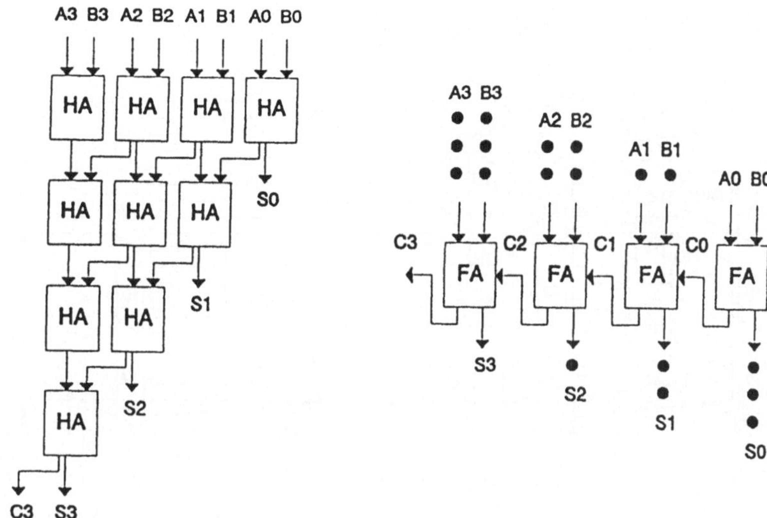

Abb. 6.16 Pipelinestrukturen mit Halb- und Volladdierer für Wortlänge N=4

$$g = \left\{ \begin{array}{l} 4 \text{ für OE-System} \\ 12 \text{ für MSL-System} \end{array} \right\}; \quad G = g\sum_{i=1}^{N} i = g\frac{N(N+1)}{2} = O(N^2) \qquad (6.4)$$

Da diese Architekturen selbstverständlich elektronisch integrierbar sind, lohnt sich der Einsatz von Optik erst bei der Realisierung von dreidimensionalen Architekturen mit einer hohen Anzahl an Kommunikationskanälen. Abb. 6.17 zeigt eine 3D-Architektur auf der Grundlage des aus Halbaddierern zusammengesetzten Pipelineaddierers für eine Wortlänge von 4-Bit. Zu sehen sind vier aufeinander folgende Ebenen mit Halbaddierern. Würde man einen horizontalen Schnitt durch diese vier Ebenen machen, so würde man exakt die in Abb. 6.16 gezeigte planare Pipelinestruktur erhalten. Nach einer 2(N-1) andauernden Einschwingphase erhält man in dieser 3D-Architektur nach jeweils 2 Gatterlaufzeiten N Ergebnisse. Die Gesamtanzahl an Gattern ist das N-fache Produkt von (6.4). Da in dieser Architektur nur Gatter mit einem Fan-In von zwei vorkommen, ist diese Architektur für eine Implementierung mit SEED-Elementen interessant, da diese gegenwärtig nur einen Fan-In von zwei aufweisen. Ein Nachteil der Architektur aus Abb. 6.17 ist, daß N-1 der N Ebenen nicht vollständig ausgelastet sind.

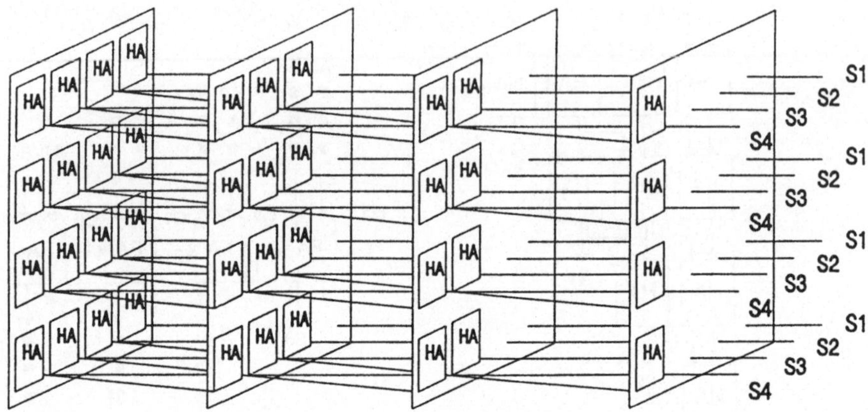

Abb. 6.17 Dreidimensionaler, aus Halbaddierern aufgebauter Paralleladdierer

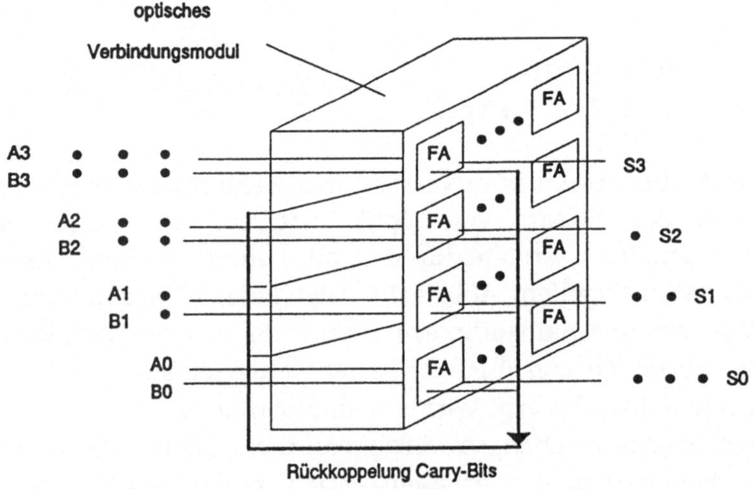

Abb. 6.18 Dreidimensionaler, aus Volladdierern aufgebauter Paralleladdierer

Vorteilhafter erscheint deshalb die in Abb. 6.18 auf Volladdierern aufbauende 3D-Architektur, die aber Gatter mit mindestens drei Eingängen voraussetzt.

In jeder Spalte der aus Volladdierern zusammengesetzten Ebene befindet sich der in Abb. 6.16 gezeigte, planare Pipeline-Volladdierer. Nach einer Einschwingphase von N Gatterlaufzeiten erhält man wie oben nach jeweils 2 Gatterlaufzeiten N Ergebnisse. Dabei hat man gegenüber der Architektur aus Abb. 6.17 den Vorteil, keine kubische, sondern nur eine quadratische Abhängigkeit der Gatteranzahl von der Wortlänge zu haben. Nachteilig ist dagegen die notwendige Rückkopplung. Bei MSL-Systemen, die aufgrund fehlender lokaler Speicherkapazität ohnehin auf Rückkopplungen angewiesen sind, wäre dies kein zusätzlicher Nachteil. Eine in Kap. 9.2 vorgestellte, auf Louri [Lour91] zurückgehende und auf MSL basierende optische Feldrechnerarchitektur macht davon Gebrauch. Insgesamt benötigt ein MSL-System für einen 3D-Volladdierer $24N^2$ Gatter. Noch günstiger verhält sich die optoelektronische Lösung der in Abb. 6.19 gezeigten bit-parallelen, wort-seriellen Architektur. Man benötigt nur $9N^2$ Gatter und hat den zusätzlichen Vorteil keine Rückkopplung zu brauchen. Nach 2N Gatterlaufzeiten erhält man N^2 Ergebnisse, d.h. der Datendurchsatz ist identisch mit der rückgekoppelten, eher für MSL-Systeme geeigneten Architektur aus Abb. 6.18.

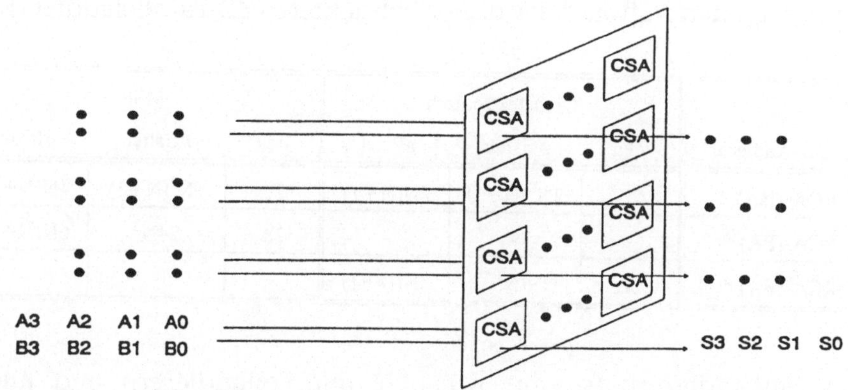

Abb. 6.19 Dreidimensionale, aus Volladdiererzellen aufgebaute Architektur

Als Nachteil der in den beiden letzten Abbildungen gezeigten Architekturen läßt sich anführen, daß es sich um keine 3D-Architekturen

handelt, sondern nur um eine planare Architektur, die ebenso gut elektronisch realisiert werden kann. Dem wird entgegnet, daß die in den beiden obigen Abbildungen gezeigten parallelen Addierer auch in "echten" 3D-Architekturen eingebaut werden können (s. Kap 9.4). Der generelle Vorteil betrifft jedoch die mögliche höhere Kanaldichte. Um diese zu schätzen, wird im folgenden der Flächenbedarf eines POELA-PE abgeschätzt, das die Funktion eines CSA erfüllt. Ein POELA-PE muß dazu mindestens 2 optische Ein-/Ausgänge aufweisen, mindestens 1-Bit lokalen Speicher besitzen und mindestens 7 Konjunktionen programmieren können. Nach (3.3) benötigt man dafür 118 Gatter. Geht man im Schnitt von 10 Transistoren pro Gatter aus, würde ein mit ACMOS-Logik hybrid realisiertes POELA-PE ca. 0.16 mm^2 Platz benötigen (vgl. Tab. 3.2). Auf $1cm^2$ würden somit ca. 625 CSA Platz finden, die jeder 3 Ein/Ausgänge, d.h. insgesamt 1875 Datenkanäle brauchen. Letzteres ist über den Rand eines $1cm^2$ elektronischen Bausteins derzeit nicht möglich. Wird die Gatterlogik direkt umgesetzt, d.h. nicht auf der Basis von programmierbaren POELA-Elementen, würde sich die prinzipielle Integrationsfähigkeit noch erhöhen. Voraussetzung bildet dabei stets, daß die in den optischen Ausgängen entstehende Verlustleistung auch abgeführt werden kann.
Tab. 6.3 zeigt den Aufwand der bisher betrachteten 3D-Paralleladdierer.

	Optoelektronisch			MSL		
3D-Addierer	Zeit	#Gatter	#Pixel	Zeit	#Gatter	#Pixel
RCA-(HA) [a]	2Δ	$2N^2(N+1)$	2N(N+1)	2Δ	$6N^2(N+1)$	4N(N+1)
RCA-(FA) [b]	-	-	-	2Δ	$24N^2$	6N(N+1)
RCA-(FA) [c]	2Δ	$9N^2$	3N(N+1)	-	-	-

a: mit Halbaddierern (s. Abb. 6.17); b: mit Volladdierern und Rückkopplung (s. Abb. 6.18); c: mit Volladdierern ohne Rückkopplung (s.Abb. 6.19); N: Wortlänge; Δ: Gatterlaufzeit

Tab. 6.3: Leistungsvergleich aus Halb- und Volladdierern aufgebauter 3D-Paralleladdierer

In allen 3 Varianten wird bei voller Auslastung im Durchschnitt ein Ergebnis nach 2 Gatterlaufzeiten erzeugt. Wie der Aufwand für die Gatteranzahl zeigt, besitzt sowohl bei der optoelektronischen als auch bei der MSL-Variante die Lösung mit Volladdierern Vorteile. Ferner ermöglichen letztere eine bessere Auslastung des Prozessorfeldes. Die beste Lösung würden optoelektronische Paralleladdierer bieten. Diese besitzen den geringsten Gatteraufwand, benötigen weniger Pixel als die MSL-Lösung und nutzen den bei bit-seriellen, wort-parallelen Architekturen möglichen Vorteil, auf Rückkopplungen verzichten zu können.

6.3.1.2 Carry-Look-Ahead Addierer

Um die insbesondere bei langen Wortlängen ineffiziente Ausbreitung der Überträge zu vermeiden, verwenden schnelle Addierwerke sogenannte "Carry-Look-Ahead"-Techniken [Hwan79]. Im folgenden wird untersucht, inwieweit diese Verfahren für eine Lösung mit einem MSL-System und einem auf optoelektronischen Gatterebenen aufbauenden System geeignet sind. Bei Carry-Look-Ahead Addierern (CLA) wird durch zusätzliche Logikgatter die Ausbreitung der Überträge über mehrere Bitpositionen hinweg in einem Schritt berechnet. Durch zusätzliche in mehreren Kaskaden verwendete Gatter wird für jede Bitposition das entsprechende Übertragsbit bestimmt. Die Berechnung der Summenbits kann dann in einem Schritt erfolgen.

Für die Berechnung der Übertragsbits sind die in (6.5) gezeigten Hilfsfunktionen notwendig. Der Funktionswert G_i (engl.: carry generate) zeigt an, ob an einer bestimmten Bitposition i ein Übertrag erzeugt wird. Die Funktion P_i (engl: carry propagate) ist genau dann 1, wenn ein an der Position i eventuell ankommender Übertrag weitergeleitet wird.

$$G_i = A_i \, \overline{B_i} + \overline{A_i} \, B_i \; ; \quad P_i = A_i \, B_i \qquad (6.5)$$

Beide Funktionen können mit einem Halbaddierer berechnet werden. Mit Hilfe dieser beiden Funktionen läßt sich nach (6.6) für jede Bitposition rekursiv das zugehörige Übertragsbit errechnen.

$$
\begin{aligned}
C_0 &= G_0 + C_{-1} P_0 \\
.C_1 &= G_1 + C_0 P_1 = G_1 + G_0 P_1 + C_{-1} P_0 P_1 \\
C_2 &= G_2 + C_1 P_2 = G_2 + G_0 P_1 P_2 + C_{-1} P_0 P_1 P_2 \\
&\cdot \\
&\cdot \\
&\cdot \\
C_{n-1} &= G_{n-1} + G_{n-2} P_{n-1} + \ldots + C_{-1} P_0 P_1 \ldots . P_{n-1}
\end{aligned}
\tag{6.6}
$$

Zur Berechnung der in (6.6) gezeigten Funktionen mit disjunktiven Normalformen würde man ab einer Wortlänge von N>10 Gatter benötigen, die mehr als 10 Eingangssignale verarbeiten können. Da hier technologische Grenzen auftauchen, wird die Wortlänge N der Operanden in Partitionen gleicher Bitlänge unterteilt und auf diesen Partitionen die Erzeugung und die Weiterleitung eines Übertrags errechnet. Häufig arbeitet man mit zwei Stufen solcher Partitionen, um den Gatteraufwand in den einzelnen Partitionen nicht zu groß werden zu lassen. Für Anzahl und Umfang der Partitionen in Stufe 1 und 2 gilt bei gegebener Wortlänge N die Beziehung (6.7); ein CLA-Addierer wird demnach in der Notation CLA(L1,L2) geschrieben.

$$
\begin{aligned}
&\text{Stufe 1: } 1 \text{ Partition mit Bitlänge } L_1 \\
&\text{Stufe 2: } L_1 \text{ Partitionen mit Bitlänge } L_2 \\
&\qquad\qquad L_1\, L_2 = N
\end{aligned}
\tag{6.7}
$$

Zum Beispiel könnte eine 32-Bit-Addition aus einer 8-Bit-Partition in der ersten Stufe und acht 4-Bit-Partitionen in der zweiten Stufe aufgebaut sein. Diese beiden Stufen werden in einen Gesamtschaltkreis eingebunden, in dem unabhängig von der Wortlänge N nach 10 Gatterdurchläufen eine Addition nach dem Look-Ahead-Verfahren ausgeführt wird. Selbstverständlich führt eine erhöhte Wortbreite zu einem Anstieg der Gatteranzahl. Abb. 6.20 zeigt einen solchen Schaltkreis für einen 8-Bit-CLA(4x2). Die innerhalb der Klammern angegebenen Zahlen vier bzw. zwei entsprechen der "Look-Ahead-Länge" in Stufe 1 bzw. Stufe 2. Die beiden Stufen sind in durch die Blocknummern 3 und 4 gekennzeichnet.

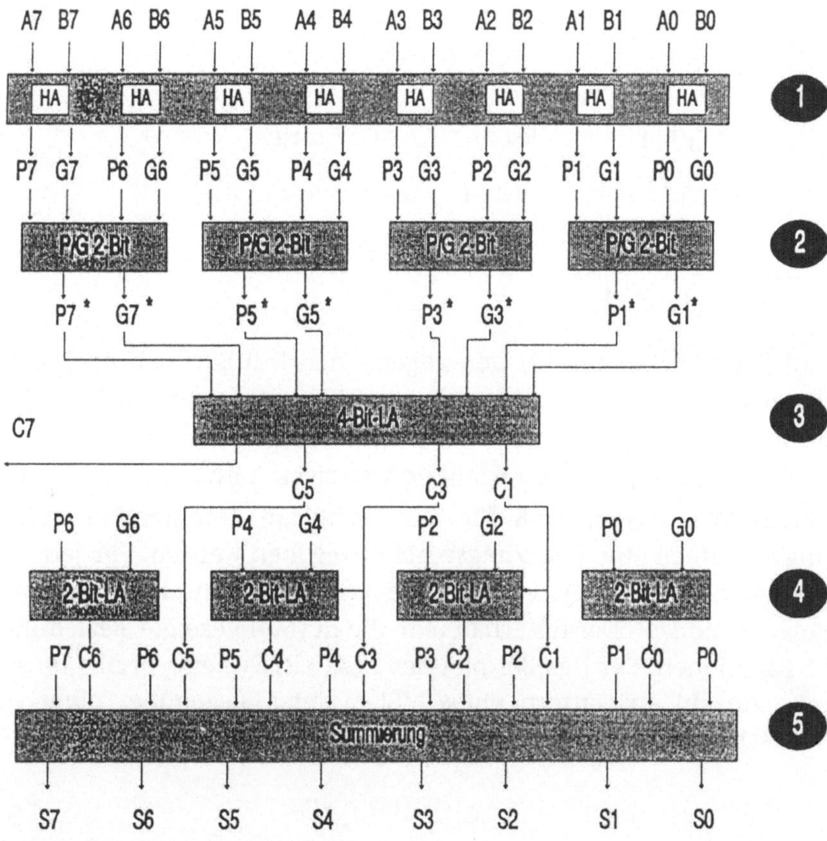

Abb. 6.20 Schema eines CLA(4,2)-Addierers

Im folgenden wird die Funktionsweise der in Abb. 6.20 gezeigten Blöcke 1-5 erläutert und deren Aufwand für eine optoelektronische und eine MSL-Lösung angegeben. Block 1 berechnet mit Hilfe von Halbaddierern für jede Bitposition die Hilfsfunktionen aus (6.5). Die notwendige Gatteranzahl für den optoelektronischen Fall beträgt dabei $G^{(1)}$=4N, für ein MSL-System $G^{(1)}_{MSL}$=12N.

Block 2 berechnet für die L_1=4 Partitionen mit einer Partitionslänge von L_2=2 Bit, ob in der Partition ein Übertrag entsteht (G_i^*=1) bzw. ein von der rechten Partition ankommender Übertrag zur linken Nachbarpartition weitergereicht ($P_i^*=1$) wird. Die dazu notwendigen Gleichungen zeigt (6.8) jeweils für den Spezialfall aus Abb. 6.20 (links) und den allgemeinen Fall (rechts).

$$\begin{aligned} P_j^* &= P_j\,P_{j-1} & P^*_{zL2-1} &= P_{zL2-1}\cdots P_{(z-1)L2} \\ G_j^* &= G_j + G_{j-1}P_j & G^*_{zL2-1} &= G_{zL2-1} + G_{zL2-2}P_{zL2-1} + \cdots + \\ & & & G_{zL2}P_{zL2-1}\cdots P_{(z-1)L2} \\ j &\in \{1,3,5,7\}; & z &\in \{1,2,\ldots,L1\} \end{aligned} \tag{6.8}$$

Anhand der Gleichungen für den allgemeinen Fall läßt sich nach einigen Überlegungen bestimmen, daß man L2 UND-Gatter und ein ODER-Gatter pro Partition benötigt. Für die L1 Partitionen ergibt sich somit die in (6.9) gegebene Beziehung für die Anzahl notwendiger Gatter im zweiten Block. Bei einem MSL-System muß für jede mögliche Kombination der 2·L2 Eingangsvariablen eine Ersetzungsregel angegeben werden. Für jede Regel benötigt man drei Gatter; eins für die Erkennung, zwei für die beiden Ausgänge P^* und G^*. Daraus erhält man die in (6.9) gezeigte Beziehung für alle L1 Partitionen. Für das Beispiel des CLA(4,2)-Systems ergibt diese die 16-fache Anzahl an Gattern eines MSL-Systems gegenüber einer optoelektronischen Lösung.

$$G^{(2)} = (L2 + 1)L1\,; \qquad G^{(2)}_{MSL} = 3L1\;2^{2L2} \tag{6.9}$$

Da nach Bearbeitung von Block 2 für jede Partition bekannt ist, ob in dieser ein Übertrag entsteht ($G^*=1$) bzw. weitergeleitet wird ($P^*=1$), können im dritten Block die Übertragsbits aus den L1 Partitionen berechnet werden. Die dafür notwendige Logik zeigt (6.10).

$$\begin{aligned} C_1 &= G_1^*\,; & C_{zL2-1} &= G^*_{zL2-1} + P_{zL2-1}\,G^*_{(z-1)L2} + \cdots + \\ C_3 &= G_3^* + P_3^*\,G_1^*\,; & & P^*_{zL2-1}P^*_{(z-1)L2-1}\cdots P^*_{L2-1}G^*_{L2-1}\,; \\ C_5 &= G_5^* + P_5^*\,G_3^* + P_5^*\,P_3^*\,G_1^* \\ C_7 &= 7 + P_7^*\,G_5^* + P_7^*\,P_5^*\,G_3^* + P_7^*\,P_5^*\,P_3^*\,G_1^* \\ & z \in \{1,2,\ldots,L1\};\; G_0^* = 0 \end{aligned} \tag{6.10}$$

Links stehen die Gleichungen für die 4-Bit-Partition (L1=4) aus Abb. 6.20, rechts ist der allgemeine Fall aufgeführt. Die Anzahl der Gatter zur Durchführung der Funktionen in dieser Partition hängt von der Anzahl der L1 Ausgänge ab. Jeder Ausgang C_{zL2-1} braucht z-1 UND-Gatter und 1 ODER-Gatter. Dies ergibt die in (6.11) dargestellte Beziehung für die gesamte Gatteranzahl. Für ein MSL-System ist wieder die Anzahl der Eingangsvariablen für die Gatteranzahl entscheidend. Da man hier N Eingangsvariablen hat, benötigt man 2^N notwendige Ersetzungsregeln. Für jede Regel sind L1+1 Gatter nötig; eins zur Erkennung und L1 weitere Gatter zur Erzeugung der L1 Ausgänge während der Ersetzung.

$$G^{(3)} = \sum_{z=2}^{L1} z = \frac{L1\,(L1+1)}{2} - 1\,; \quad G^{(3)}_{MSL} = (L1+1)2^{L1\ L2} \tag{6.11}$$

Mit der Berechnung der Überträge im dritten Block ist nun jeder Partition bekannt, ob von der rechten Nachbarpartition ein Übertrag zu erwarten ist. Damit können im vierten Block, in jeder der L1 Partitionen die ausstehenden Überträge in den Zwischenbitpositionen (die Bits C_0, C_2, C_4, C_6 beim CLA(4,2)) mit der in (6.6) gezeigten Logik berechnet werden. Die in (6.6) in den DNF enthaltene Variable C_{-1} entspricht den von der rechten Nachbarpartition empfangenen Übertragsbits (Bits C_1, C_3, und C_5 beim CLA(4,2)). Für den einfachen Spezialfall des CLA(4,2) zeigt (6.12) die zu leistenden Funktionen.

$$\begin{aligned} C_0 &= G_0 & \quad C_2 &= G_2 + C_1\,P_2 \\ C_4 &= G_4 + C_3\,P_4 & \quad C_6 &= G_6 + C_5\,P_6 \end{aligned} \tag{6.12}$$

Die Anzahl der notwendigen Gatter für den vierten Block verdeutlicht folgende Überlegung. In jeder der L1 Partitionen werden insgesamt L2-1 Bitpositionen berechnet. Für die erste Bitposition werden zwei Gatter benötigt. Bei jeder weiteren Bitposition kommt, wie man in (6.6) erkennen kann, ein Gatter hinzu. Somit errechnet sich die Gesamtanzahl an Gattern für den vierten Block nach (6.13). Ein MSL-System benötigt 2^{L2+1} Regeln für die L2+1 Eingangsvariablen einer Partition. Jede dieser Regeln braucht L2 Gatter; eines für die Erkennung und jeweils ein weiteres für die L2-1 Ausgänge einer Partition. Dies gilt für alle L1 Partitionen.

$$G^{(4)} = L1 \sum_{i=1}^{L2-1} (i+1) = L1\left(\frac{L2\ (L2+1)}{2} - 1\right); \quad G^{(4)}_{MSL} = L1\ L2\ 2^{L2+1} \tag{6.13}$$

Im abschließenden fünften Block können, nachdem in allen Bitpositionen die entsprechenden Übertragsbits zur Verfügung stehen, mit einer EXOR-Funktion die Summenbits parallel berechnet werden. In Abhängigkeit der Gesamtwortlänge N sind dafür 3N Gatter notwendig. Ein MSL-System braucht 8 Gatter für die EXOR-Funktion, also 8N Gatter über die gesamte Wortlänge N.

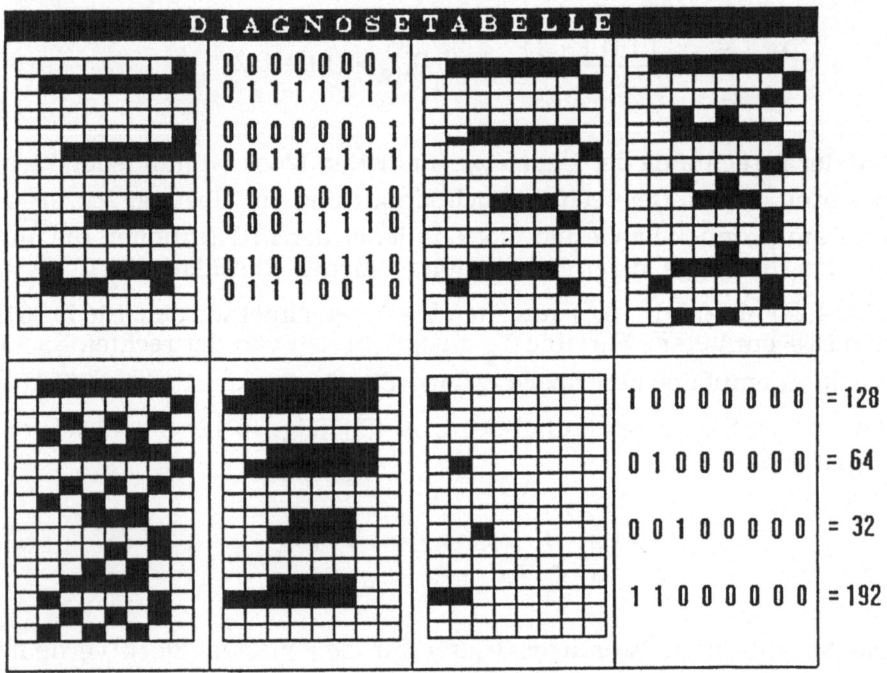

Abb. 6.21 Simulation eines mit Gatterebenen modellierten CLA(4x2)-Systems

Abb. 6.21 zeigt eine Simulationsspur einer HADLOP-Modellierung für vier vertikal übereinander liegende CLA-Systeme nach Abb. 6.20, die vier Operandenpaare gleichzeitig addieren. Jede der fünf Blöcke aus Abb. 6.20 wurde durch eine eigene Gatterebene modelliert.

Nach jeder Gatterebene wurde eine Aufzeichnung der Datenebene vorgenommen. Zusätzlich zu den zwei Zeilen für die Summanden werden pro Operandenpaar zwei weitere Zeilen zur Übertragung von Zwischenergebnissen benötigt. Insgesamt ergibt sich damit ein Bedarf von 4 Pixeln pro Bit. Das gesamte HADLOP-Modell benötigte 5 Gatterebenen, 3 optische Permutationsmodule und eine strahlteilende Komponente. Letztere wurde bei der Modellierung des dritten Blockes notwendig. Hier wurden zwei parallele Strahlengänge gebraucht, einer für die Berechnung der Überträge (C_1,C_3,C_5,C_7) und ein zweiter zur Sicherung von bereits in vorherigen Blöcken errechneten Zwischenergebnissen. Bei einer angenommenen Schaltzeit von 10 ns pro Gatterebene und einem Abstand von 5 cm zwischen den aktiven Komponenten benötigt eine 8-Bit-Addition ca. 50.83 ns. An dieser Zeit würde sich auch für größere Wortbreiten nichts ändern. Allerdings steigt dann die Gatteranzahl gemäß den oben angegebenen Beziehungen. Zum Abschluß dieses Abschnitts wird anhand der Gatteranzahl der Aufwand einer 3D-CLA-Architektur bei verschiedenen Wortlängen für eine optoelektronische und eine MSL-Lösung untersucht. Tabelle 6.4 zeigt für verschiedene Wertepaare (L1,L2) die anhand der vorigen Gleichungen ermittelten Werte. Für die MSL-Lösung wurde jeweils nur der aufwendigste Block angegeben.

Wortlänge	Gatteranzahl	
	Optoelektronisch	MSL
64-Bit: (L1=8,L2=8)	835 Gatter	Block3: $9 \cdot 2^{64}$
32-Bit: (L1=8,L2=4)	321 Gatter	Block3: $9 \cdot 2^{32}$
16-Bit: (L1=4,L2=4)	177 Gatter	Block3: $5 \cdot 2^{16}$
8-Bit: (L1=4,L2=2)	85 Gatter	Block3: $5 \cdot 2^{8}$

Tab. 6.4: Gatteraufwand der aus 5 Blöcken bestehenden CLA bei verschiedenen Wortlängen für eine optoelektronische und eine MSL-Lösung.

Wie der sehr hohe Gatteraufwand alleine für den 3.Block bei der MSL-Lösung zeigt, ist ein CLA ab Wortlänge 16 mit MSL praktisch undurchführbar. Aber auch bei geringeren Wortlängen (8-Bit) ist der Gatteraufwand, der für eine einzige Addition zu leisten ist, immer noch sehr hoch (1280 Gatter). Zum Vergleich: der mit MSL konzipierte 3D-RCA-(FA) (s. Tab 6.3) braucht bei Wortlänge N=8 1536 Gatter für **N Ergebnisse**. Der Vorteil eines CLA, die konstante Ausführungszeit bei beliebigen Wortlängen, kann beim Vergleich ebenfalls nicht standhalten. Aufgrund von Pipelineverarbeitung ergibt sich bei dem 3D-RCA-(FA) eine konstante Ausführungszeit (2 Gatterlaufzeiten) als theoretische Maximalleistung.

Im Gegensatz zur MSL-Variante ist eine optoelektronische Lösung einer CLA, wie die obigen Zahlen zeigen, auch bei größeren Wortlängen machbar. Ein Vergleich der Gatterzahlen mit dem optoelektronischen 3D-RCA-(FA) über verschiedene Wortlängen zeigt jedoch die Vorteile der letzteren. Für 64 Ergebnisse benötigt der CLA bei 64-Bit Wortlänge $835 \cdot 64 = 53440$ Gatter; das gleiche schafft die 3D-RCA-(FA) Architektur mit $9 \cdot 64^2 = 36864$ Gattern. Ähnliche Ergebnisse ergeben sich für die anderen Wortlängen. Da außerdem die 3D-RCA-(FA) leichte Vorteile bei der Pixelanzahl aufweist (3 pro Bit gegenüber 4 pro Bit) wird folgendes Fazit gezogen:
Sowohl für MSL als auch für optoelektronische 3D-Paralleladdierer erweisen sich die auf Volladdierer aufbauenden 3D-RCA gegenüber CLA-Systemen als vorteilhafter.

6.3.1.3 Modified-Signed-Digit Addierer

Ebenso wie die gezeigten CLA-Systeme kennzeichnet die auf Avizienis [Aviz61] zurückgehenden Modified-Signed-Digit(MSD)-Addierer eine konstante, von der Wortlänge unabhängige Ausführungszeit. Dabei benötigen MSD-Systeme weniger Gatter als CLA-Systeme. Möglich wird dies durch die Erweiterung des Binärsystems um den Zustand $-1 = \overline{1}$.
Die Vorteile der MSD-Arithmetik, schnelle Ausführung bei geringem Hardwareaufwand, führte zu vielen Vorschlägen, MSD-Arithmetik in den von der Hardware her prinzipiell aufwendigeren MSL-Systemen einzusetzen [HwLo89], [ChKa89].

Der Nachteil von MSD-Systemen besteht in dem wieder linear von der Wortlänge N abhängigen Aufwand bei der Konvertierung einer MSD-Zahl in eine Binärzahl. Ferner geht die Eindeutigkeit der Darstellung einer Zahl verloren, was bei Vergleichen hinderlich ist und die Behandlung von negativen Zahlen wird umständlicher [HwLo89]. Um den Nachteil der Konvertierung abzuschwächen, ist es bei MSD-Systemen ratsam, mehrschrittige Berechnungen im MSD-System durchzuführen. Nur bei unvermeidlichen Situationen sollte die langwierige Konvertierung ins Binärsystem erfolgen. Wie anschließend gezeigt wird, ist zur Realisierung von MSD-Arithmetik nicht unbedingt eine mehrwertige und störungsanfälligere Logik notwendig, sondern es kann mit Booleschen Funktionen gearbeitet werden, die einen verträglichen Aufwand besitzen.

In diesem Abschnitt werden wieder ein MSL-System und eine Lösung mit optoelektronischen Gatterebenen für MSD-Arithmetik miteinander verglichen. Es wird gezeigt, daß auch hier die optoelektronischen Systeme bezüglich Gatteranzahl und Bandbreite Vorteile aufweisen. Die Durchführung von HADLOP-Simulationen unterstützt diese Untersuchung.

Vorab wird jedoch kurz die Funktionsweise eines MSD-Addierers erklärt. Der MSD-Algorithmus benötigt insgesamt drei Schritte. Dabei werden im ersten und zweiten Schritt stets zwei Variablen a_i, b_i pro Bit verarbeitet. Der Ausgang besteht ebenfalls aus zwei Bits, dem Transferbit t_{i+1} und der Wertigkeit w_i. Die nachstehende Wertetabelle zeigt die in jedem Schritt ausgeführte Funktion. Das Transferbit wandert dabei nach jeder Ausgabe eine Position nach links, wie in Abb. 6.22 zu sehen ist.

1.Schritt				2.Schritt				3.Schritt		
$a_i^{(1)}$	$b_i^{(1)}$	$t_i^{(1)}$	$w_i^{(1)}$	$a_i^{(2)}$	$b_i^{(2)}$	$t_i^{(2)}$	$w_i^{(2)}$	$a_i^{(3)}$	$b_i^{(3)}$	s_i
0	0	0	0	0	0	0	0	0	0	0
0	1	1	-1	0	1	0	1	0	1	1
1	0	1	-1	1	0	0	1	1	0	1
1	1	1	0	1	1	1	0	1	1	-
0	-1	-1	1	0	-1	0	-1	0	-1	-1
1	-1	0	0	1	-1	0	0	1	-1	0
-1	0	-1	0	-1	0	0	-1	-1	0	-1
-1	1	-1	1	-1	1	0	0	-1	1	0
-1	-1	0	0	-1	-1	-1	0	-1	-1	-

Folgende Überlegung verdeutlicht, weshalb die Ausbreitung eines Übertragsbits nicht mehr als zwei Bitpositionen ausmacht. Dazu nimmt man an, daß zu Beginn des zweiten Schrittes an der Position i ein Übertrag entsteht und somit am Eingang der Vektor $[a_i^{(3)},b_i^{(3)}]=[1,1]$ anliegt. Aus Abb. 6.22 folgt dann, daß $w_i^{(2)}=1$ und $t_{i-1}^{(2)}=1$ ist. Aus $t_{i-1}^{(2)}=1$ folgt laut Wertetabelle, daß $a_{i-1}^{(2)}=b_{i-1}^{(2)}=1$ und damit auch $w_{i-1}^{(1)}=1$ sein muß. Aus $w_i^{(2)}=1$ folgt laut Wertetabelle, daß $[a_i^{(2)},b_i^{(2)}]$ entweder [1,0] oder [0,1] sein muß. Da $b_i^{(2)}$ aber identisch mit $t_{i-1}^{(1)}$ ist, folgt dadurch, daß nach dem ersten Schritt die Ausgabe $[w_{i-1}^{(1)},t_{i-1}^{(1)}]$ entweder [1,0] oder [1,1] sein muß. Beides ist aber, wie ein Blick in die Wahrheitstafel bestätigt, nicht möglich. Eine analoge Betrachtung läßt sich für den Fall durchführen, daß der Vektor $[a_{i-1},b_{i-1}]$ nach zwei Schritten den Wert [-1,-1] annimmt.

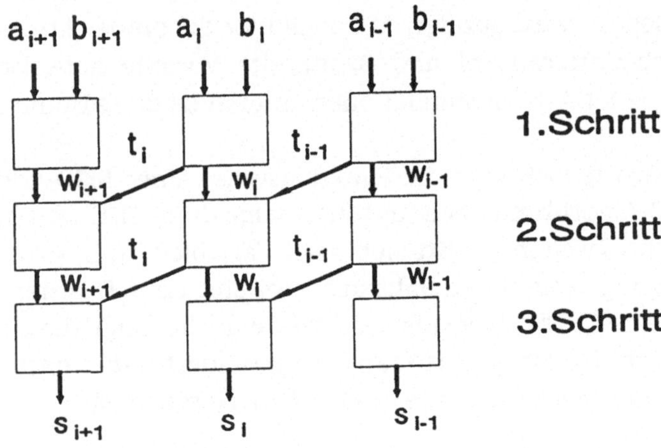

Abb. 6.22 Schema eines MSD-Addierers

Die Einführung des zusätzlichen Zustandes -1, macht eine Dual-Rail-Codierung erforderlich, wenn man weiterhin digital rechnen will. Wird die logische 0 durch den Vektor [0,0] ausgedrückt, die logische 1 durch [0,1] und die -1 durch [1,0], muß die obige Wahrheitstafel auf vier Eingänge a_0,a_1,b_0 und b_1 und vier Ausgänge w_0,w_1,t_0 und t_1 erweitert werden.

Mit Hilfe des Minimisierungsverfahren nach Quine-McCluskey [Klar83] lassen sich dann aus dieser erweiterten Wahrheitstafel für die Schritte 1-3 die entsprechenden DNF bestimmen (6.14).

Schritt1:

$$\begin{aligned}
t_0 &= a_0\,\overline{a_1}\,\overline{b_1} + \overline{a_0}\,\overline{a_1}\,b_0\,\overline{b_1}\\
t_1 &= \overline{a_0}\,\overline{b_0}\,b_1 + \overline{a_0}\,a_1\overline{b_0}\,\overline{b_1}\\
w_0 &= \overline{a_0}\,a_1\,\overline{b_0}\,\overline{b_1} + \overline{a_0}\,\overline{a_1}\,\overline{b_0}\,b_1\\
w_1 &= a_0\,\overline{a_1}\,\overline{b_0}\,\overline{b_1} + \overline{a_0}\,\overline{a_1}\,b_0\,\overline{b_1}
\end{aligned}$$

Schritt 2:

$$\begin{aligned}
t_0 &= a_0\,\overline{a_1}\,b_0\,\overline{b_1}\\
t_1 &= \overline{a_0}\,a_1\,\overline{b_0}\,b_1\\
w_0 &= a_0\,\overline{a_1}\,\overline{b_0}\,\overline{b_1} + \overline{a_0}\,\overline{a_1}\,b_0\,\overline{b_1}\\
w_1 &= \overline{a_0}\,a_1\,\overline{b_0}\,\overline{b_1} + \overline{a_0}\,\overline{a_1}\,\overline{b_0}\,b_1
\end{aligned} \tag{6.14}$$

Schritt 3:

$$\begin{aligned}
s_0 &= \overline{a_0}\,\overline{a_1}\,b_0\,\overline{b_1} + a_0\,\overline{a_1}\,\overline{b_0}\,\overline{b_1}\\
s_1 &= \overline{a_0}\,\overline{a_1}\,\overline{b_0}\,b_1 + \overline{a_0}\,a_1\,\overline{b_0}\,\overline{b_1}
\end{aligned}$$

Die Logik dieser drei Schritte wurde mit entsprechenden optischen Permutationselementen und drei optoelektronischen Gatterebenen in HADLOP modelliert und simuliert. Das Ergebnis zeigt Abb. 6.23. Links oben ist die Eingangsdatenebene zu erkennen, welche die Dual-Rail codierten Daten enthält. Von links nach rechts ist die Situation nach Ausführung der Schritte 1 und 2 gezeigt. Die letzte Matrix zeigt das Endergebnis in MSD-Zahlendarstellung. Die von der Wortlänge N unabhängige und durch Simulation ermittelte MSD-Addition dauert 30.32 ns, wobei wiederum von 10 ns Ausführungszeit einer DNF und einem Abstand von 5cm der aktiven Gatterebenen ausgegangen wurde. Die Pixelgröße pro Bit beträgt 4, wie in Abb. 6.23 zu sehen ist.

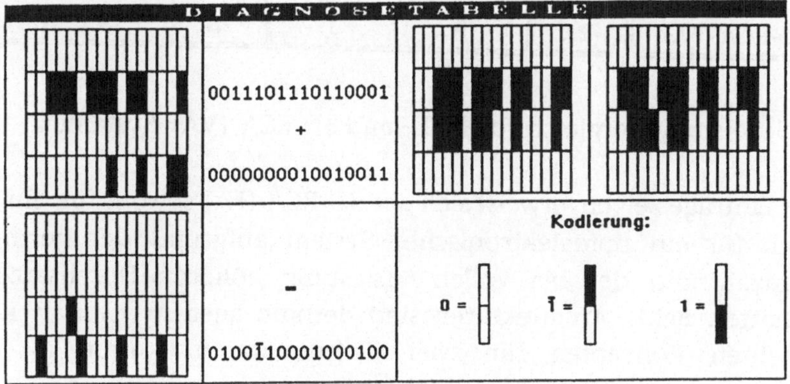

Abb. 6.23 Simulation eines optoelektronischen MSD-Addierers

In einem MSL-System muß für jeden Eintrag in der obigen Wertetabelle mit Ausnahme der beiden ausgeschlossenen Kombinationen im 3.Schritt eine Ersetzungsregel angegeben werden. Das erfordert 25 Regeln für die jeweils ein UND-Gatter zur Durchführung der Mustererkennung notwendig wird. In den Ersetzungsmustern der 18 Regeln für die Schritte 1 und 2 müssen für die zwei Ausgangsvariablen jeweils zwei Zellen gesetzt sein, gleichbedeutend mit zwei notwendigen ODER-Gattern. Einschließlich der für die Erkennung im 3.Schritt notwendigen 7 ODER-Gatter benötigt man dann 25 UND- und 43 ODER-Gatter, d.h. 68 Gatter pro Bit. Im optoelektronischen Fall kommt man, wie sich aus (6.14) bestimmen läßt, mit 26 Gattern pro Bit aus, das entspricht einem um ca. 60% geringeren Aufwand.

6.3.1.4 Abschließende Bewertung

Zum Abschluß der Untersuchung über die Paralleladdierer werden der 3D-RCA-(FA) und die eben vorgestellten MSD-Addierer für optoelektronische und MSL-Systeme miteinander verglichen. Die CLA-Systeme wurden bereits als nicht geeignet befunden. Tab. 6.5 zeigt die Ergebnisse.

3D-Addierer	Optoelektronisch			MSL		
	Zeit	#Gatter/ Bit	#Pixel/Bit	Zeit	#Gatter/ Bit	#Pixel/Bit
MSD	6Δ	26	4	6Δ	68	6
3D-RCA-(FA)	2Δ	9	3	2Δ	24	6

Tab. 6.5: Leistungsvergleich von MSD- und 3D-RCA-(VA) -Systemen

Wie die Einträge zeigen, erweist sich der 3D-RCA-(FA) sowohl für ein MSL- als auch für ein optoelektronisches System aufgrund der geringeren Gatteranzahl und des bei voller Auslastung höheren Durchsatzes als vorteilhafter. Beide Architekturen sind deshalb auch in zwei in Kap. 9 vorgestellten Konzepten für zwei Gleitpunktarchitekturen als Teilkomponenten vorgesehen.

Im folgenden werden zwei weitere, aus dem Bereich der Schaltnetzwerke kommende Beispiele als Anwendung mit HADLOP gezeigt. Im Vordergrund steht dabei nicht die Bewertung der Netze, sondern es soll durch weitere Beispiele die Effektivität von HADLOP demonstriert werden.

6.3.2 Modellierung optischer Verbindungsnetzwerke für Parallelrechner

Optoelektronische Verbindungsnetzwerke werden sicherlich in naher Zukunft in Parallelrechnern zum Einsatz kommen. Es bleibt zu hoffen, daß sich über diesen Weg langfristig auch digitale optische Systeme für arithmetische Anwendungen durchsetzen werden.
In den folgenden Beispielen werden nur Systeme mit optoelektronischen Gatterebenen betrachtet. Dies hat zwei Gründe. Zum einen wird in mittelfristig zu erwartenden optoelektronischen Verbindungsnetzwerken die Wegeauswahl elektronisch stattfinden, zum anderen ist bei MSL das Speichern einer einmal gefundenen Schalterstellung nur umständlich zu realisieren. Die gewählten Beispiele behandeln jeweils ein Sortiernetzwerk und ein Omega-Netzwerk. Beide Netzwerke sind Vertreter der Shuffle-Exchange-Netzwerke, die in der digitalen Optik sehr attraktiv sind, da sie optisch vergleichsweise einfach herzustellende Permutationen, wie den Butterfly [KoSa91] oder den Perfect Shuffle verwenden [LoSt86]. Außerdem werden sie in der Nachrichtentechnik häufig eingesetzt und wurden bereits auch für eine optoelektronische Implementierung vorgeschlagen [Midw87].

6.3.2.1 Sortiernetzwerke

Sortiernetzwerke gehen auf Batcher [Batc68] zurück. Die Realisierung von Verbindungsnetzwerken auf der Grundlage von Sortiernetzwerken ist in der Optik bereits sehr ausführlich untersucht worden [Midw87],[Stor90]. Mittlerweile wurden bei AT&T [McCo91] und am Lehrstuhl für Angewandte Optik in Erlangen[Gluc92] optoelektronische Sortiernetzwerke als Demonstrationsaufbauten realisiert. Interpretiert man die in einem Verbindungsnetzwerk von den Sendern abgeschickten Adressen der Empfänger als eine zu sortierende Zahlenfolge, ist die Wegesuche äquivalent zum Sortiervorgang in einem Sortiernetzwerk.

Ein Sortiernetzwerk kann entweder als "Odd-Even Merge" oder als "Bitonic Merge" aufgebaut sein. Beide Verfahren sind bezüglich der Zahl der Ausführungsschritte identisch. Da das am Lehrstuhl für Angewandte Optik aufgebaute System die bitonische Variante nutzt, werden sich die folgenden Ausführungen darauf beschränken. Zu dem "Odd-Even Merge"-genannten Verfahren sei neben [Batc68] auch auf die Arbeit von Strey [Stre91] verwiesen. Letztere enthält genaue Untersuchungen über Zeit- und Hardwarekomplexität für statische und dynamische Netzwerke in SIMD-Parallelrechnern und sei jedem als Lektüre empfohlen, der optoelektronische Verbindungssysteme bauen will.

Beim bitonischen Sortieren werden in mehreren Stufen sogenannte bitonische Folgen erzeugt. Eine Folge von Zahlen $(a_1,a_2,...,a_n)$ ist bitonisch, wenn man sie in eine monoton steigende $(a_1,a_2,...,a_k)$ und eine monoton fallende Folge $(a_{k+1},a_{k+2},...,a_n)$ zerlegen kann. Eine Folge A ist bereits dann bitonisch, wenn die genannte Zerlegung erst durch zyklisches Verschieben von A gelingt. Abb. 6.24 zeigt ein bitonisches Sortiernetzwerk für N=8 Teilnehmer. In diesem werden jeweils zwei Arten von sogenannten Exchange/Bypassknoten (EB-Knoten) verwendet, durch die ein eingehendes Tupel (a,b) aufsteigend oder absteigend sortiert wird. Das Sortiernetzwerk besteht aus mehreren Stufen, in denen gleichzeitig mehrere solcher Sortierungen vorgenommen werden.

Der Datenfluß erfolgt von links (S0,S1,...) nach rechts (E0,E1,...). Die Bits der Empfängeradresse werden bitweise in umgekehrter Darstellung, d.h. das höchstwertige Bit zuerst, von links nach rechts in das Sortiernetzwerk eingegeben. Folgendermaßen werden nun bitonische Folgen erzeugt. Trivialerweise sind Folgen der Länge 2 bitonisch. Durch die erste Stufe von EB-Knoten werden von oben nach unten abwechselnd absteigende und aufsteigende Folgen der Länge 2 erzeugt. Das Sortierverfahren nutzt nun folgenden mathematischen Sachverhalt. Aus zwei bitonischen Folgen A und B kann man durch die in (6.15) gezeigten Weise zwei bitonische Folgen C und D erzeugen, so daß jedes Element aus D größer als ein Element aus C ist.
Durch die in Abb. 6.24 auf die erste Stufe folgenden zwei Perfect-Shuffle-Verbindungen werden 4 solcher Folgen der Länge 2 erzeugt.

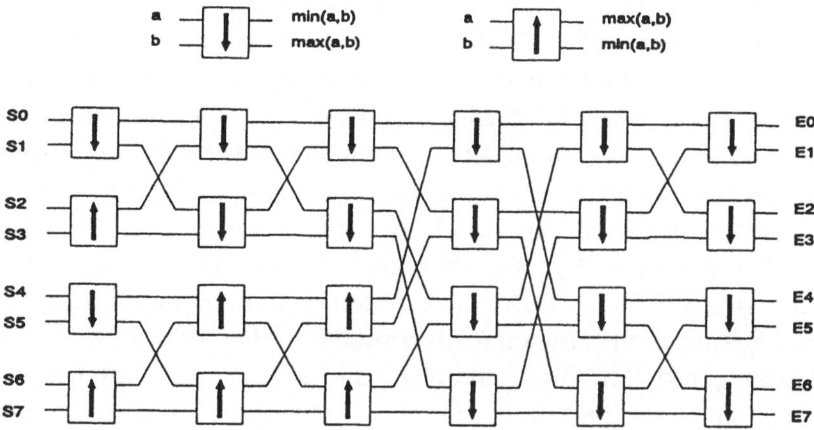

Abb. 6.24 Aufbau eines bitonischen Sortiernetzwerks mit 8 Teilnehmern

In der zweiten und dritten Stufe wird eine Vergleichsoperation auf jede dieser 4 Folgen ausgeführt, so daß am Ende der dritten Stufe eine absteigend und eine aufsteigend sortierte Folge der Länge 4 vorliegt. Der ganze Prozeß beginnt nun wieder von neuem, diesmal aber mit bitonischen Folgen der doppelten Länge und wird solange wiederholt, bis alle N Zahlen aufsteigend sortiert sind. Insgesamt benötigt der Algorithmus dafür ldN(ldN+1)/2 Schritte.

$$\begin{array}{ll} A = (a_1, a_2, \cdots, a_k); & a_1 \le a_2 \le \cdots \le a_k \\ B = (b_1, b_2, \cdots, b_k); & b_1 \le b_2 \le \cdots \le b_k \\ \downarrow & \\ C = (\min(a_1,b_1), \min(a_2,b_2), \cdots, \min(a_k,b_k)) & \\ D = (\max(a_1,b_1), \max(a_2,b_2), \cdots, \max(a_k,b_k)) & \end{array} \qquad (6.15)$$

In einem optoelektronischen Sortiernetzwerk werden alle die in Abb. 6.24 benötigten Permutationsstufen durch optische Bauelemente, z.B. durch Hologramme, realisiert. Die Funktion der EB-Knoten wird durch Gatterebenen ausgeführt. In dem bereits erwähnten Demonstrationsaufbau wurde dafür eigens ein sogenannter OPTO-ASIC [ZüSt92] entwickelt, auf dem 64 solcher EB-Knoten untergebracht sind.

Im folgenden wird untersucht, welche Komplexität ein POELA-PE aufweisen muß, um die Funktion eines EB-Knoten zu erfüllen. Dazu muß die Funktionsweise eines EB-Knotens noch genauer spezifiziert werden, was sich sehr anschaulich durch einen endlichen deterministischen Automaten darstellen läßt. Nachstehend ist die zugehörige Zustandstabelle dieses Automaten für einen aufsteigend sortierenden Knoten dargestellt. Für einen absteigend sortierenden Knoten muß in der ersten Zeile nur die zweite und dritte Spalte vertauscht werden. Ein EB-Knoten besitzt jeweils zwei 1-Bit-Eingänge A_{in}, B_{in} und zwei 1-Bit-Ausgänge A_{out}, B_{out}. Ein EB-Knoten kann sich in drei Zuständen befinden. Im Anfangszustand (S_1S_0=00) werden die Eingänge unverändert an den Ausgang gegeben, falls diese gleich sind. Sind diese unterschiedlich, werden die Daten gemäß der Sortierfunktion des EB-Knoten entweder vertauscht (engl. exchange) oder unverändert (engl. bypass) an den Ausgang geleitet. Ferner erfolgt ebenfalls in Abhängigkeit der Sortierfunktion entweder ein Zustandsübergang in den Austauschzustand (S_1S_0=01) oder in den Bypasszustand (S_1S_0=10).

	Folgezustand/A_{out},B_{out}			
Zustand	A_{in},B_{in} 0,0	A_{in},B_{in} 0,1	A_{in},B_{in} 1,0	A_{in},B_{in} 1,1
Anfangszustand: 00	00/00	10/01	01/01	00/11
Austauschzustand: 01	01/00	01/10	01/01	01/11
Bypasszustand: 10	10/00	10/01	10/10	10/11

Die in (6.16) aus der Zustandstabelle abgeleiteten DNF ermöglichen einem Knoten in Abhängigkeit eines Flagbits (absteigend descend=1 bzw. aufsteigend descend=0) aufsteigend bzw. absteigend zu sortieren.

$$\text{descend} = \begin{Bmatrix} 1 & \text{absteigend} \\ 0 & \text{aufsteigend} \end{Bmatrix} \tag{6.16}$$

$$\begin{aligned}
S_0 &= \overline{A_{in}}\, B_{in}\, \overline{S_1}\, \overline{\text{descend}} + S_0 + A_{in}\, \overline{B_{in}}\, S_1\, \text{descend} \\
S_1 &= A_{in}\, \overline{B_{in}}\, \overline{S_0}\, \overline{\text{descend}} + S_1 + \overline{A_{in}}\, B_{in}\, \overline{S_0}\, \text{descend} \\
A_{out} &= B_{in}\, S_0 + B_{in}\, S_1 + A_{in}\, B_{in} \\
B_{out} &= B_{in}\, \overline{S_0} + A_{in}\, \overline{S_1}
\end{aligned}$$

Wie (6.16) zeigt, benötigt man für die Funktion eines EB-Knotens ein POELA-PE mit zwei optischen Ein- und Ausgängen, drei Bit an lokalen Speicher (descend,S0,S1) und 11 Konjunktionen.

6.3.2.2 Omega -Netzwerk

Ein weiteres Beispiel eines Shuffle-Exchange-Netzwerkes ist das auf Lawrie [Lawr75] zurückgehende Omega-Netzwerk. Vorschläge für eine optische Realisierung eines Omega-Netzes sind in [McAu91] zu finden. Omega-Netzwerke werden in Parallelrechnern wie dem Cedar und dem RP3 eingesetzt. Auch im Konzept für den New York Ultracomputer ist ein Omega-Netzwerk vorgesehen. Der Vorteil des Omega-Netzes besteht in der Verwendung identischer statischer Permutationsstufen zwischen den Schalterelementen (Abb. 6.25). Dies erleichtert z.B. den Herstellungsprozeß von optischen Permutationselementen für ein Omega-Netzwerk. Dadurch reicht, wenn man auf Fließbandverarbeitung verzichten kann, die Verwendung einer Schaltstufe und einer Permutationsstufe aus. Der Nachteil des Omega-Netzwerkes besteht darin, daß im Gegensatz zum Sortiernetzwerk nicht alle Permutationen geschaltet werden können.

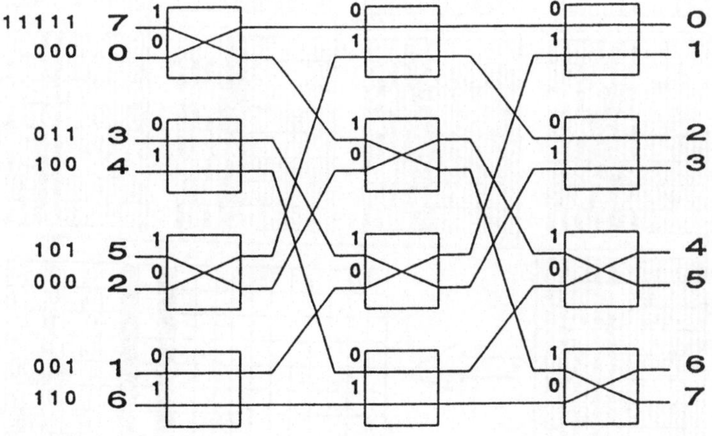

Abb. 6.25 Schaltbild eines dreistufigen Omega-Netzwerks

Jede Schalterstufe enthält genau N/2 Schaltelemente, um in ldN Stufen die N Eingänge mit den N Ausgängen zu verbinden. Genau wie bei dem Sortiernetzwerk führt ein einzelnes Schaltelement in dem von Lawrie vorgestellten Omega-Netzwerk die Funktionen Bypass und Vertauschung durch. Allerdings wird die Ermittlung der Schalterstellung auf andere Art ausgeführt. Ein Schaltelement der Stufe k entscheidet über seine Schalterstellung anhand der Adressbits an der Position n-k. Liegt am oberen Eingang eines Schaltelementes eine 1 an, wird auf Vertauschung geschaltet, ansonsten werden die Eingänge direkt an die Ausgänge weitergeleitet.

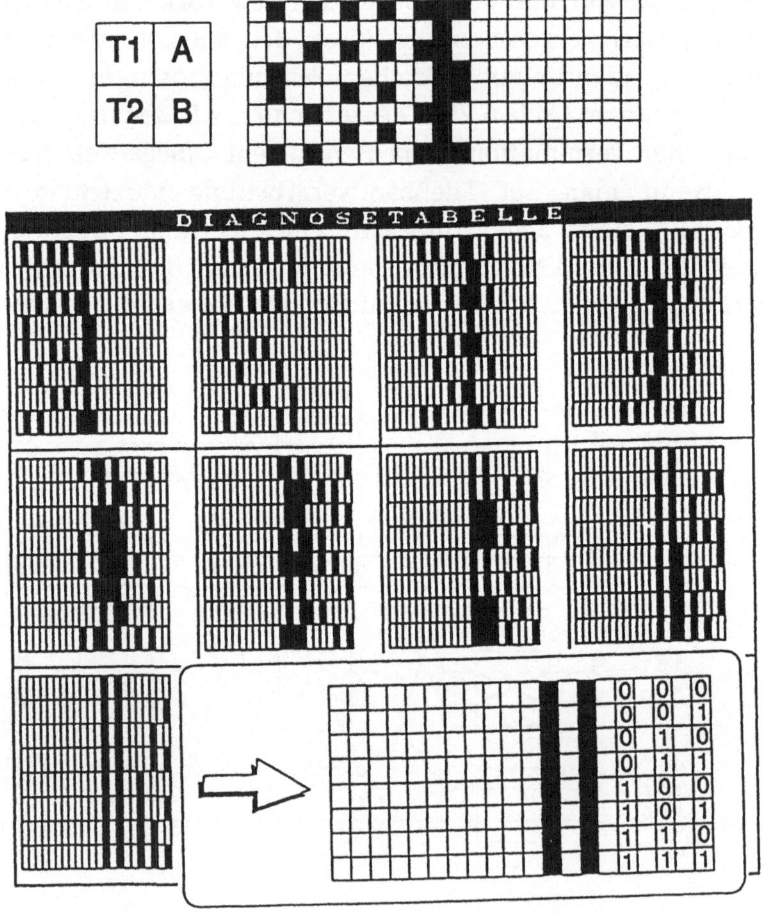

Abb. 6.26 Datenpartitionierung und HADLOP-Simulation eines optoelektronischen Omega-Netzwerks. Dunkle Pixel entsprechen der log. 1

Im folgenden wird die mit einer HADLOP-Modellierung ermittelte Komplexität eines Omega-Schaltelementes gezeigt und daraus die Spezifikation für ein POELA-PE abgeleitet. Bei dem HADLOP-Modell wurde eine Lösung gewählt, in der die Information, wann ein Element schalten soll, durch ein optisches "Tokenbit" angezeigt wird. Dieses wird zusätzlich zu den permutierenden Daten mitübertragen. Denkbar wäre auch, dies über ein externes, globales, elektronisches Eingangssignal allen Schaltelementen mitzuteilen. Dies hätte den Vorteil einer höheren Bandbreite, da dann das auf ein Schaltelement abzubildende Pixelfeld nur die 2 Bit Eingangsdaten enthält. Der Nachteil besteht in dem Aufwand für die zusätzliche Elektronik für die zentrale Taktsteuerung. Ferner sollte, um die Handhabung digitaler optischer Systeme möglichst einheitlich zu gestalten, der Anteil der Elektronik so weit wie möglich zurückgedrängt werden. Deshalb wurde die Simulation mit dem erwähnten optischen Tokenbit durchgeführt.

Abb. 6.26 zeigt das 2x2 Datenfeld, das ein Schaltelement empfängt. Neben der Eingangsinformation A und B in der rechten Spalte enthält die linke Spalte die optischen Tokenbits. Rechts daneben ist die Codierung einer gesamten Datenebene für N=8 Sender zu sehen. Die Spalte mit den Tokenbits befindet sich zu Beginn links neben der Spalte, die die höchstwertigen Adressbits enthält. Im Abstand von jeweils zwei Pixeln folgen die restlichen zwei Adressbits, dahinter folgen drei Datenbits. Der Abstand von zwei Pixeln ist notwendig, damit in dem Zwischenraum das Tokenbit eingefügt werden kann. Das Tokenbit wird bei jedem Schaltelement genau um eine Takteinheit verzögert weitergegeben. Das garantiert, daß jedes Schalterelement zum richtigen Zeitpunkt die Entscheidung über die Schalterstellung trifft. In dem Beispiel wurden die Daten identisch zu den Adressen gewählt, d.h. am Ende der Simulation müssen am rechten Rand des Feldes von oben nach unten die Zahlen 0-7 stehen. Wie das Simulationsprotokoll in Abb. 6.26 zeigt, ist dies nach acht Aufzeichnungen der Fall. Abb. 6.27 zeigt die Funktion des zugehörigen Schalterelementes. Ein POELA-PE, das diese Aufgabe übernehmen soll, muß demnach mindestens 4 optische Ein-/Ausgänge und 2 interne Speicherbits besitzen und muß ferner 8 verschiedene Konjunktionen programmieren können.

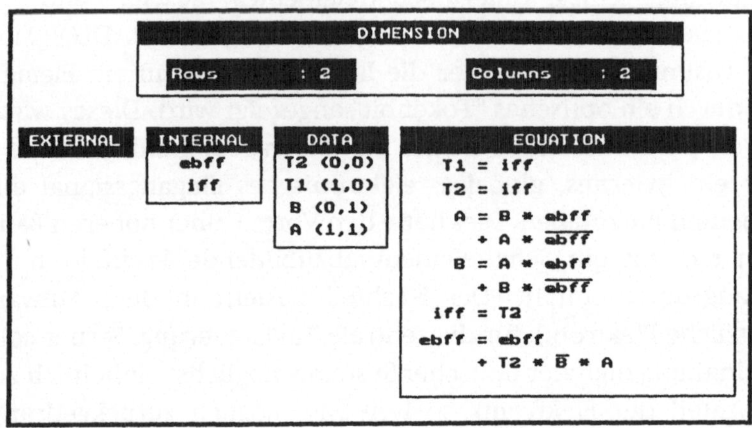

Abb. 6.27 Komplexität eines Schaltknotens in einem Omega-Netzwerk

Mit den unterschiedlichen Beispielen aus den Bereichen der Arithmetik und der Verbindungsnetzwerke wurde die Universalität von HADLOP demonstriert. Mit HADLOP ist es möglich, die Richtigkeit einer Funktion zu überprüfen und gleichzeitig die exakten Hardwareanforderungen bezüglich Gatteranzahl und Fan-In/Fan-Out festzustellen. Ferner unterstützt HADLOP die Bewertung eines Systems durch die Berechnung von Orientierungswerten für die Kriterien Zeit und Energieverbrauch, wie dies an den Beispielen für die Addieralgorithmen gezeigt wurde. Als Ergebnis dieser exemplarischen Untersuchung von unterschiedlichen Addierern ergaben sich folgende Aussagen:

Parallele, auf Volladdierer basierende Ripple-Carry-Addierer (3D-RCA-(FA)) sind aufgrund ihrer geringeren Gatterkomplexität vorteilhafter als CLA- und MSD-Systeme. Dies gilt sowohl für optoelektronische als auch für MSL-Lösungen. Der optoelektronische 3D-RCA-(FA) besitzt ferner Vorteile gegenüber der MSL-Lösung, da er über 50% weniger Gatter braucht und man zudem auf die Rückkopplung des Übertrages verzichten kann, was einen optischen Aufbau erleichtert.

Die Übertragung der hier auf Logikebene vorgestellten Algorithmen in eine HADLOP-Syntax ist oftmals ein etwas mühseliges und zeitraubendes Unternehmen. Dies liegt daran, daß bei der Abbildung eines Algorithmus bestimmte hardwarenahe Eigenschaften berücksichtigt werden müssen. In den nächsten beiden Kapiteln wird deshalb eine Möglichkeit untersucht, inwieweit man von den Hardwaredetails abstrahieren kann, um sich auf die Entwicklung eines Algorithmus zu konzentrieren, ohne dabei befürchten zu müssen, daß die Anwendung nicht mehr auf die Hardware portierbar ist.

7 Modellierung digitaler optischer Systeme auf Register -Transfer -Ebene

Auf der Register-Transfer-Ebene wird das funktionale Verhalten eines Systems nach [Hart90] durch Taktung und Transfer von Daten zwischen Registern sowie logischen und arithmetischen Operationen beschrieben. In diesem Kapitel werden Modelle für die Verarbeitung in digitalen optischen Systemen vorgestellt, die dieser Charakterisierung entsprechen. All diesen Modellen ist gemeinsam, von folgenden auf der Logikebene zu beachtenden Details zu abstrahieren:

Die Partitionierung der Datenebene in einzelne Pixelraster, die einer Gattergruppe zugeordnet werden.

Zuordnung von Pixeln innerhalb dieses Pixelrasters zu 1-bit Daten, die den Input der Gattergruppen darstellen.

Die logische Zuteilung von Pixeln, die über die Datenebene eventuell unregelmäßig verteilt sind, zu Registern.

Die explizite Angabe von Koordinaten für Sender- und Empfangspixel beim Datentransfer.

Das Abstrahieren von speziellen Implementierungsdetails, wie z.B. der Dual-Rail-Codierung.

Die Verwendung von irregulären bzw. regulären optischen Verbindungen.

Abschnitt 7.1 zeigt auf, daß auf Bitebene operierende systolische Arrays ein geeignetes Beschreibungsmodell für digitale optische Systeme darstellen, um die in der obigen Liste aufgezählten Details zu erfüllen. Dies gilt auch für ähnliche Konstrukte, wie z.B. zelluläre Automaten. Zur Durchführung der Abbildung eines systolischen Arrays in ein digitales optisches System muß vorab eine formale Beschreibung eines systolischen Arrays vorliegen. Im Abschnitt 7.2 wird die formale Beschreibung eines systolischen Arrays gezeigt, aus der dann im nächsten Kapitel eine in HADLOP-Syntax gegebene Beschreibung abgeleitet wird. In Abschnitt 7.3 wird das in den BELL-Laboratorien entwickelte Architekturmodell 'Computational Origami' vorgestellt, mit dem digitale optische Systeme ebenfalls auf der Ebene des Register-Transfers modelliert werden. Es wird gezeigt, daß es sich bei diesem Modell im Prinzip um eine Untermenge der systolischen Arrays handelt. Zum Abschluß wird im Abschnitt 7.4 demonstriert, wie die mit systolischen Arrays eng verwandten zellulären Automaten auf digitale optische Systeme abgebildet werden können.

7.1 Bit-orientierte systolische Arrays

Nach der Definition der Struktur und der Funktionsweise von systolischen Arrays in 7.1.1 wird in 7.1.2 die Bedeutung systolischer Arrays für digitale optische Systeme erläutert.

7.1.1 Definition und Funktion systolischer Arrays

Systolische Arrays wurden Ende der 70er Jahre von Kung und Leiserson eingeführt [KuLe78]. Systolische Arrays können als Untermenge innerhalb der Klasse der SIMD-Rechner betrachtet werden. Dabei sind sie keine allgemein verwendbaren Rechensysteme, sondern eine applikationsspezifische Lösung, d.h. sie wurden für eine spezielle Aufgabe entwickelt, z.B. eine Matrizenmultiplikation. Aus Abb. 7.1 werden einige Merkmale ersichtlich, die sowohl für den Aufbau als auch für die Funktionsweise systolischer Arrays typisch sind.

Folgende Aufzählung enthält einige wichtige bei Petkov [Petk89] angegebene Merkmale für systolische Arrays:

Ein systolisches Array besteht aus einer großen Anzahl gleichartiger und gleichmäßig angeordneter Zellen (Prozessoren).

Die Zellen sind über ein für jede Zelle gleiches Verbindungsmuster gekoppelt, wobei nur benachbarte Zellen miteinander verbunden sind.

Es sind nur wenige Steuersignale erforderlich.

Innerhalb des Arrays erfolgt eine Parallelverarbeitung nach dem Pipelineprinzip.

Die Ein-/Ausgabe erfolgt über die Randzellen.

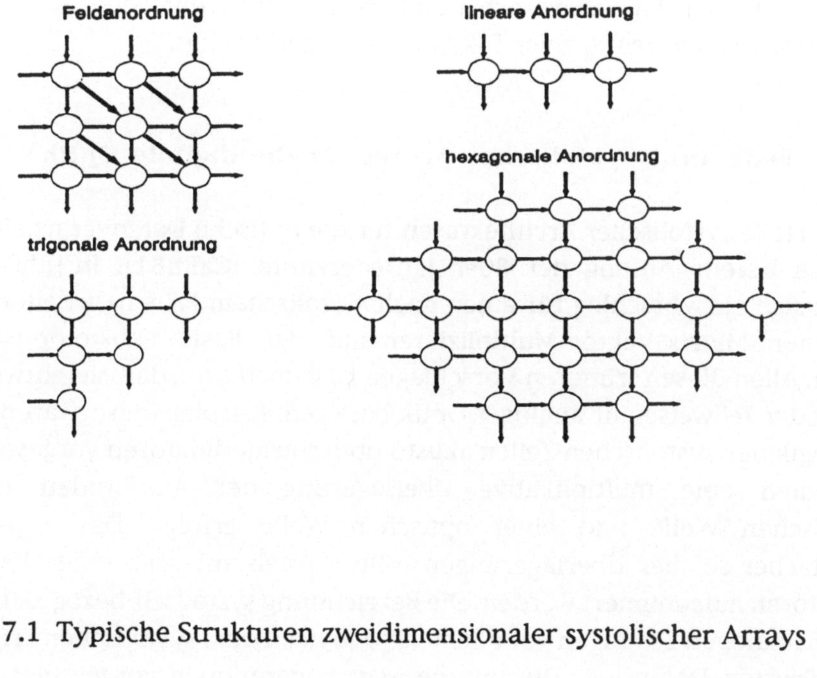

Abb. 7.1 Typische Strukturen zweidimensionaler systolischer Arrays

Der letzte Punkt bedeutet für ein digitales optisches System eher eine Einschränkung, da das durch die hohen Ortsbandbreiten optischer Verbindungen mögliche Potential nicht ausgeschöpft wird. In dreidimensionalen Arrays, die aus einem Stapel übereinander gelagerter zweidimensionaler Arrays entstehen, ist dieses Manko jedoch aufgehoben.

Jede einzelne Zelle kann als eine Ansammlung von einem oder mehreren Registern verstanden werden, wobei zwischen benachbarten Zellen über diese Register Informationen ausgetauscht und verarbeitet werden. Daher ist es auch gerechtfertigt, systolische Arrays als ein Modell innerhalb der Register-Transfer-Ebene zu betrachten, in der nach [Maer89] sequentielle Schaltkreise als eine Menge von speichernden Objekten betrachtet werden, die über ein kombinatorisches Netzwerk rückgekoppelt sind. Die bei der Modellierung von Schaltkreisen auf der Register-Transfer-Ebene wichtige Frage der Taktung ist bei systolischen Arrays implizit gelöst. Die optimale Ausnutzung der Pipelineverarbeitung setzt voraus, daß jede Zelle ihre Operationen nach genau einer Takteinheit ausgeführt hat.

7.1.2 Bedeutung systolischer Arrays für die digitale Optik

Die Vorteile systolischer Architekturen für die optische Datenverarbeitung wurden bereits Anfang der 80er Jahre erkannt [CaRh81]. In [RhGu84] findet sich ein Vorschlag für einen nach systolischem Prinzip arbeitenden optischen Matrix-Vektor-Multiplizierer auf der Basis akusto-optischer Zellen. Allen diesen früheren Vorschlägen ist gemeinsam, daß sie entweder ganz oder teilweise auf analoger Optik basieren. Beispielsweise waren für die Logik der systolischen Zellen akusto-optische Modulatoren vorgesehen, in denen eine multiplikative Überlagerung der Amplituden einer akustischen Welle und einer optischen Welle erfolgt. Das Ergebnis mehrfacher solcher Überlagerungen sollte mittels integrierender Photodetektoren aufsummiert werden. Die Bezeichnung systolisch bezog sich bei diesen analogen Lösungen vor allem auf den nach dem systolischen Prinzip organisierten Datenfluß. Die für die Matrixoperationen vorgeschlagenen optischen systolischen Arrays sind aufgrund ihrer analogen und damit nur für ganz bestimmte Operationen geeigneten Funktion für eine automatische Abbildung beliebiger systolischer Arrays ungeeignet.

Unabhängig von der Frage, ob man nun eine analoge oder digitale Lösung anstrebt, sind systolische Arrays aufgrund folgender Punkte für optische Systeme interessant:

i) Speziell in bit-orientierten systolischen Arrays ist die in den einzelnen Zellen ausgeführte Logik einfacher als in wort-orientierten Zellen. In Zukunft sind deshalb immer bit-orientierte Strukturen gemeint, wenn von systolischen Arrays die Rede ist. Der Anteil an Kommunikation an einer auszuführenden Berechnung ist somit größer, was optoelektronischen Systemen erlaubt, ihre Stärken auszuspielen. Ferner kommt der geringe Fan-In/Fan-Out der einzelnen Zellen, insbesondere wenn man an das Fernziel einer rein optischen Datenverarbeitung denkt, manchen zu erwartenden Beschränkungen bei optischen Logikelementen entgegen.

ii) Die reguläre Verbindungstopologie eines systolischen Arrays erlaubt den Einsatz regulärer optischer Verbindungen, die insbesondere bei zukünftig angestrebten im Mikrobereich dimensionierten Größen leichter herzustellen sind als irreguläre Verbindungen.

iii) Die Zellen arbeiten nach dem SIMD-Prinzip, was sich mit der geplanten Arbeitsweise in optoelektronischen Gatterebenen deckt.

iv) Systolische Arrays nutzen Pipelineverarbeitung, die sich sehr gut auf 3D-Architekturen übertragen läßt (s. Paralleladdierer in Kapitel 6.3).

v) Systolische Zellen benötigen, um einen hohen Datendurchsatz zu erzielen, eine sehr schnelle Versorgung mit Daten. Taktraten von 200 MHz und mehr sind auch in Siliziumtechnologie machbar [MuCl89]. Dies erfordert hohe Zeitbandbreiten, die optische Verbindungen leisten, ohne daß dabei die bei elektronischen Verbindungen bekannten Probleme auftreten, wie z.B. Übersprechen oder hohe Verlustleistungen in den Abschlußwiderständen einer Leitung.

vi) Systolische Arrays lassen sich modular erweitern. Dies ist insbesondere dann von Vorteil, wenn man einmal in der Lage ist, optoelektronische Logikmodule und optische Verbindungsmodule nach einem Baukastenprinzip zu koppeln.

vii) Während einer Berechnung anfallende Zwischenergebnisse müssen nicht zwischen dem Speicher und dem Array hin- und hertransportiert werden. Die bisher ungeklärte und auch in der Literatur eher zurückhaltend behandelte Problematik der Kopplung von Speicher und digitalen optischen Rechenwerken wird dadurch etwas "entschärft".

7.2 Formale Beschreibung systolischer Arrays

Im folgenden wird eine formale Beschreibung systolischer Arrays für die Register-Transfer-Ebene angegeben. Das am Lehrstuhl Angewandte Optik in Erlangen entwickelte Programmsystem ARGOS (Automatic Transfer from Register to Gate Level for Optical Systems) [Seif91] nutzt diese als Grundlage für die Transformation eines systolischen Arrays in ein digitales optisches System. Das System ARGOS erlaubt Modellierung und Simulation bit-orientierter systolischer Arrays. Ferner kann mit ARGOS aus einer bestimmten formalen Beschreibung eines systolischen Arrays ein äquivalentes HADLOP-Modell erzeugt werden. Um diese in Kap. 7 dargestellte Transformation verstehen zu können, muß vorab der für systolische Arrays entwickelte Formalismus bekannt sein. Ein systolisches Array läßt sich logisch in zwei Punkte gliedern: Die Funktion einer Zelle des Arrays (Abschnitt 7.2.1) und die topologische Struktur des Arrays (Abschnitt 7.2.2).

7.2.1 Formale Darstellung der Funktion einer systolischen Zelle

Für die Darstellung des funktionalen Verhaltens einer Zelle kann prinzipiell auf automatentheoretische Formalismen zurückgegriffen werden. Unter dieser Blickrichtung ist eine Zelle ein Automat, der Eingangs-, Ausgangs- und interne Zustandsvariablen kennt. Letztere haben dann Bedeutung, wenn Zellen mit einem lokalen Zustandsspeicher ausgerüstet sind, Zellen ohne einen solchen Speicher bezeichnet man als kombinatorische Zellen. Die Ergebnisfunktion f und die Überführungsfunktion g bestimmen eindeutig den Ausgang B einer Zelle zum Zeitpunkt T bzw. den Inhalt einer Speicherzelle M_{in} zum Zeitpunkt T+1 in

Abhängigkeit des Eingangs A und des Inhalts des internen Speichers zum Zeitpunkt T (7.1). Falls eine Zelle mehrere Ein-/Ausgänge und Speicherzellen besitzt, sind die in (7.1) gezeigten Größen als entsprechend dimensionierte Vektoren aufzufassen.

$$B^T = f(A^T, M_{in}^T)$$
$$M_{in}^{T+1} = g(A_{in}^T, M_{in}^T) \qquad (7.1)$$

Im Sinne einer anschaulichen Darstellung können die Funktionen f und g als Prozedur in der Notation einer Programmiersprache spezifiziert werden. Hwang und Briggs [HwBr84] zeigen Wege auf, wie aus geschachtelten For-Schleifen sowohl die Funktion einer einzelnen Zelle als auch der Aufbau eines ganzen Arrays ableitbar sind. Petkov [Petk87] verwendet zur Beschreibung der Semantik einer Arrayzelle in "Pidgin"-Algol geschriebene Prozeduren. Dabei entsprechen die Ein- und Ausgänge einer Zelle den Übergabeparametern der Prozedur, die Funktionen f und g lassen sich als Zuweisungen bzw. bedingte Zuweisungen formulieren.
Da im vorliegenden Fall aus den oben genannten Gründen das Hauptaugenmerk auf bit-orientierten Zellen liegt, reicht es aus, als Ein- und Ausgangsvariablen nur Boolesche Werte zu betrachten. Die Funktionen f und g können dann als DNF formuliert werden. Auch die Behandlung von Kontrollstrukturen (if ... then ... else) kann durch Erweiterung der Konjunktionen in einer DNF untergebracht werden, da die in den Bedingungen enthaltenen Variablen einen Booleschen Datentyp darstellen. Für ein beliebiges Beispiel wird diese Aussage verdeutlicht. Aus der algorithmischen Beschreibung einer Zelle läßt sich leicht die zugehörige DNF ermitteln (7.2). Kompliziertere Bedingungen können ebenfalls durch Erweiterungen der Konjunktionen und zusätzliche Disjunktionen erfaßt werden.

```
procedure Sort-Node
(a,b,token: boolean;
        a',b': var boolean)
{
exchange : boolean ;

if (token)
   then exchange := ¬a·b;
if (exchange) {
   a' := b ;
   b' := a ;
}
else {
   a' := a ;
   b' := b ;
}
}
```

$$\begin{aligned} \text{exchange} &= \text{token} \cdot \overline{\text{a}} \cdot \text{b} \\ \text{a}' &= \text{a} \cdot \overline{\text{exchange}} + \text{exchange} \cdot \text{b} \\ \text{b}' &= \text{exchange} \cdot \text{a} + \overline{\text{exchange}} \cdot \text{b} \end{aligned} \tag{7.2}$$

Da für die Beschreibung bit-orientierter systolischer Arrayzellen Boolesche Variablen für die Ein-/Ausgänge und Speicher bzw. DNF für die Funktionen f und g genügen, wird die in Abb. 7.2 am Beispiel einer Schaltzelle für ein Bubble-Sort-Array (s. hierzu [Seif91]) gezeigt, einfache Beschreibung einer systolischen Zelle gewählt. Jede Zellbeschreibung beginnt mit einer Aufzählung der Eingänge, der Ausgänge und der internen Speicherbits, danach folgen die DNF. Um die Situation in einer Zelle zu einem konkreten Zeitpunkt festzuhalten, reichen dann drei Register aus; das Eingangsregister für die Eingangsvariablen, das Ausgangsregister für die Ausgangsvariablen, das Speicherregister für die internen Speichervariablen. Jedem Bit in diesen Registern ist genau eine entsprechende Variable zugeordnet. Diese Registerzuordnung erlaubt eine sehr kompakte Spezifikation des Zustandes einer Zelle. Dies erleichtert, wie im nächsten Kapitel gezeigt wird, sowohl die Ableitung in die HADLOP-Syntax als auch die interne Berechnung der Funktionen f und g während der mit ARGOS auf Register-Transfer-Ebene durchgeführten Simulation.

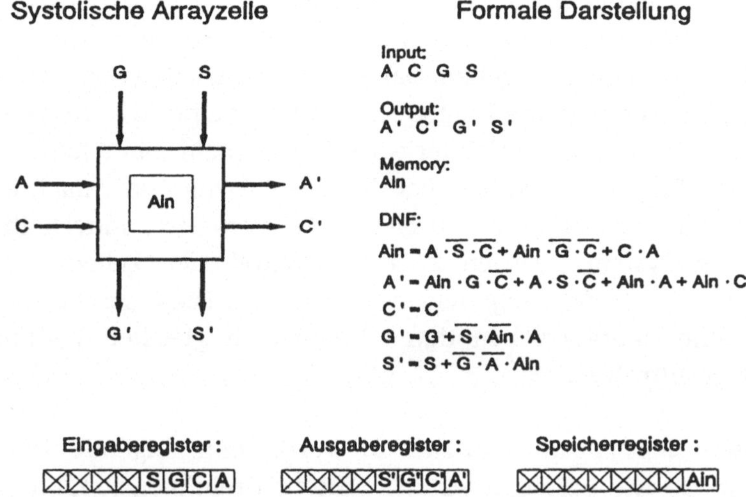

Abb. 7.2 Formale Darstellung der Funktion einer bitorientierten systolischen Arrayzelle

7.2.2 Formale Beschreibung der Struktur eines systolischen Arrays

In der folgenden Spezifikation der Struktur eines systolischen Arrays wird die Anzahl der Zellen, deren Anordnung, sowie die Kommunikation der Zellen untereinander und zur Außenwelt festgelegt. In einem von Leiserson und Saxe [LeSa83] beschriebenen Optimierungsverfahren für systolische Systeme, in dem durch sog. Retiming-Transformationen die Anzahl der Takte zur Datenübertragung zwischen zwei aus Registern und logischen Gattern bestehenden funktionalen Elementen (Zellen) optimiert wird, wird deren Struktur durch einen Graphen dargestellt. Die Optimierung selbst spielt hier im weiteren keine Rolle. Das verwendete Beschreibungsmodell eignet sich jedoch gut für den hier verfolgten Zweck, eine möglichst einfache Transformation in ein digitales optisches System zu ermöglichen. Daher wird dieser Formalismus im weiteren kurz eingeführt. Ein detailliertes Beispiel hierzu folgt in Kapitel 8.

In dem als einen Graphen G=(V,E) dargestellten systolischen System entspricht die Menge der Knoten V den systolischen Zellen und die Menge der Kanten E den Verbindungen zwischen den Zellen. Jede Kante läßt sich durch ein Tripel (s,w,e) angeben. Dabei bezeichnet s den Sendeknoten und e den Empfangsknoten. Die Komponente w ist eine positive ganze Zahl, die als Gewicht der Kante bezeichnet wird. Das Gewicht einer Kante gibt die Anzahl der Taktverzögerungen bei der Verbindung von s nach e an. Zur Aufrechterhaltung der synchronen Arbeitsweise innerhalb eines systolischen Systems werden zwischen systolischen Zellen sogenannte taktgesteuerte Verzögerungselemente eingebaut. Diese sorgen dafür, daß alle für eine Operation benötigten Daten zum gleichen Zeitpunkt am Zelleingang eintreffen.

Auf diesem Formalismus aufbauend wurde nun folgende Darstellung entwickelt. Da wie bereits erwähnt, optische dreidimensional aufgebaute systolische Arrays aus übereinander gestapelten, **identischen** zweidimensionalen Strukturen abgeleitet werden, kann man sich zunächst auf planare Strukturen beschränken. Eine Senderzelle s ist dann durch ihre 2D-Koordinate (s_x,s_y) eindeutig festgelegt. Berücksichtigt man zusätzlich die Ausgangsvariable der Zelle, dann kann die Senderzelle als Tripel (s_x,s_y,out_i) beschrieben werden, wobei out_i die i-te Ausgangsvariable der Zelle mit der Koordinate (s_x,s_y) ist. Der korrespondierende Empfängerknoten (e_x,e_y) inklusive der j-ten Eingangsvariable in_j wird durch eine zur Senderzelle relative Position (m,n) angegeben. Dabei gilt, $e_x=s_x \pm m$ und $e_y=s_y \pm n$, $n,m \in N$. Die Menge aller Verbindungen E, sowie einer einzelnen Kante (Verbindung) v eines systolischen Arrays wird dann unter Berücksichtigung der Verzögerung w gemäß (7.3) spezifiziert.

$$\begin{gathered} N^3 \text{ x } N \text{ x } N^3 \supset E \\ v \in E : ((s_x,s_y), out_i) \rightarrow w \rightarrow ((m,n), in_j) \end{gathered} \qquad (7.3)$$

Dieser Sachverhalt gilt für ein sogenanntes vollsystolisches Array, in dem die Datenübertragung nur nach dem Pipelineprinizp erfolgt. Nach Petkov [Petk89] spricht man von semisystolischen Arrays, wenn in einem Array die "meiste Datenübertragung durch Pipelining erfolgt". Kommt in einem Array beispielsweise eine Broadcastübertragung vor, d.h. eine

Datenübertragung von einer Zelle zu vielen anderen, hat man ein semisystolisches Array vorliegen. Wie an einem Beispiel für ein systolisches Arithmetikarray im nächsten Kapitel gezeigt wird, sind solche Broadcastübertragungen in bestimmten Situationen wünschenswert. Beim Entwurf von VLSI-Systemen aus systolischen Arrays versucht man dagegen Broadcastverbindungen zu vermeiden, da diese einen großen Platzbedarf aufweisen und es Schwierigkeiten macht, eine Leitung über mehrere Zellen hinweg zu führen. Diese Beschränkung gilt nicht für die Optik. Der Einsatz holographischer optischer Elemente, die über dem VLSI-Schaltkreis angeordnet sind (s. Abb. 1.1), wurde deshalb auch zur Realisierung globaler VLSI-Verbindungen vorgeschlagen [GoLe84]. Aufgrund der Vorteile optischer globaler Verbindungen, berücksichtigt der hier vorgestellte Formalismus auch semisystolische Arrays.

Wie bereits angedeutet, kann durch ein horizontal mehrfach kopiertes systolisches 2D-Array ein optisches systolisches 3D-Array erzeugt werden, das einen höheren Durchsatz erlaubt. Dabei ist denkbar, daß in diesem 3D-Array zwar in der Vertikalen stets die gleiche Zellfunktion ausgeübt wird, aber in horizontal benachbarten Zellen unterschiedliche Typen zum Einsatz kommen. Um auch diese Möglichkeit zu berücksichtigen, enthält der in Abb. 7.3 die Struktur eines systolischen 2D-Arrays spezifizierende Formalismus eine Matrix, die die Zellanordnung des Arrays charakterisiert (s. Komponente Dimension, Abb. 7.3). Die Dimension dieser Matrix ist identisch mit der Dimension des zugrundeliegenden systolischen 2D-Arrays. Jedem Matrixelement entspricht eine Zelle in dem Array. Ist ein Matrixelement leer, befindet sich im Array an der entsprechenden Koordinatenposition keine Zelle. Ansonsten wird das Matrixelement eine Nummer enthalten, die eine Referenz auf eine, im vorigen Abschnitt bereits vorgestellte, formale Beschreibung eines Zelltyps darstellt. Dabei sollte in jeder Zeile der Matrix, um dem SIMD-Prinzip innerhalb optoelektronischer Gatterebenen zu entsprechen, immer derselbe Eintrag stehen. Prinzipiell erlaubt dieses Konzept damit auch die Spezifikation von MIMD-Systemen, was sich in Zukunft als günstig erweisen kann. Am Ende der formalen Strukturbeschreibung eines systolischen Arrays stehen die Verbindungen. Broadcast- und lokale Verbindungen werden getrennt voneinander angegeben.

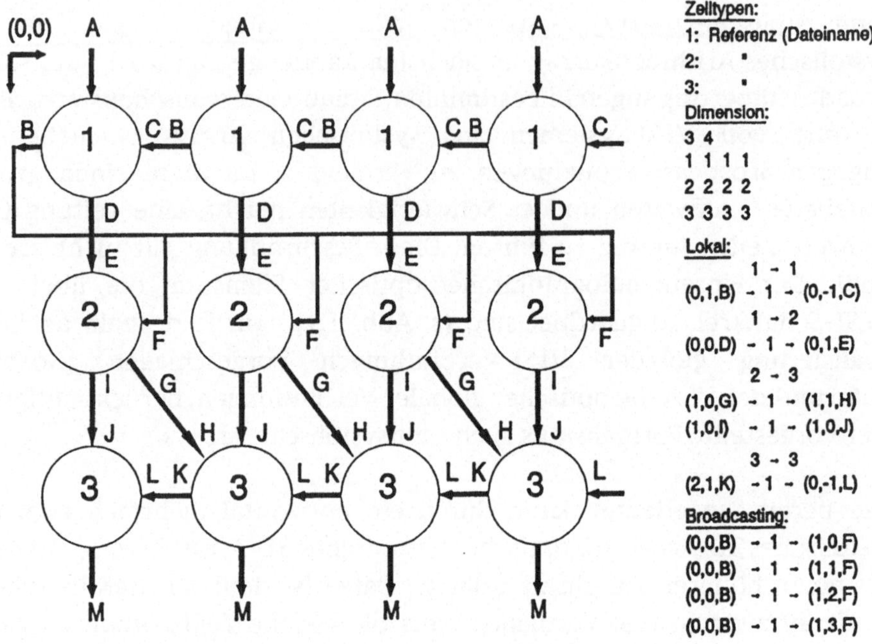

Abb. 7.3 Formale Beschreibung der Struktur eines systolischen Arrays

Aufgrund der Regularität der lokalen Verbindungen reicht es für jede Verbindungsrichtung zwischen gleichen oder verschiedenen Zelltypen aus, einen einzigen Repräsentanten anzugeben. Jede einzelne Kante einer Broadcast-Verbindung ist dagegen durch eine explizite Kante ausgewiesen. Zum Beispiel existiert für die in Abb. 7.3 zu sehende Broadcastübertragung (B-Ausgang der linken Randzelle in Zeile 1) für jede der vier Empfangszellen ein Kanteneintrag (s. Bezeichnung Broadcasting in Abb. 7.3).

7.3 Computational Origami

Computational Origami ist ein von Huang [Huan89] speziell für die rein optische Datenverarbeitung in den Bell-Laboratorien entwickeltes Architekturmodell. In Abschnitt 7.3.1 werden die wesentlichen Eigenschaften von Computational Origami dargestellt. In Abschnitt 7.3.2 wird gezeigt, daß die von Computational Origami erfaßten Architekturen eine Teilmenge der vollsystolischen Arrays bilden.

Deshalb wird, im Sinne des Abstraktionsmodells der digitalen Optik, Computational Origami als ein weiteres, spezialisiertes Beschreibungsmodell für digitale optische Systeme innerhalb der Register-Transfer-Ebene aufgefaßt. Diese hierarchische Gliederung entspricht einem orthogonalen Konzept, das nach Rammig [Ramm86] wie folgt gekennzeichnet ist: "Eine Beschreibung kann verschiedene Abstraktionsebenen umfassen, während innerhalb einer Ebene eine hierarchische Beschreibung erstellt werden kann."

7.3.1 Beschreibung von Computational Origami

Hinter der Idee des Computational Origami steht die Annahme, daß man, da eine VLSI-Realisierung optischer Logik auch langfristig nicht in Aussicht ist, nur geringe Hardwareressourcen zur Verfügung haben wird. Somit ergibt sich häufig die Situation, ein Problem auf eine nicht ausreichend dimensionierte Hardware abbilden zu müssen. Zur Lösung dieses Problems wird eine komplexe Schaltfunktion in mehrere, sequentiell auszuführende und an die gegebene Hardwarestruktur angepaßte, einfachere Teiloperationen zerlegt. Durch die Verwendung schneller optischer Hardware soll der durch die sequentielle Ausführung verursachte Effizienzverlust ausgeglichen werden.

Die Abbildung in die Hardware geschieht, grob beschrieben, in zwei Schritten. Zuerst erfolgt eine Regularisierung eines komplexen Schaltkreises. Ausgehend von dieser regulären Form wird anschließend eine Reduzierung auf einen elementaren Kern innerhalb dieses Schaltkreises vorgenommen. Die Größe des Kerns hängt von den verfügbaren Hardwarekapazitäten ab. Die ursprüngliche Funktion des Schaltnetzes wird dann sequentiell auf der reduzierten Hardware durchgeführt. Das bedeutet, daß die Hardware auf Kosten der Ausführungszeit reduziert wird. Diese Reduzierung bezeichnet Huang als eine Faltung (engl.: folding), den gesamten Prozeß als Computational Origami, in Anlehnung an die als Origami bezeichnete japanische Kunst des Papierfaltens.
Folgendes Beispiel verdeutlicht die Vorgehensweise. Abb. 7.4 zeigt einen in Boolescher Logik gegebenen Schaltkreis und eine diesem Schaltkreis funktional entsprechende regularisierte Darstellung. Die Transformation vom Booleschen Schaltkreis zu einer regulären Struktur kann als Bottom-

Up-Transformation von der Logikebene zur Register-Transfer-Ebene verstanden werden. Nur vier unterschiedliche Modultypen mit jeweils zwei Ein- und zwei Ausgängen sind die minimale Voraussetzung, um sowohl diesen als auch irgendeinen anderen Schaltkreis in regulärer Form darzustellen: ein NOR-Gatter mit zwei identischen Ausgängen als fundamentales Logikelement, mit dem jede beliebige Boolesche Funktion ausgedrückt werden kann, ein Austausch-, ein Bypass- und ein Broadcastmodul als fundamentale Transferelemente, mit denen jeder mögliche Datentransport zwischen zwei Modulen mit jeweils zwei Ein/Ausgängen machbar ist.

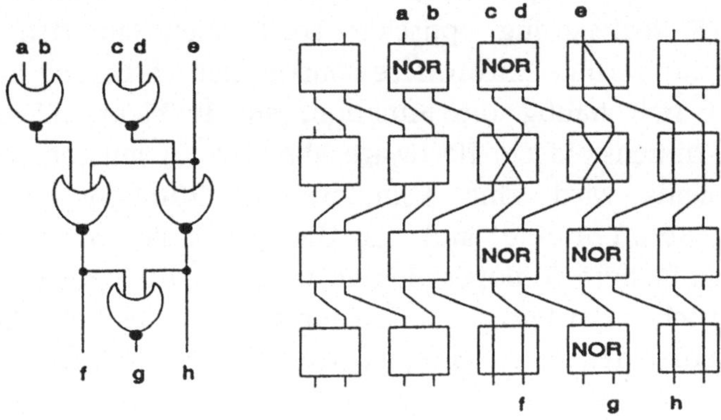

Abb. 7.4 Regularisierung eines Booleschen Schaltnetzes mit NOR, Broadcast (2. Modul von rechts), Bypass (1. Modul von rechts unterste Zeile) und Exchange (2. und 3. Modul von rechts zweite Zeile)

Wird die in Abb. 7.4 zu sehende reguläre Struktur so oft entlang der Horizontalen gefaltet, bis nur noch eine Spalte übrig ist, und wird diese dann anschließend in der Mitte nach oben geklappt, erhält man die in der Mitte von Abb. 7.5 zu sehende, nur noch zwei Module enthaltende Struktur. Diese wird als Kern der gefalteten Hardwarearchitektur bezeichnet. In jedem der in dem Kern enthaltenen beiden Module sind die vier elementaren Funktionen vereint. Welche der vier Funktionen zu einem Zeitpunkt zur Ausführung kommt, wird durch einen Kontrolldatenstrom entschieden.

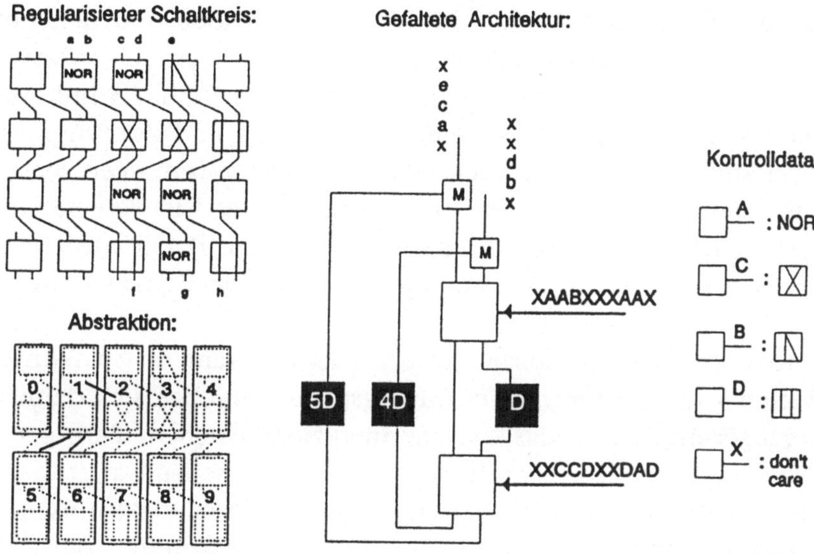

Abb. 7.5 Faltung einer Architektur. In der Mitte ist der Kern zu sehen

Dessen Sequenz ergibt sich aus der Reihenfolge der durchgeführten Faltungen. Zur Synchronisation des Datenstroms ist es notwendig, die Datenausgänge aus den beiden Modulen um bestimmte Takteinheiten zu verzögern (s. Elemente 5D, 4D und D in Abb. 75) und über Multiplexer (Elemente M in Abb. 7.5) wieder an den Eingang des Kerns rückzukoppeln. Da eine rein optische Speicherung nur schwer möglich ist, wird daran gedacht, die Taktverzögerung der Daten durch eine Verlängerung der Lichtausbreitung zu realisieren. Zur Simulation und automatischen Faltung solcher Schaltnetze existiert das System LUCIE [Lu88].

Die Bestimmung der Verzögerungstakte hängt vom gewählten Kern der Architektur ab. Die gesamte Architektur kann als ein aus dem Kern zusammengesetztes Mosaik betrachtet werden. Je nach der vorhandenen Hardwarekapazität wird ein Kern bestimmt, der aus einem oder mehreren Modulen besteht. In Abb. 7.5 besteht der Kern aus zwei Modulen. Der obere Modul führt nacheinander die Funktionen der Module in den geraden Zeilen des regularisierten Schaltnetzes von aus, der untere Modul die Funktion der Module in den ungeraden Zeilen. Um die richtige Anzahl Verzögerungstakte bei der Datenausgabe zu ermitteln, werden jeweils zwei übereinander stehende Module in den oberen beiden und den unteren beiden Zeilen zusammengefaßt. Diese neuen Module werden von links nach rechts und oben nach unten aufsteigend numeriert (Abb. 7.5 links unten). Die Differenz der Nummer des Empfängermoduls und der Nummer des Sendermoduls, die durch die dick gekennzeichneten Leitungen verbunden sind, ist dann die Anzahl der Verzögerungstakte. Die Berechnung des Problems läuft dann vollständig auf dem Kern ab. Dabei wird in einem Zeitscheibenverfahren nacheinander jeder Modul dem Kern zugewiesen.

Die Einbettung eines komplizierten Schaltkreises kann zu Strukturen mit sehr vielen Knoten führen. Beim Faltungsprozeß ergeben sich dann große Taktverzögerungen, die das System ineffizient machen. Eine genauere Untersuchung, wie schnell in diesem Falle die optischen Gatter bzw. wie komplex die Kerne sein müssen, damit gegenüber rein elektronischen Lösungen ein Vorteil zu verzeichnen ist, existiert nach Kenntnis der Autoren bisher nicht.

7.3.2 Verhältnis systolischer Arrays zu Computational Origami

Im vorigen Abschnitt wurde an einem Beispiel gezeigt, daß im Prinzip jede Boolesche Funktion regularisiert und dann durch Faltung bezüglich ihrer Hardwarekomplexität vereinfacht werden kann. In diesem Abschnitt wird der Frage nachgegangen, welche Architekturen überhaupt faltbar sind. Es zeigt sich, daß diese als Spezialfälle vollsystolischer Arrays betrachtet werden können. Obwohl eine allgemeingültige Aussage im Sinne eines mathematischen Beweises in der Frage der Faltbarkeit bisher noch nicht geleistet wurde, hat Lu [Lu88] eine Reihe von notwendigen Kriterien aufgestellt, die ausreichend sind, um die Frage der Faltbarkeit einer Architektur zu beantworten.

Nach Lu ist eine endliche Architektur genau dann faltbar, wenn für einen oder mehrere Knoten in der Architektur eine Abstraktion existiert, die als Standard-Mosaikarchitektur (engl.: standard local mosaic architecture) betrachtet werden kann. Eine Abstraktion ist eine surjektive Abbildung mehrerer Knoten in einen einzigen Knoten. Als Ergebnis dieser Abbildung muß bei faltbaren Architekturen eine Standard-Mosaikarchitektur herauskommen.

Diese ist ein endliches Gebilde, das aus lauter identischen Knoten aufgebaut ist. Ferner darf es in einer solchen Standard-Mosaikarchitektur entlang jeder orthogonalen Ausbreitungsachse nur eine Datenflußrichtung geben. Eine weitere Voraussetzung für die Faltbarkeit lautet, daß die Grenzen der Architektur kompatibel sind, d.h. ein Array kann in ein Rechteck bzw. Parallelogramm eingebettet werden, ohne daß eine Randzelle über den Linienrand hinausragt. Abb. 7.6 zeigt Beispiele für Standard-Mosaikarchitekturen.

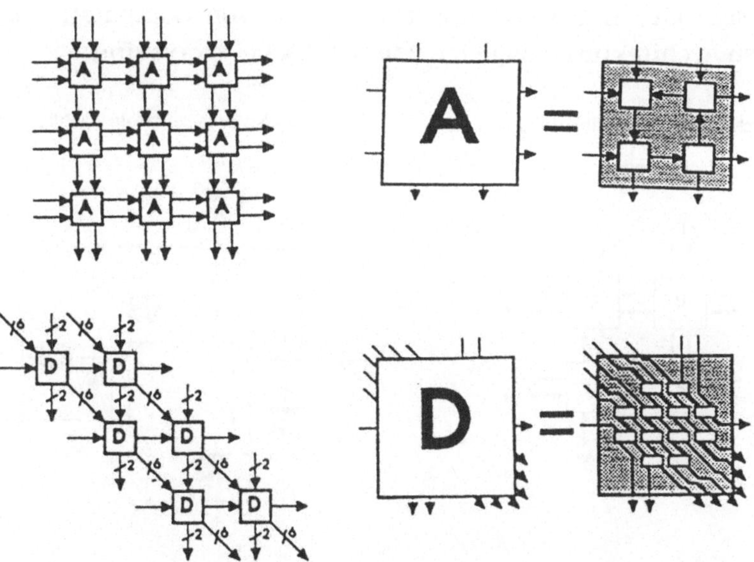

Abb. 7.6 Beispiele für Standard-Mosaikarchitekturen. Die Knoten mit den Großbuchstaben können durch Unterarchitekturen ersetzt werden; entnommen aus [Lu88]

Aus den Kriterien wird klar, daß eine Untermenge innerhalb der Klasse der vollsystolischen Arrays, deren Elemente nur eine Datenflußrichtung entlang orthogonaler Achsen aufweisen und deren Randzellen im obigen Sinne kompatibel sind, die genannten Kriterien erfüllen.

Beschränkt man sich auf den zweidimensionalen Fall, betrifft dies systolische Arrays, die rechteckig anordbar sind und in denen jeweils alle parallelen Datenpfade in die gleiche Richtung zeigen. Aufgrund des erstgenannten Kriteriums sind trigonale und hexagonale Strukturen nicht faltbar. Es lassen sich aber die fehlenden Randzellen mit entsprechenden "Dummy"-Knoten ausfüllen, so daß man zu rechteckigen Gebilden kommt. Ferner erscheint den Autoren die bei Lu geforderte Bedingung, daß nur eine Ausbreitungsrichtung entlang den Achsen vorkommen darf, als unnötig einschränkend. Abb. 7.7 zeigt ein Beispiel in der zwei entgegengesetzte Datenflüsse entlang der Horizontalen und Vertikalen existieren. Dennoch läßt sich diese Architektur in die in Abb. 7.7 gezeigte, aus nur noch einem Modul bestehende Struktur falten. Unter Berücksichtigung dieser Erkenntnis und des Einsatzes von "Dummy"-Randzellen läßt sich somit folgern, daß alle von Computational Origami erfaßten Architekturen zugleich vollsystolische Arrays sind.

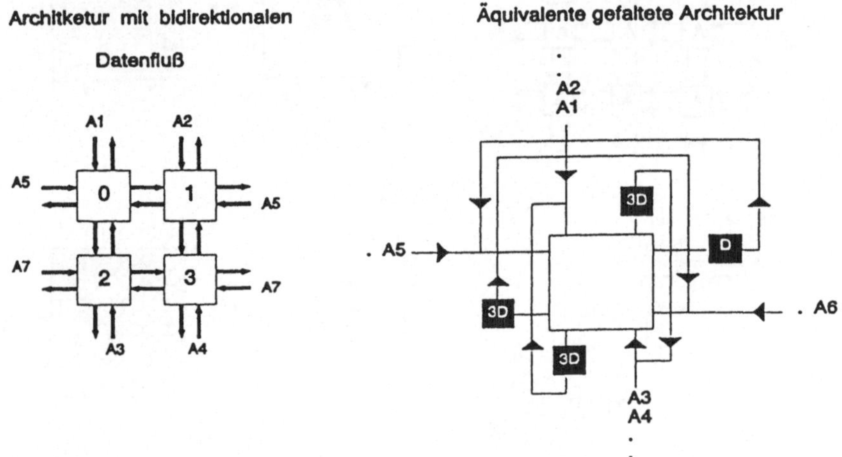

Abb. 7.7 Faltung einer Architektur mit bidirektionalem Datenfluß

Zusammenfassend ergeben sich somit folgende Aussagen:
Die durch Computational Origami definierte und primär für rein optische Datenverarbeitung gedachte Klasse von Architekturen kann aufgrund der Analogie zu systolischen Arrays auch mit dem erwähnten System ARGOS simuliert werden. Da ARGOS auch für die optoelektronische Datenverarbeitung geeignete semisystolische Arrays berücksichtigt, bietet ARGOS einen größeren Anwendungsbereich und stellt somit ein umfassenderes Konzept dar. Ferner kann die für Computational Origami entworfene Partitionierungstechnik auch auf vollsystolische Arrays übertragen werden.

7.4 Exkurs: Zelluläre Automaten

Eng verwandt mit den bereits behandelten systolischen Arrays sind die auf von Neumann [Neum66] zurückgehenden zellulären Automaten. Deshalb sollen sie hier auch als ein möglicher Anwendungsbereich für digitale optische Systeme Erwähnung finden. Ein zellulärer Automat ist nach McAuley [McAul90] gekennzeichnet durch eine

i) im Prinzip unendliche Ansammlung von endlichen Automaten mit einem einzigen nach außen hin erkennbaren Zustand (Zelle angeregt bzw. im Ruhezustand).

ii) Die Zustandsübergänge in einem Automaten hängen von seinem eigenen Zustand und den Zuständen der in einer bestimmten Nachbarschaft vorhandenen Automaten ab.

iii) Jede Zelle verbleibt in einem Ruhezustand, solange die Summe aus den Zuständen und dem zelleigenen Zustand einen bestimmten Schwellwert nicht überschreitet.

Nach Petkov [Petk89] können systolische Arrays als Spezialfälle zellulärer Automaten betrachtet werden. Im Unterschied zu systolischen Arrays können zelluläre Automaten auch aus verschiedenen und nicht notwendigerweise im Raum gleichmäßig angeordneten Zellen aufgebaut sein. Ferner können Broadcastverbindungen vorkommen und die einzelnen Zellen i können unterschiedliche Ausführungszeiten t_i aufweisen. Dennoch ist ein zellulärer Automat ein synchrones System, d. h. nach einer Taktzeit T werden gleichzeitig alle Zellzustände aktualisiert. Die Taktzeit T muß daher eventuell ausgedehnt werden, so daß $T \geq \max(t_i)$ gilt. Auch alle Broadcastoperationen müssen innerhalb T abgeschlossen sein.

In der Literatur finden sich mehrere Vorschläge für rein optische Rechensysteme auf der Basis von zellulären Automaten [Murd87],[Yata86],[Yata89]. Der Grund ist, daß man die teilweise vorhandenen Analogien zwischen der Verarbeitung in zellulären Automaten und der Verarbeitung in optischen Systemen für optische Allzweckrechner ausnutzen wollte.

Speziell die bei allen Zellen gleichzeitig durchgeführte Zustandsabfrage desselben Zellnachbars bietet sich für eine Realisierung mit ortsinvarianten, regulären optischen Verbindungen an, in denen zumindest prinzipiell ein enormes Potential steckt (s. Kap. 2). Ferner war der bei den zellulären Automaten vorhandene und zu Beginn der elektronischen Datenverarbeitung wichtige Ansatz - mit möglichst einfachen Operationen universelle Berechenbarkeit zu erlangen - auch für optische Systeme attraktiv.

Zelluläre Automaten werden mittlerweile auch erfolgreich bei der Simulation von biologischen und chemischen Systemen eingesetzt [GeSc89]. Dies bietet sich an, da diese Systeme zeitliche Zustandsänderungen erfahren, die durch lokale Wechselwirkungen innerhalb des Systems bedingt sind. Im Gegensatz zu einer Lösung mit partiellen Differentialgleichungen benötigt die Simulation zellulärer Automaten geringere Rechen- und Speicherkomplexität. Dies zahlt sich dann aus, wenn nicht das mit partiellen Differentialgleichungen exakte, quantitative Verhalten eines Systems bestimmt werden soll, sondern in einem qualitativen Sinn das durch den zellulären Automaten modellierte Systemverhalten im Vordergrund steht. Diese Automaten sind jedoch komplizierter als die in den obigen Referenzen vorgeschlagenen optischen zellulären Automaten, die vor allem binärer Natur, jeder Automat besteht im wesentlichen aus einem Pixel und kann nur zwei Zustände annehmen, sind. Zelluläre Automaten sollten, um eine befriedigende Güte bei der Modellbildung zu erzielen, mehrere Zustände speichern können und benötigen vor allem eine über die unmittelbar nächste Nachbarschaft hinausreichende lokale Wechselwirkung.

Digitale, hybrid aufgebaute optische Systeme sind gut geeignet, um diese Anforderungen zu erfüllen. Die zur Ausführung der logischen Operationen eingesetzte Elektronik bietet die Möglichkeit der umfangreicheren Zustandsspeicherung. Zusätzlich können durch den Einsatz der optischen Datenübertragung Vorteile gewonnen werden. Durch den Einsatz akusto-optischer Zellen können schnelle, in einem Schritt auszuführende Schiebeoperationen durchgeführt werden, die den Zustand entfernterer Nachbarzellen sofort übertragen. In einem als Feld angeordneten elektronischen Parallelrechner muß dies dagegen in mehreren Schritten durch mehrfache Übertragungen zwischen unmittelbaren Nachbarzellen erfolgen.

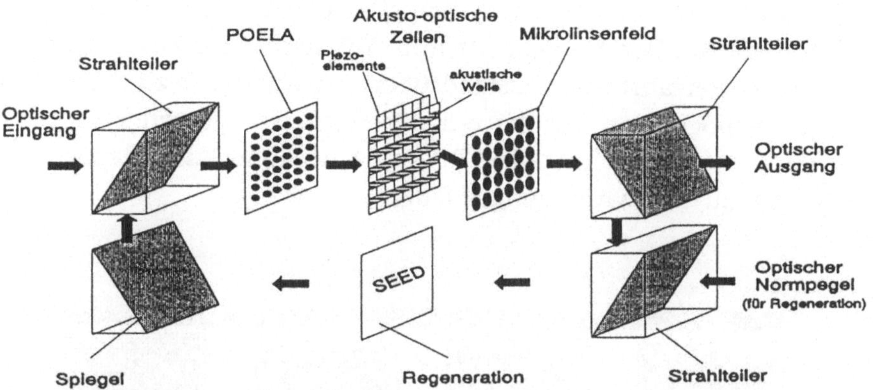

Abb. 7.8 Zellulärer Automat realisiert durch ein digitales optisches System

Abb. 7.8 zeigt einen hier vorgeschlagenen, möglichen Aufbau eines digitalen optischen Systems für zelluläre Automaten. Die Ausführung der Zellfunktionen kann durch eines oder mehrere POELA-Elemente übernommen werden. Die akusto-optischen Zellen sorgen für die notwendigen Schiebeoperationen, mit Spiegeln und Strahlteilern erfolgt eine Rückführung der Datenebene, mit Hilfe von SEED-Elementen kann verlorengegangene Lichtleistung wieder ausgeglichen werden.

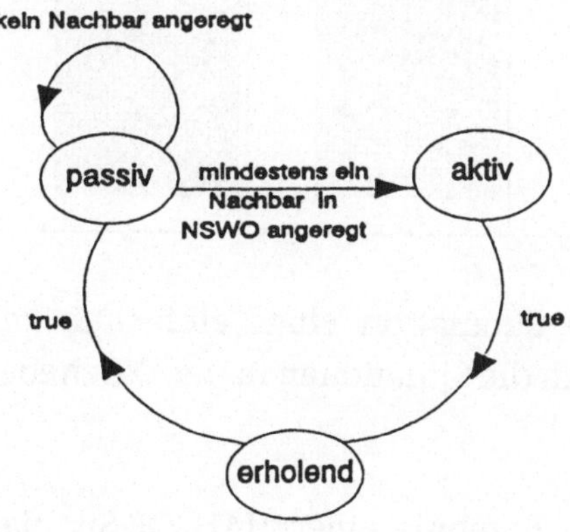

Abb. 7.9 Automatentafel eines einfachen zellulären Automaten

Die Funktionsweise eines einfachen zellulären Automaten zur Beschreibung anregbarer Medien [GrHa78] zeigt der in Abb. 7.9 dargestellte Automatengraph. Dieser einfache Automat kann beispielsweise zu einem realistischen Automaten erweitert werden, der die Modellierung der bei Herzrythmusstörungen auftretenden Vorgänge erlaubt [GeSc90]. Der Automat aus Abb. 7.9 kennt drei Zustände für eine Zelle. Die Zelle erfährt einen Zustandsübergang von passiv zu angeregt, falls eine der orthogonalen Nachbarzellen bereits im angeregten Zustand ist. Nach der Anregung erfolgt eine Taktzeit eine Ruhepause; danach ist die Zelle wieder zu neuen Anregungen fähig.

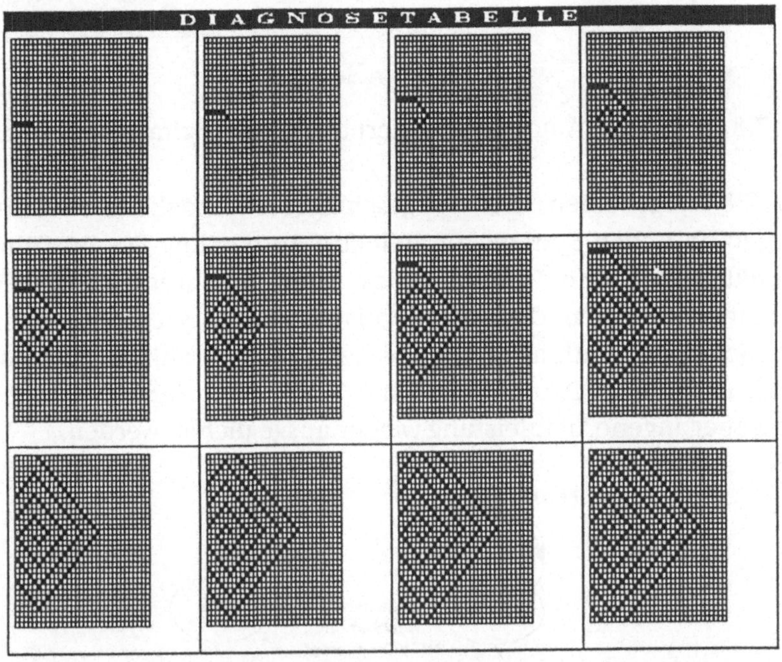

Abb. 7.10 HADLOP-Simulation eines einfachen zellulären Automaten. Aufgezeichnet wurden die Situationen in der Datenebene nach jeweils zwei Taktschritten

Abb. 7.10 zeigt das Ergebnis einer HADLOP-Simulation eines digitalen optischen zellulären Automaten, der auf Bauteilebene das in Abb. 7.8

gezeigte Aussehen haben könnte und dessen Zellen die Funktion der obigen Automatentafel besitzen. Zu sehen ist die Entstehung und Ausbreitung einer Spirale. Durch Einführung von künstlichen Störungen kann dabei das Aufbrechen von Wellenfronten studiert werden, um z.B. in etwas komplexeren Automaten die beim Herzflimmern auftretenden Vorgänge zu simulieren [GeSc90]. Der obige Automat konnte durch sehr einfache Logik modelliert werden. Insgesamt waren nur drei DNF mit jeweils einer Konjunktion sowie zwei interne Speicherbits zur Registrierung der drei Zustände des Automaten notwendig. Da jede Zelle des Automaten nach außen nur den Zustand angeregt bzw. nicht angeregt anzeigt, ist ein einziger optischer Ein-/Ausgang ausreichend. Bei komplexeren Automaten wächst somit nur der Bedarf an Logik und Speicherbits, für die das digitale optische System des obigen Automatens aufgrund der einfachen elektronischen Logik noch reichlich Kapazitäten besitzt.

Als Fazit dieses Kapitels lassen sich folgende Punkte aufführen: Bit-orientierte systolische Zellen sind aufgrund der einfachen funktionalen Struktur der systolischen Zellen und der regulären Verbindungstopologie ein äußerst hilfreiches Modellierungskonzept bei der Darstellung digitaler optischer Systeme auf Register-Transfer-Ebene. Die Mächtigkeit dieser Darstellung zeigt sich z.B. daran, daß andere der Register-Transfer-Ebene zuordbaren Modelle der digitalen Optik, wie z.B. Computational Origami eine Untermenge systolischer Arrays darstellen. Das am Lehrstuhl Angewandte Optik in Erlangen entwickelte Programmpaket ARGOS zur Modellierung und Simulation bit-orientierter systolischer Arrays stellt somit ein Werkzeug zum Entwurf digitaler optischer Systeme für die Beispiele systolische Arrays und Computational Origami dar. Letzteres gilt auch für zelluläre Automaten, sofern die in diesen Strukturen verwendeten endlichen Automaten identisch sind, wie dies in dem gezeigten Beispiel der Fall ist.

Da systolische Arrays als auch zelluläre Automaten aus programmiersprachlichen Notationen abgeleitet werden können [HwBr84], sind sie ein wichtiges Instrument für die Entwicklung eines Top-Down-Werkzeuges, das den Entwurf digitaler optischer Systeme unterstützt. Sie stellen somit ein Bindeglied für die automatische

Anbindung der Register-Transfer-Ebene an die oberen Abstraktionsebenen Algorithmus und Architektur dar. Die hier in Abschnitt 7.1 vorgestellte formale Beschreibung bit-orientierter systolischer Arrays bildet den Ausgangspunkt für die Implementierung automatischer Transformationen von der Register-Transfer-Ebene zu anderen Abstraktionsebenen, die im Abstraktionsmodell aus Kap. 4 sowohl über als auch unter der Register-Transfer-Ebene angeordnet sind.

Während diese Anbindung nach oben Themen zukünftiger Arbeiten sein kann, wird hier im nächsten Kapitel die automatische Anbindung der unteren Abstraktionsebenen anhand der Register-Transfer-Ebene zur Logikebene gezeigt. Konkret wird dies anhand der Ableitung systolischer Strukturen in ein HADLOP-Format demonstriert.

8 Übergang von der Register -Transfer -Ebene zur Logikebene

Exemplarisch am Beispiel von systolischen Arrays wird in Abschnitt 8.1 gezeigt, wie man aus dem im vorigen Kapitel vorgestellten und der Register-Transfer-Ebene zugeordneten Formalismus automatisch eine HADLOP-Beschreibung auf Logikebene ableiten kann. In Abschnitt 8.2 wird die Vorgehensweise am Beispiel eines systolischen Ganzzahlen-arithmetikarrays gezeigt. Dieses Ganzzahlenarithmetikarray hat nicht nur wegen der automatischen Ableitung sondern auch aufgrund seiner Funktion eine wichtige Bedeutung. In der Literatur zu findende Vorschläge für digitale optische Arithmetikeinheiten beschränken sich zumeist auf Addierer. Subtraktion, Multiplikation oder Division werden in diesen Vorschlägen auf durch den Compiler zu berücksichtigende, mehrfach auszuführende Additionsoperationen zurückgeführt [CaBo89],[BrKu90]. Die in Abschnitt 8.2 vorgeschlagene Architektur sieht dagegen eine reine Hardwarelösung vor.

8.1 Transformation systolischer Arrays in ein HADLOP-Modell

Die Transformation geschieht separat für die Funktion einer systolischen Zelle (Abschnitt 8.1.1) und der Struktur des systolischen Arrays (Abschnitt 8.1.2).

8.1.1 Transformation einer systolischen Zelle

Wie in Abb. 7.3 zu sehen, beginnt jede formale Beschreibung der Struktur eines auf Bit-Ebene arbeitenden systolischen Arrays mit der Aufzählung der verwendeten Zelltypen. Die Funktion einer systolischen Zelle wird durch eine Gattergruppe ausgeführt.

Für jede Zelle muß deshalb in der äquivalenten HADLOP-Beschreibung ein entsprechendes LOGIC-Element kreiert werden. Alle ermittelten LOGIC-Elemente werden in der HADLOP-Tabelle für die Gatterebenen eingetragen. Die Abbildung einer Zelle in HADLOP-Format erfolgt in zwei Schritten. Zuerst muß eine der Zelle entsprechende Dimension für die Ein-/Ausgabe der Gattergruppe gefunden werden. Im zweiten Schritt wird dann deren Funktion abgeleitet.

Während auf der Register-Transfer-Ebene (RTE) die Zuordnung von 1-Bit-Signalen zu Pixeln uninteressant war, ist sie für die Logikebene wesentlich. Das heißt, aus der Aufzählung der Ein-/Ausgangssignale muß ein Pixelraster abgeleitet werden, welches als optische Ein-/Ausgabeschnittstelle einer Gattergruppe dient. Einzelne Pixel innerhalb des Rasters werden den Ein-/Ausgangssignalen zugeordnet. Um eine möglichst homogene Aufteilung der Datenebene zu bekommen, wird ein quadratisches bzw. rechteckiges Raster angestrebt. Die Dimensionen des Rasters, d.h. die Zahl der Pixel pro Zeile und Spalte, werden nach (8.1) aus der Anzahl der Ein-/Ausgänge einer systolischen Zelle bestimmt.

```
N = max(#Input,#Output) ;
xdim =  int(√N) ;
                                              (8.1)
if (N mod xdim)  ==  0
   then ydim  = N/xdim ;
   else xdim = int(N/2) ;  ydim = 2 ;
```

Aus der Reihenfolge der Ein-/Ausgangssignale in der Liste der RTE-Beschreibung einer Zelle erfolgt dann eine zeilenweise Zuteilung zu den Pixeln des Rasters. Abb. 8.1 verdeutlicht die Vorgehensweise an einem Beispiel.

Wie bereits erwähnt, wird der Zustand einer Zelle auf der Register-Transfer-Ebene durch die drei Register Eingang, Ausgang und Speicher beschrieben. In der Logikebene wird mit zwei Registern gearbeitet. Ebenfalls ein Speicherregister ist notwendig, um den Zustand der internen Speicherbits einer Gattergruppe zu registrieren. Da für den Ein-/Ausgang einer Gattergruppe das gleiche Pixelraster verwendet wird, genügt es, nur ein weiteres Register, das sogenannte Interface-Register, zu verwenden.

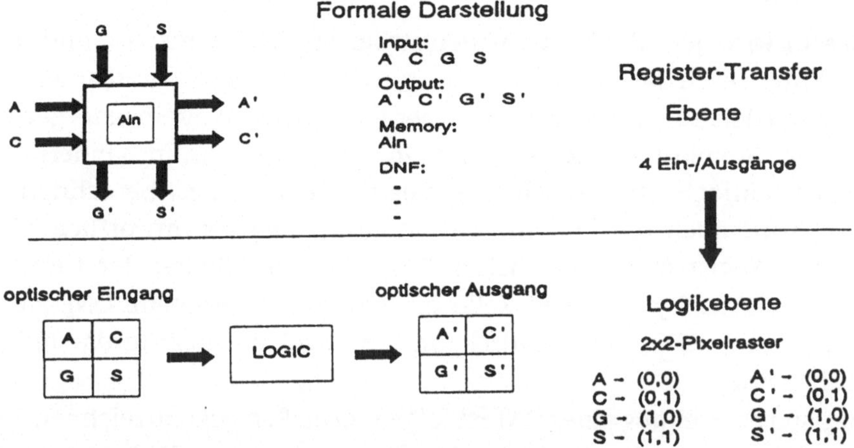

Abb. 8.1 Abbildung der Ein-/Ausgabesignale einer systolischen Zelle in das HADLOP-Architekturprimitiva LOGIC

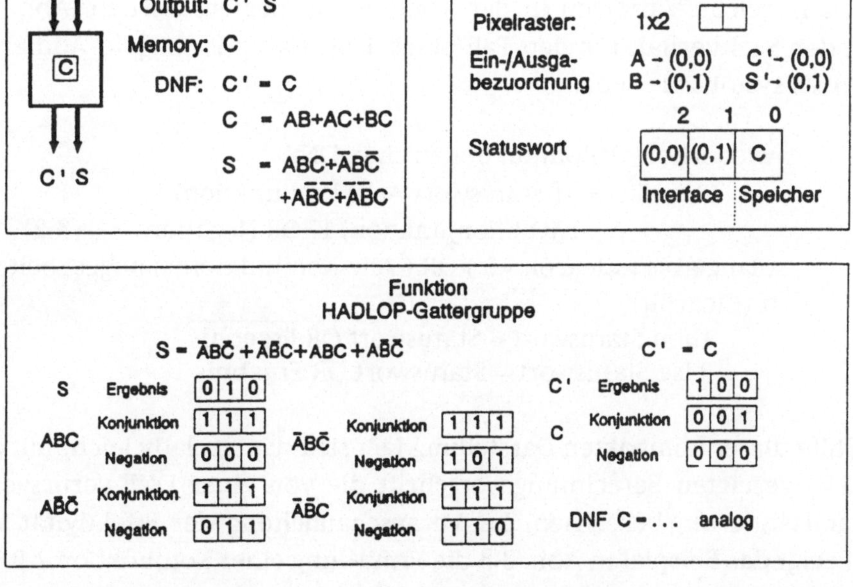

Abb. 8.2 Transformation einer 1-Bit CPA-Zelle in eine HADLOP-Beschreibung. Links oben ist das RTE-Format, rechts oben die Transformation der Struktur der Zelle und unten die Transformation der DNF in eine Registerfolge zu sehen.

In diesem wird jeweils der Datenlichtstrom im Pixelraster vor und nach Bearbeitung durch die Gattergruppe festgehalten. Speicher- und Interfaceregister werden zu einem Statuswort der Gattergruppe aneinandergereiht. Um bei der Simulation eines systolischen Arrays die Zustandsänderungen möglichst einfach durch schnelle Registeroperationen berechnen zu können, wird auch die für eine Zustandsänderung verantwortliche DNF durch eine Registerfolge spezifiziert. Das heißt, daß die bei der formalen Darstellung einer systolischen Zelle als ASCII-Text gegebene DNF z.B. in dem System ARGOS automatisch in eine solche Registerdarstellung übersetzt wird.

Die Registerdarstellung einer DNF ist folgendermaßen gekennzeichnet. Jede DNF besitzt ein Ergebnisregister und für jede in der DNF verwendete Konjunktion ein Konjunktions- und Negationsregister. Jedes dieser Register besitzt die gleiche Länge wie ein Statuswort. Im Ergebnisregister ist das Bit gesetzt, das der entsprechenden Ausgangsvariablen der DNF entspricht. Analog wird in einem Konjunktionsregister spezifiziert, welche Variablen in der zugehörigen Konjunktion benutzt werden. Das Negationsregister zeigt an, welche Variablen in der Konjunktion negiert werden. Abb. 8.2 zeigt den Sachverhalt für den Fall eines 1-Bit Carry-Propagate-Addierers (CPA) als systolische Zelle.

```
wiederhole ∀Konjunktionen einer DNF
     ClearBit = (( Statuswort AND Konjunktion)
                     EXOR Konjunktion) EXOR Negation        (8.2)
solange bis ( Clearbit =0 ) OR ( Alle Konjunktionen abgearbeitet
if (ClearBit)
     then Statuswort = Statuswort OR ‾Ergebnis‾
     else Statuswort = Statuswort OR Ergebnis
```

Mit Hilfe dieser kompakten Darstellung läßt sich dann relativ leicht mit der in (8.2) gezeigten Berechnungsvorschrift die von einer DNF verursachte Zustandsänderung berechnen. Zur Veranschaulichung der Effektivität von (8.2) zeigt das Beispiel in Abb. 8.3 die Ermittlung einer Konjunktion $A\overline{B}$ bei einem Statuswort der Länge 3. Das Bitmuster ClearBit zeigt an, ob irgendeine Konjunktion einer DNF den Wert TRUE ergeben hat.

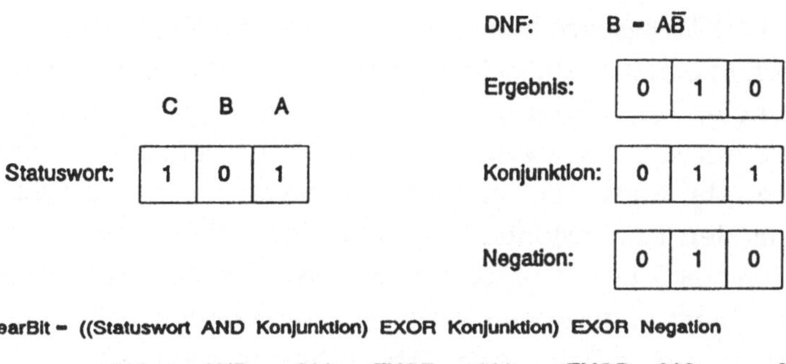

Statuswort = Statuswort OR Ergebnis

= 101 OR 010 = 111

Abb. 8.3 Beispiel für die Berechnung einer Konjunktion durch Registeroperationen

8.1.2 Transformation der Struktur eines systolischen Arrays

Nachdem die in einem systolischen Array enthaltenen Zellen in HADLOP-Gatterebenenmodelle transformiert wurden und diese in die Gatterebenentabelle eingetragen sind, werden im nächsten Schritt die optischen Verbindungen berechnet. Dazu müssen äquivalente HADLOP-Permutationselemente (PERM) gefunden werden, die explizit die Punkt-zu-Punkt-Verbindungen zwischen benachbarten Gatterebenen spezifizieren. Die Reihenfolge der nacheinander angeordneten Gatterebenen ergibt sich aus der in RTE-Beschreibung gegebenen Matrix, die die Topologie eines systolischen Arrays definiert. Folgende Ausschnitte aus der RTE-Beschreibung eines systolischen Arrays und einer HADLOP-Beschreibung zeigen den Zusammenhang.

RTE-Beschreibung	HADLOP-Beschreibung
Zelltypen	Gatterebenentabelle
1 Referenz auf Zellfunktion	LOGIC 1
2 "	LOGIC 2
3 "	LOGIC 3
Dimension: 3 4	Systemcode
1 1 1 1	LOGIC 1
	PERM (Verbindung Zelle 1->2)
2 2 2 2	LOGIC 2
	PERM (Verbindung Zelle 2->3)
3 3 3 3	LOGIC 3 end

Die in der RTE-Beschreibung gegebenen lokalen und globalen Verbindungen in einem systolischen Array müssen für eine Darstellung in der Logikebene in durch Koordinaten spezifizierte optische Verbindungen transformiert werden. Dazu muß die Größe der gesamten Datenebene D bekannt sein, da diese die Anzahl der Sender- und Empfangspixel bestimmt. Aus den Dimensionen XRTE und YRTE des systolischen Arrays (im obigen Beispiel 3 und 4) und den Dimensionen der Pixelraster $xdim_i$, $ydim_i$ der in einem systolischen Array vorkommenden Zelltypen i kann nach (8.3) die Größe der Datenebene D berechnet werden.

$$\begin{aligned} XDIM &= XRTE \max(xdim_1, xdim_2, \ldots, xdim_n) \\ YDIM &= YRTE \max(ydim_1, ydim_2, \ldots, ydim_n) \end{aligned} \qquad (8.3)$$

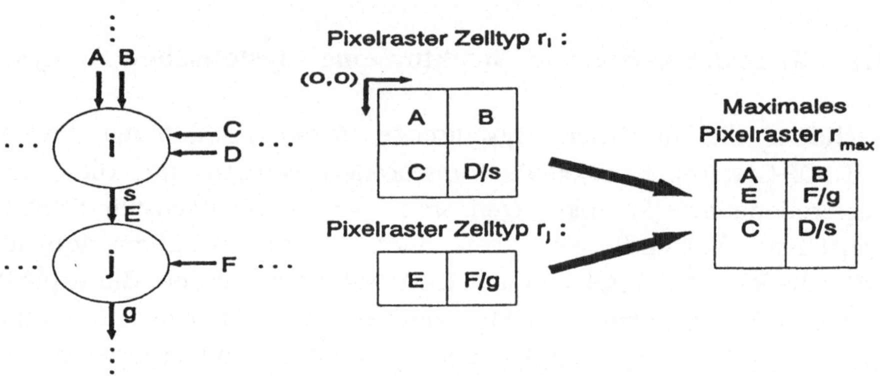

Abb. 8.4 Einbettung in maximales Pixelraster. Ausgangssignale sind mit kleinen, Eingangssignale mit großen Buchstaben gekennzeichnet.

Jede systolische Zelle wird auf ein maximales Pixelraster r_{max} mit den Ausmaßen row=max($xdim_1$,...,max_n) und col=max($ydim_1$,...,$ydim_n$) abgebildet. Sollte bei einer systolischen Zelle auch ein kleineres Pixelraster ausreichen, so wird dieses in das maximale Pixelraster r_{max}, wie in Abb. 8.4 zu sehen, eingebettet. Dies stellt keine Verschwendung von Pixeln dar, da der Durchsatz ohnehin durch den Zelltyp mit dem maximalen Pixelraster limitiert ist.

Folgende Notation wird für die Berechnung der Koordinaten des Sender- und Empfängerpixels innerhalb der Datenebene D für eine optische Verbindung verwendet:

RTE-Darstellung einer lokalen Verbindung:
$i \rightarrow j$
v: $(s_x,s_y,s) \rightarrow w \rightarrow (e_x,e_y,e)$

s_x: X-Koordinate der Senderzelle i
s_y: Y-Koordinate der Senderzelle i
e_x: relative X-Koordinate der Empfangszelle j
e_y: relative Y-Koordinate der Empfangszelle j

$r_i(S_m)_x$: X-Position der Sendervariable S_m im Pixelraster r_i
$r_i(S_m)_y$: Y-Position der Sendervariable S_m im Pixelraster r_i
$r_j(E_n)_x$: X-Position der Empfangsvariable E_n im Pixelraster r_j
$r_j(E_n)_y$: Y-Position der Empfangsvariable E_n im Pixelraster r_j

row: Anzahl der Zeilen im maximalen Pixelraster r_{max}
col: Anzahl der Spalten im maximalen Pixelraster r_{max}
XDIM: Anzahl der Zeilen in der Datenebene D
YDIM: Anzahl der Spalten in der Datenebene D

Mit den in (8.4) bzw. (8.5) gezeigten Beziehungen lassen sich für die obige Verbindung v die Koordinaten des Sender- und Empfangspixels, (sp_x,sp_y) und (ep_x,ep_y), berechnen. Diese Verbindung v ist aber nur ein Repräsentant für mehrere gleichartige lokale Verbindungen innerhalb des systolischen Arrays. Die Koordinaten für die weiteren Verbindungen zwischen den Gatterebenen i und j erhält man durch Parallelverschiebung der Spaltenkoordinate des Sender- und Empfangspixels sp_y bzw. ep_y innerhalb der Zeile nach links und rechts um die Breite col des maximalen Pixelrasters.

Zur Ermittlung der Koordinaten der im Falle semisystolischer Arrays vorhandenen globalen Verbindungen können ebenfalls die in (8.4) bzw. (8.5) enthaltenen Ausdrücke verwendet werden.

$$\begin{aligned} sp &= (sp_x, sp_y) \\ sp_x &= s_x \text{ YDIM row} + r_i(S_m)_x \\ sp_y &= s_y \text{ col} + r_i\,(S_m)_y \end{aligned} \tag{8.4}$$

$$\begin{aligned} ep &= (ep_x, ep_y) \\ ep_x &= (s_x + e_x) \text{ YDIM row} + r_j\,(E_n)_x \\ ep_y &= (s_y + e_y) \text{ col} + r_j(E_n)_y \end{aligned} \tag{8.5}$$

Da aber in der RTE-Spezifikation einer globalen Verbindung die Empfängeradresse (e_x,e_y) keine relative sondern eine absolute Angabe ist, müssen in (8.5) anstelle der Terme s_x+e_x bzw. s_y+e_y die absoluten Koordinaten e_x bzw. e_y verwendet werden.

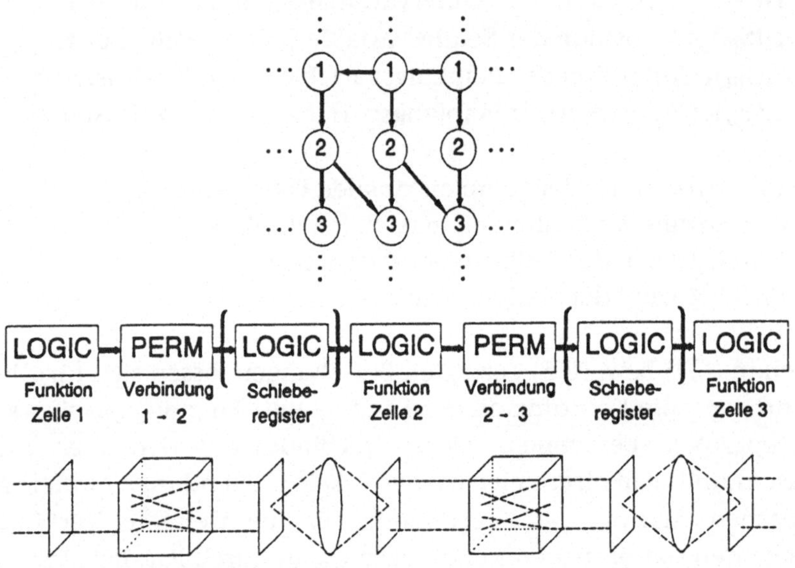

Abb. 8.5 Transformation eines systolischen Arrays (oben) in HADLOP-Format(Mitte). Zugehörige optische 3D-Architektur unten.

Die optischen Verbindungen zwischen benachbarten Gatterebenen können somit vollständig in ein HADLOP-Architekturprimitiva PERM transformiert werden, das alle optischen Punkt-zu-Punkt-Verbindungen benachbarter Gatterebenen enthält. Verbindungen zwischen auf einem Chip benachbarten Gattergruppen (z.B. 1→1 in Abb.8.5) sollten als elektronische nächste Nachbarverbindungen auf dem Chip realisiert sein. Ein anderer essentieller Sachverhalt im Zusammenhang mit der Verbindungsstruktur eines systolischen Arrays ist bis jetzt noch nicht angesprochen worden: die Behandlung der für die Synchronisation wichtigen taktgesteuerten Verzögerungselemente. In Computational Origami wird zur Umsetzung der notwendigen Taktverzögerungen auf verschiedenen optischen Kanälen die "künstliche" Verlängerung der Lichtausbreitung (z.B. durch eine längere Faser) vorgeschlagen. Bei der Verwendung von Freiraumoptik und einem fixen Abstand zwischen benachbarten Gatterebenen ist eine Verlängerung der Lichtwege nicht einfach zu realisieren. In einem hybriden digitalen optischen System ist ohnehin die Speicherung von Information durch elektronische Speicher möglich. Deshalb wird für die Umsetzung der in systolischen Arrays eingesetzten taktgesteuerten Verzögerungselemente eine als Schieberegister programmierte Gatterebene als zweckmäßiger betrachtet. Die Anzahl der notwendigen Taktverzögerungen kann aus der RTE-Spezifikation der Verbindungen (Komponente: Gewicht) direkt entnommen werden. Die Koordinate innerhalb der Datenebene D des optischen Kanals, auf dem sich die zu verzögernde Information ausbreitet, wird wieder nach (8.4) bzw. (8.5) berechnet.

Allgemein betrachtet wird ein systolisches Array nach der Transformation in HADLOP das in der Mitte von Abb. 8.5 zu sehende Format aufweisen. Dabei sind die Gatterebenen für die taktgesteuerten Verzögerungen optional zu sehen. Im nachfolgenden Abschnitt wird die Transformation für ein konkretes Beispiel gezeigt.

8.2 Transformation eines systolischen Arrays für Ganzzahlenarithmetik

Aufbauend auf den ebenfalls systolischen Strukturen für die in Kap. 6.3 vorgestellten Paralleladdierer wird ein systolisches Array entworfen, welches die Durchführung der vier Grundrechenarten für ganze Zahlen erlaubt (Abschnitt 8.2.1).

Die Funktion dieses Arrays wurde mit dem System ARGOS simuliert und anschließend mit ARGOS in eine HADLOP-Beschreibung für ein optoelektronisches System transformiert (Abschnitt 8.2.2). Für das systolische Arithmetikarray existiert auch eine MSL-Lösung, die in [FeBr90] zu finden ist.

8.2.1 Aufbau und Funktionsweise des Arrays

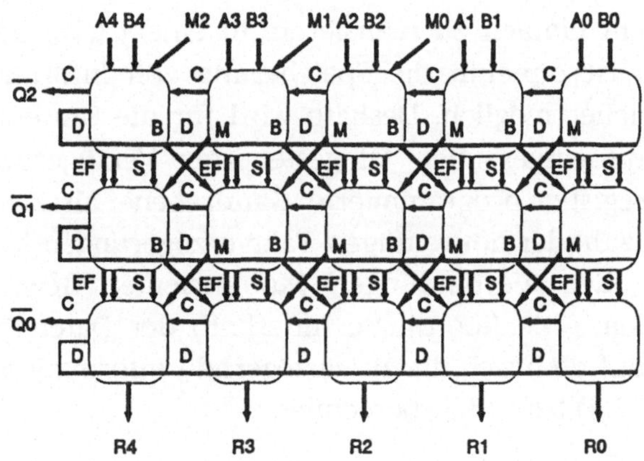

Abb. 8.6 Semisystolischer Array für Ganzzahlarithmetik. Die Eingänge EF wurden aus Gründen der Übersichtlichkeit weggelassen

Abb. 8.6 zeigt den Aufbau eines systolischen Arrays, das für arithmetische Operationen auf in Vorzeichendarstellung (engl.: signed magnitude representation) gegebenen ganzen Zahlen geeignet ist. Eine einzelne Zelle führt die in (8.6) gezeigten Funktionen aus. Zu Beginn eines N Taktzeiten andauernden Zyklus werden die Eingänge A,B,E,F und M in jede Zelle übernommen und dort bis zum Beginn des nächsten Zyklus gepuffert. Alle weiteren Referenzen auf die Daten A,B,E,F und M beziehen sich auf die gepufferten Werte. Die Signale E und F dienen der Codierung des arithmetischen Funktionsoperators. Jede einzelne Zelle des Arrays stellt einen steuerbaren 1-Bit-Volladdierer bzw. Subtrahierer dar. In jeder Zeile des Arrays erfolgt bei Wortbreite N eine N Taktzeiten andauernde Ripple-Carry-Addition/Subtraktion. Die Bildung der Summe S erfolgt dabei im (N+1)-ten Takt beim Übergang von einer Zeile in die nächste, in der eine erneute Addition bzw. Subtraktion möglich ist. Dies wird eventuell bei Multiplikation und Division notwendig, die auf sukzessive Addition bzw. Subtraktion zurückgeführt werden. Dabei kann es, wie folgendes Beispiel zeigt, im Falle einer Division vorkommen, daß eine bereits durchgeführte Subtraktion in einer Zeile nicht notwendig gewesen wäre.

$$(10101 : 111) \rightarrow 1.\text{Subtraktion } 10101 - 11100 < 0$$

In diesem Fall werden die Bits des Dividenden unverändert an den Ausgang geleitet. Diese Art der Division wird in der Literatur als "restaurierende" Division bezeichnet (engl.: restoring division). Im Gegensatz dazu eine "nicht-restaurierenden" Division (engl.: non-restoring division), bei der im Falle eines negativen Subtraktionsergebnisses in der nächsten Iteration eine Addition mit dem um 1 Bit nach rechts verschobenen Divisor erfolgt [Hwan79].

$$\begin{array}{ll} EF = 00 \text{ add} & EF = 01 \text{ sub} \\ EF = 10 \text{ mul} & EF = 11 \text{ div} \end{array}$$

$$\begin{gathered} C = BC + AC\bar{F} + AB\bar{F} + \bar{A}CF + \bar{A}BF \\ D = \bar{E} + ME\bar{F} + \bar{B}\,\bar{C}\,EF + A\bar{B}EF + A\bar{C}EF \\ S = A\bar{D} + A\bar{B}\,\bar{C} + ABC + \bar{A}\,B\bar{C}D + A\,\bar{B}\,CD \\ B = BE\,;\; E = E\,;\, F = F;\; M = ME\bar{F} \end{gathered} \qquad (8.6)$$

Dieser eventuelle Wechsel der Operation würde bei aufeinanderfolgenden Iterationen eine komplexere Kontrollogik erfordern, weshalb im obigen Array eine restaurierende Division zur Anwendung kommt, in der in jeder Iteration immer eine Subtraktion erfolgt. Ein negatives Subtraktionsergebnis wird durch einen Überlauf in der linken Randzelle festgestellt. Der Überlauf wird als Steuersignal D, im Falle einer Division identisch mit dem Quotientenbit Q_i, an alle Zellen in einer Zeile geleitet. In Abhängigkeit von D wird daraufhin in einer Zelle entweder das Subtraktionsergebnis bzw. der Eingang A zum Ausgang S durchgeschaltet.
Eine ähnliche Situation, den Eingang A unverändert zum Ausgang S weiterzuleiten, ist bei der Multiplikation (8.8) gegeben, wenn in der i-ten Iteration das (n-i)-ten Bit des Multiplikators M Null ist. Um eine einheitliche Synchronisation des Kontrollsignals für Multiplikation und Division zu verwenden, wird das Multiplikatorbit ebenfalls über die linke

Randzelle durch das globale Signal D an alle Zellen in einer Zeile geleitet. Damit stets das richtige Multiplikatorbit an der linken Randzelle ankommt, liegt zu Beginn das höchstwertige Bit von M am Eingang der obersten, linken Randzelle an (M2 in Abb. 8.6). Bei jedem Zeilenübergang wird der Multiplikator M um eine Bitposition nach links verschoben.

```
            Division   A/B

    i-te Iteration

    Diff = A - B
    if (Diff > 0)
       then Qi = D = 1     /* C-Ausgang linker Rand ≡ 0 */      (8.7)
       else Qi = D = 0     /* C-Ausgang linker Rand ≡ 1 */
    if ( D = 1)
       then S = Diff
       else S = A
    B = B → 1
```

Die Bits des Operanden B - im Falle der Division der Divisor, im Falle der Multiplikation der Multiplikand - werden bei jedem Zeilenübergang um eine Bitposition nach rechts gereicht.

```
            Multiplikation   B*M

    i-te Iteration

    if (MSB von M = 1)
       then D = 1
       else D = 0                                (8.8)
    if ( D = 1 )
       then S = A + B
       else S = A
    M = M ← 1
    B = B → 1
```

Die Funktionsweise des systolischen Arrays verdeutlicht die in Abb. 8.7 zu sehende Simulation. Jede einzelne Zelle wurde auf ein 4x2-Raster abgebildet, über das die Ein-/Ausgabe abgewickelt wird. Das heißt genau 4 Zeilen der in Abb. 8.7 zu sehenden Matrizen entsprechen einer Zeile im obigen systolischen Array. Sind alle drei Zeilen ausgelastet, wie Matrix A in Abb. 8.7 zeigt, wird jedesmal nach Abarbeitung einer Zeile am unteren Rand des Arrays das Ergebnis einer arithmetischen Operation ausgegeben.

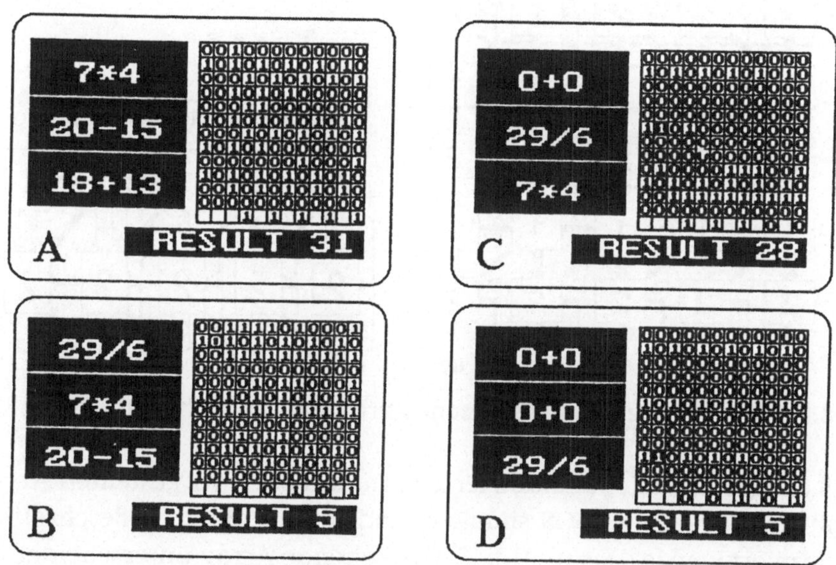

Abb. 8.7 Pipelineverarbeitung im Arithmetikarray

Im gezeigten Beispiel geschieht das der Reihe nach für alle 4 arithmetischen Operationen. Dabei wird bei der Division der Rest der vorher gestarteten Ganzzahlendivision ausgegeben. Die invertierten Quotientenbits Q_i erscheinen nacheinander am linken Rand des Arrays. Sie sind in Abb. 8.7 als Matrizenelemente mit schwarzem Hintergrund in den Matrizen B, C und D dargestellt. Bei stets gefüllter Pipeline reduziert sich die Ausführungszeit einer Multiplikation und einer Division auf die Dauer einer Addition.

8.2.2 Ableitung in eine optoelektronische POELA-Architektur

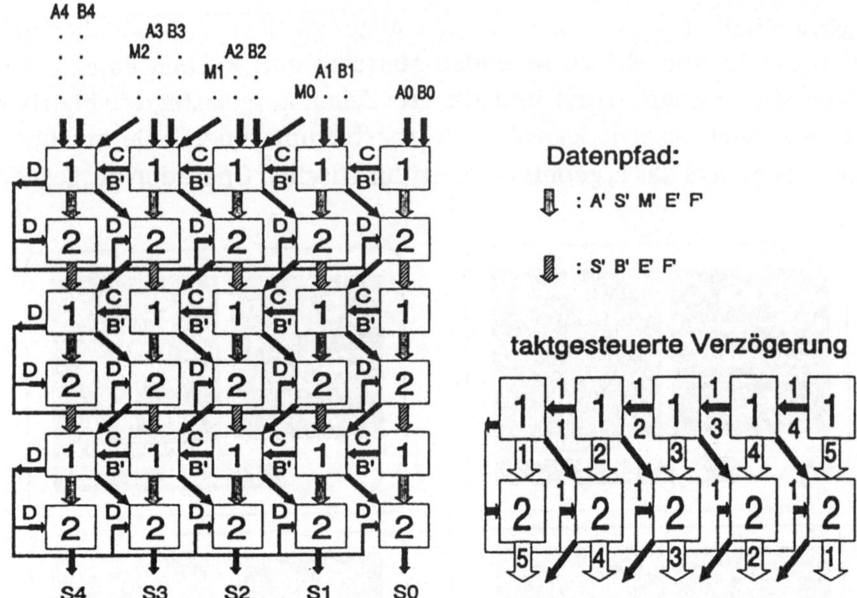

Abb. 8.8 Modifiziertes semisystolische Array für Ganzzahlarithmetik

Abb. 8.8 zeigt eine leicht modifizierte Form des oben vorgestellten Arrays, die mit dem System ARGOS simuliert und in eine HADLOP-Beschreibung transformiert wurde. Das in Abb. 8.8 zu sehende Array unterscheidet sich von dem obigen dadurch, daß die Zwischenspeicherung der Eingänge A,B,E,F und M nicht mehr in den 1-Bit-Volladdierern (Zelltyp 1) erfolgt, sondern in einer darunter liegenden Zeile (Zelltyp 2). Dadurch werden die Zellen vom Typ 1 einfacher. Ferner erhält man im eingeschwungenen Zustand die Ergebnisse in der Taktzeit einer Zelle und nicht in der Ausführungszeit einer Zeile des systolischen Arrays. In dem in Abb. 8.8 gezeigten Array kommen alle Daten zum passenden Zeitpunkt in den Zellen an. Möglich wird dies durch die in Abb. 8.8 gezeigten, taktgesteuerten Verzögerungseinheiten bei den Verbindungen und der sich dadurch ergebenden "schrägen" Anordnung der Eingabedaten am oberen Arrayrand. Diese Modifikation hat eher pragmatische Gründe.

Das Array enthält alle für eine Transformation schwierigen Eigenschaften: verschiedene Zelltypen, globale Verbindungen und unterschiedliche Taktverzögerungen auf den Datenpfaden.

Das funktionale Verhalten dieses Arrays unterscheidet sich nicht wesentlich von dem aus Abb. 8.6. Die Unterschiede betreffen den Datenfluß. Genauere Details der mit ARGOS durchgeführten Simulation dieses Arrays sind in [Seif91] zu finden. Die nachstehenden Abbildungen Abb. 8.9 und Abb. 8.10 zeigen das RTE-Modell der beiden Zelltypen. Abb. 8.11 enthält die daraus abgeleiteten Pixelraster über die auf Logikebene die Ein-/Ausgabe abgewickelt wird. Abb. 8.12 zeigt das RTE-Modell der Struktur des Arrays aus Abb. 8.8.

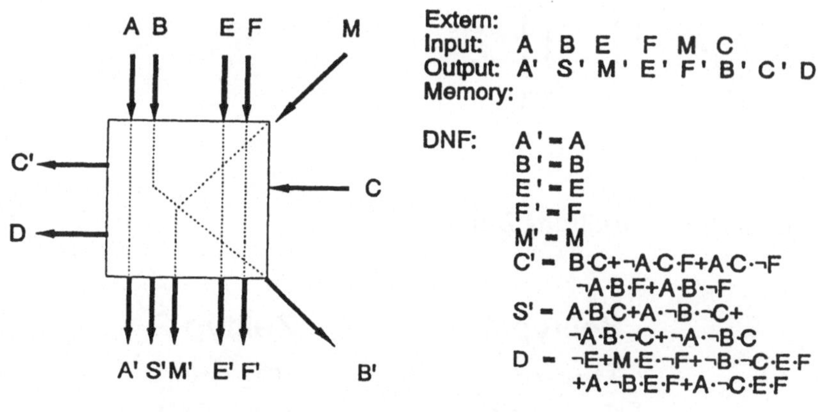

Abb. 8.9 RTE-Beschreibung Zelltyp 1

Auf die Darstellung der Transformation der in Zelltyp 1 und Zelltyp 2 auszuführenden DNF in eine Registerfolge wird verzichtet. Sie geschieht nach der im vorigen Abschnitt gezeigten allgemeinen Prozedur, an deren Ende zwei den Zelltypen äquivalente HADLOP-Architekturprimitiva LOGIC_1 und LOGIC_2 stehen.

Analoges gilt für die Modellierung der optischen Permutationselemente zwischen den Zelltypen. Aus der in Abb. 8.12 gezeigten RTE-Beschreibung der Struktur des Arrays werden nach dem im vorigen Abschnitt gezeigten Prinzip zwei HADLOP-Architekturprimitiva PERM_1 (Datenübertragung LOGIC_1 LOGIC_2) und PERM_2 (Datenübertragung LOGIC_2 LOGIC_1) erzeugt.

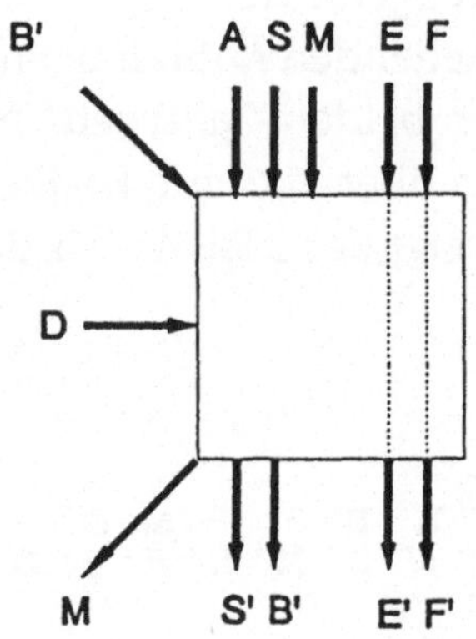

Extern:
Input: A B D E F M S
Output: B' M' E' F' S'
Memory:

DNF: A' = A
B' = B·E
E' = E
F' = F
M' = M·E·¬F
S' = A·¬D+S·D

Abb. 8.10 RTE-Beschreibung Zelltyp 2

Zelltyp 1

Pixelraster

Dimension 4x2

B B'	A A'
 D'	C C'
F F'	E E'
M M'	 S'

Zelltyp 2

Pixelraster

Dimension 4x2

B B'	A
D 	C C'
F F'	E E'
M M'	S S'

Abb. 8.11 Pixelraster von Zelltyp 1 und 2. In jedem Rasterelement steht oben das Eingangssignal und unten das Ausgangssignal

Aufmerksamkeit soll an dieser Stelle dagegen der Transformation der unterschiedlichen taktgesteuerten Verzögerungselemente gewidmet werden. Diese werden in HADLOP durch ein weiteres Architekturprimitiva vom Typ LOGIC modelliert, das als Schieberegister programmiert wird.

Ein Element LOGIC_3 sorgt für die Synchronisation bei der Übertragung der Daten von LOGIC_1 (entspricht Zelltyp 1) zu LOGIC_2 (entspricht Zelltyp 2). Analog wird ein Architekturprimitiva LOGIC_4 für die Übertragung von LOGIC_2 zu LOGIC_1 kreiert. Ein solches LOGIC-Element enthält Gattergruppen, die alle jeweils auf einem 1x1 Pixelraster arbeiten und damit genau einen Datenkanal bearbeiten. Jede einzelne Gattergruppe verfügt über eine Anzahl lokaler Speicherbits, die genau der maximalen Verzögerung n über alle Kanäle zwischen benachbarten Zelltypen entsprechen. Durch insgesamt n einfache DNF kann dann das sequentielle Durchschieben der Daten modelliert werden (8.9). Damit Daten, die eine geringere Taktverzögerung d<n aufweisen, zum richtigen Zeitpunkt zum Ausgang gebracht werden, besitzt jede Gattergruppe ein sogenanntes Auswahlregister (s. Abb. 8.13).

<u>DIM:</u>
6 5
Referenz Zelltyp_1
Referenz Zelltyp_2

1 1 1 1 1
2 2 2 2 2
1 1 1 1 1
2 2 2 2 2
1 1 1 1 1
2 2 2 2 2

<u>Lokale Verbindungen:</u>
1 → 1:
(0,0,C') → 1 → (0,1,C)
1 → 2:
(0,0,A') → 5 → (1,0,A)
(0,0,S') → 5 → (1,0,S)
(0,0,M') → 5 → (1,0,M)
(0,0,E') → 5 → (1,0,E)
(0,0,F') → 5 → (1,0,F)
analog für Verbindungen
mit Verzögerung 4
(0,1,A') → 4 → (1,1,A)
. . .
(0,1,B') → 4 → (1,0,B)
(0,2,A') → 3 → (1,2,A)
. . .
(0,2,B') → 3 → (1,1,B)
(0,3,A') → 2 → (1,3,A)
. . .
(0,3,B') → 2 → (1,2,B)
(0,4,A') → 1 → (1,4,A)
. . .
(0,4,B') → 1 → (1,3,B)

2 → 1:
(1,4,S') → 1 → (2,4,S)
(1,4,B') → 1 → (2,4,B)
(1,4,E') → 1 → (2,4,E)
(1,4,F') → 1 → (2,4,F)
(1,4,M') → 1 → (2,3,M)
analog für Verbindungen
mit Verzögerung 2
(1,3,S') → 2 → (2,3,S)
. . .
(1,3,M') → 2 → (2,2,M)
(1,2,S') → 3 → (2,2,M)
. . .
(1,2,M') → 3 → (2,1,M)
(1,1,S') → 4 → (2,1,S)
. . .
(1,1,M') → 4 → (2,0,M)
(1,0,S') → 5 → (2,0,S)
. . .
(1,0,F') → 5 → (2,0,F)

<u>Globale Verbindungen:</u>
(0,0,D') → 1 → (1,0,D) (0,0,D') → 1 → (1,2,D) (0,0,D') → 1 → (1,4,D)
(0,0,D') → 1 → (1,1,D) (0,0,D') → 1 → (1,3,D)
Analog für Verbindung von Zeile 3 nach 4, und Zeile 5 nach 6

Abb. 8.12 RTE Beschreibung der Struktur des semisystolischen Arithmetikarrays für Ganzzahlen

In diesem ist genau das Bit d gesetzt, wenn d Taktverzögerungen gewünscht sind. Durch eine weitere DNF (8.10) wird durch eine bitweise UND-Operation des Auswahlregisters mit dem Schieberegister für die korrekte Ausgabe gesorgt.

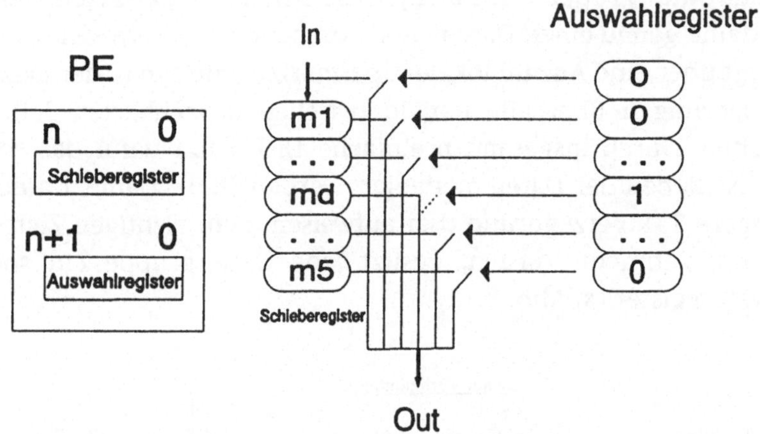

Abb. 8.13 Modellierung taktgesteuerter Verzögerungen durch Schieberegister. Durch das Auswahlregister wird das Eingangssignal In nach d Taktschritten zu Ausgang gegeben.

$$m_1 = In; \quad m_2 = m_1; ......; m_n = m_{n-1} \tag{8.9}$$

$$Out = In\, b_0 + b_1 m_1 + ... + b_d m_d + ... + b_n m_n \tag{8.10}$$

Mit der Transformation der Taktverzögerungen in LOGIC-Elemente sind alle notwendigen HADLOP-Primitiva zur Modellierung des systolischen Arithmetikarrays für Ganzzahlen vorhanden. Ein Nachteil in der gegenwärtigen Version von HADLOP soll nicht unerwähnt bleiben. Bei Kommunikation innerhalb einer Zeile, z.B. Signal C im obigen Array, die in einem realen System am besten als ein auf dem Chip stattfindender Zugriff einer Gattergruppe auf ein Speicherbit der Nachbargattergruppe verwirklicht sein sollte, muß in HADLOP eine Rückkopplung mit den Architekturprimitiva FB_B(egin) und FB_E(nd) und einer zusätzlichen Permutation PERM_C erfolgen. Eine spätere HADLOP-Version sollte die Funktion der LOGIC-Elemente um eine einfache Registerkopplung benachbarter Gattergruppen erweitern.

Die Transformation der RTE-Beschreibung des systolischen Arrays in HADLOP-Syntax ergibt folgenden Systemcode:

```
FB_B LOGIC_1 PERM_C FB_E PERM_1 LOGIC_3    /* Zeile 1 im obigen
                                              Array */
LOGIC_2 PERM_2 LOGIC_4                     /* Zeile 2 */
FB_B LOGIC_1 PERM_C FB_E PERM_1 LOGIC_3    /* Zeile 3 */
LOGIC_2 PERM_2 LOGIC_4                     /* Zeile 4 */
FB_B LOGIC_1 PERM_C FB_E PERM_1 LOGIC_3    /* Zeile 5 */
LOGIC_2 PERM_2 LOGIC_4                     /* Zeile 6 */
```

Das Ergebnis dieser Simulation sowie eine ausführliche Bewertung des Arithmetikarrays erfolgt im anschließenden Kap. 9.1.

In diesem Kapitel wurde exemplarisch eine Möglichkeit für die automatische Transformation zwischen den benachbarten Abstraktionsebenen Register-Transfer- und Logikebene gezeigt. Dies ist als erster Schritt für die Realisierung eines Top-Down-Entwurfssystems der digitalen Optik zu verstehen. In nachfolgenden mehr an der Informatik orientierten Arbeiten können Algorithmen in die in Kap. 7 gezeigte formale Beschreibung systolischer Arrays übersetzt werden. In einer eher an der Physik orientierten Arbeit kann ausgehend von der HADLOP-Syntax die Anbindung an die Bauteileebene erfolgen. Das nötige Bindeglied zwischen systolischen Arrays und HADLOP wurde in diesem Kapitel vorgestellt. An dieser Stelle sei betont, daß die Anbindung systolischer Arrays an HADLOP **eine** mögliche Lösung für die Anbindung der Register-Transfer- an die Logikebene darstellt. Ebenso ist beispielsweise eine Ableitung aus zellulären Automaten in HADLOP denkbar. Systolische Arrays wurden wegen ihrer in Kap. 7 aufgezeigten Bedeutung und Mächtigkeit für die Modellierung digitaier optischer Systeme gewählt.

Eine wichtige Motivation neben der Vereinfachung des Entwurfsprozesses für ein Entwurfssystem stellt die Bewertung von Architekturen dar. Im nächsten Kapitel werden daher diverse für die digitale Optik wesentliche Parallelarchitekturen untersucht.

9 Bewertung massiv paralleler optischer Feldrechnerkonzepte

In diesem Kapitel werden vier verschiedene Vorschläge für die Realisierung optischer Feldrechner vorgestellt. Mit Hilfe des Systems HADLOP werden die Prozessorfelder dieser Rechner modelliert und deren Leistung durch Simulationsergebnisse abgeschätzt. Die Nützlichkeit der Rechnerentwurfssprache HADLOP für Architekturstudien wird anhand dieser Beispiele nochmals demonstriert. Das erste Beispiel betrifft das im vorigen Kap. 8 behandelte und in HADLOP abgeleitete systolische Arithmetikarray für Ganzzahlen. Das zweite Beispiel ist ein Architekturvorschlag von Louri und Hwang für einen rein optischen Feldrechner auf der Basis von Mustersubstitutionslogik. Das dritte Beispiel behandelt einen Vorschlag von Murdocca für eine optische Realisierung des Rechenwerkes der Connection Machine CM-1 mit optischen programmierbaren Logikfeldern. Als abschließendes Beispiel wird ein hier speziell für die Verarbeitung von Gleitpunktzahlen entwickeltes Modell einer optoelektronischen Parallelarchitektur untersucht. Dieser Vorschlag ist als Ergänzung zu dem in 9.1 bewerteten optoelektronischen Arithmetikarray für Ganzzahlen zu betrachten.

9.1 Bewertung des systolischen Arithmetikarrays

Abb. 9.1 zeigt das Protokoll der Simulation des im vorigen Kapitel aus einer RTE-Modellierung in HADLOP abgeleiteten systolischen Arithmetikarrays. Im Gegensatz zu der auf Register-Transfer-Ebene durchgeführten Simulation des planaren systolischen Arrays aus Abb. 8.7 handelt es sich hier um die Simulation einer dreidimensionalen Architektur. Die Operanden werden daher nicht am oberen Arrayrand eingegeben, sondern in einer virtuellen Zeile der Datenebene. Demzufolge erhält man die Ergebnisse auch nicht am unteren Arrayrand, sondern innerhalb der

Datenebene in übereinander geordneten virtuellen Zeilen. Eine virtuelle Zeile besteht dabei aus der n-fachen horizontalen Anordnung des maximalen Pixelrasters des systolischen Arrays. In 9.1 sind die Grenzen der virtuellen Zeilen durch dick gezeichnete horizontale Linien dargestellt.

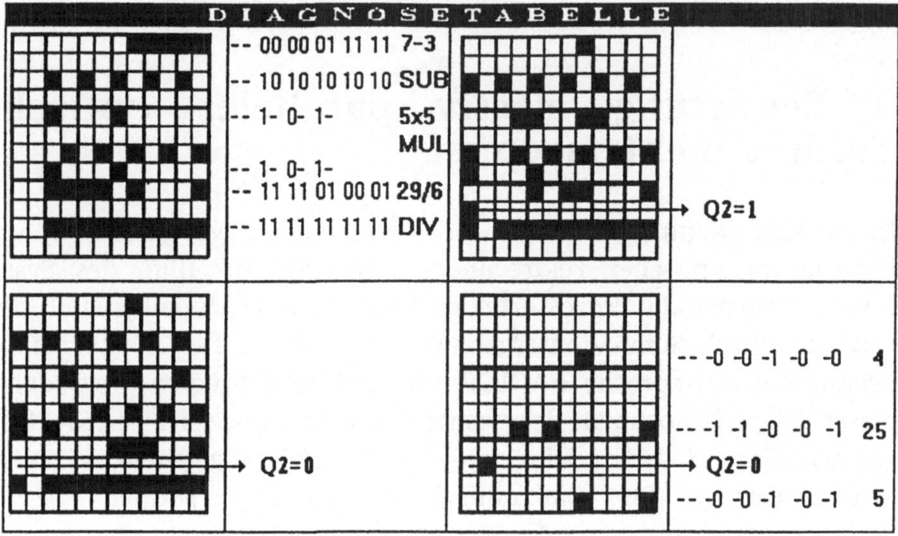

Abb. 9.1 Protokoll der Simulation des 3D-Arithmetikarrays

Man kann sich die Architektur des 3D-Arithmetikarrays als einen NxLxP-dimensionierten Quader vorstellen (Abb. 9.2). Dieser besitzt eine Folge von L Gatterebenenpaaren, die die Funktionen des Zelltyps 1 und des Zelltyps 2 (Abb. 8.9 u. 8.10) ausführen, also insgesamt 2L Gatterebenen. Die Breite N entspricht der Anzahl an Gattergruppen in einer Zeile einer Ebene. Die Höhe P ist identisch mit der Anzahl der parallelen vertikal angeordneten Pipelineeinheiten. Die Länge der Folge von alternierenden Gatterebenen L ist von der Multiplikation und der Division abhängig, d.h. wie viele Iterationen von Additionen bzw. Subtraktionen auszuführen sind. Für den Fall der Multiplikation darf der Multiplikator die Wortlänge L besitzen. Bei der Division gilt für die Anzahl nötiger Subtraktionen $L=N_{Dd}-N_{Dv}+1$, wenn N die Wortlänge des Dividenden und N_{Dv} die Wortlänge des Divisors ist. Zum Beispiel kann das Array für N=32 und L=16 eine 32 Bit-Addition/Subtraktion ausführen, zwei 16 Bit Zahlen miteinander multiplizieren, und einen 31 Bit breiten Dividenden durch einen 16 Bit breiten Divisor ganzzahlig dividieren.

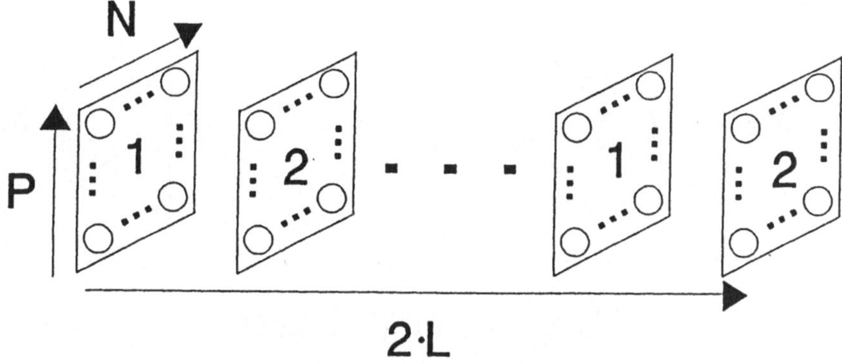

Abb. 9.2 Quaderförmige Anordnung der Gatterebenen

Im weiteren werden zur Leistungsbewertung des obigen Arrays typische Kenngrößen, wie z.B. der maximale Durchsatz, berechnet. Nach Hockney [HoJe81] ist die Ausführungszeit t_{pipe} eines Pipelinerechners bei der Verarbeitung von Vektoren der Länge n gegeben durch (9.1).

$$t_{pipe} = (s+l)\, t_a + (n-1)\, t_a \qquad (9.1)$$

Dabei ist s die Anzahl der Takte um die Pipeline zu füllen, l die Anzahl der Takte für eine Operation, im vorliegenden Fall identisch mit L(N+1), und t_a die Ausführungszeit einer Pipelinestufe. Der erste Term von (9.1) entspricht der Zeit zum Füllen der Pipeline und zur Berechnung des ersten Ergebnisses. Der zweite Term entspricht der Berechnung für die restlichen n-1 Ergebnisse, die jeweils mit der Taktrate t_a die Pipeline verlassen. Für $n \to \infty$, d.h. für unendlich lange Vektoren, erhält man als theoretischen maximalen Durchsatz t_a^{-1}. Da in dem 3D-Array insgesamt P solcher Pipelinesysteme vorhanden sind, vervielfacht sich die maximale Rate um den Faktor P. Falls es die Kapazitäten auf der Hardwareseite nicht zulassen, die 32 Ebenen sequentiell anzuordnen, kann durch Rückkopplung von 2m der 2L Gatterebenen ($m < L$) auf Kosten des Maximaldurchsatzes (analog zur Faltung bei Computational Origami) Hardware gespart werden. Allgemein gilt für den maximalen Durchsatz des 3D-Arrays somit (9.2).

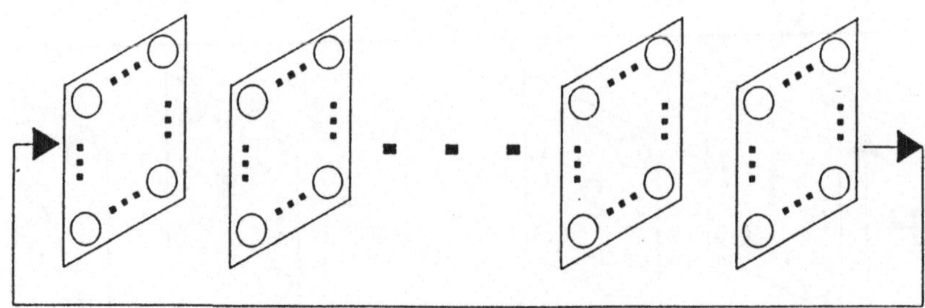

Pipeline mit m Stufen

Abb. 9.3 Rückkopplung der Pipelinestufen.

$$r_{max} = P \frac{1}{t_a} \frac{m}{L}; \quad L = m\,z, \quad z \in N \tag{9.2}$$

Die Anzahl möglicher paralleler Pipelines P und damit auch die maximale Rechenleistung hängt vom verfügbaren Platz ab, der selbst wiederum von den in Kap. 3.3.3 diskutierten möglichen Implementierungstechniken abhängt. Da in Kap. 3.3.3 bereits gezeigt wurde, daß diskret aufgebaute Rechensysteme nur bei langen Übertragungsstrecken Vorteile bringen und die monolithische Aufbautechnik derzeit noch keine genaueren Vorhersagen zuläßt, wird im folgenden abgeschätzt, welche Werte für P sich für den Fall einer hybriden Aufbautechnik ergeben. Bei der hybriden Aufbautechnik gilt, wie in Kap. 3.3.3 bereits erwähnt, daß der Integrationsgrad der PE hauptsächlich durch die Verlustleistung der Laserdioden bestimmt ist. Demzufolge hängt die maximale Anzahl an integrierten Mikrolaserdioden #LD von der Verlustleistung einer einzelnen Laserdiode P_{LD} und der maximal abführbaren Wärmeleistung W_{max} ab (9.3).

$$\#LD = \frac{W_{max}}{P_{LD}} \tag{9.3}$$

Ist das PE mit einer systolischen Zelle des Arithmetikarrays identisch, sind insgesamt 8 Laserdioden pro systolische Zelle erforderlich. Demnach kann man #LD/8 PE mit optischen Ausgängen pro Laserchip versorgen. Da eine virtuelle Zeile eines systolischen Arrays aus 32 Zellen besteht, braucht eine virtuelle Zeile 256 LDs. Somit erhält man (9.4) als maximale Anzahl virtueller Zeilen pro Laserchip, identisch mit der Anzahl der maximalen parallelen "on-chip" Pipelinestufen P.

$$\#P = \frac{W_{max}}{256\ P_{LD}} \tag{9.4}$$

Bei der im folgenden dargestellten Abschätzung handelt es sich um eine "worst-case"-Analyse, d.h. es wird angenommen, daß alle LDs zum gleichen Zeitpunkt während der gesamten Taktzeit leuchten. Ferner wird davon ausgegangen, daß der Laserchip und der zugehörige Logik-Detektor-Chip jeweils eine Fläche von $1cm^2$ besitzen. Ein aus einem Laserchip und einem Logik-Detektor-Chip bestehendes Paar wird im folgenden als Chipsatz bezeichnet. Auf einem Wafer mit 15 inch Durchmesser finden demnach ca. 720 solcher Chipsätze Platz. Für die Realisierung der Zelltypen 1 und 2 (Abb. 8.9 u. 8.10) und der taktverzögerten Übertragungen von Zelltyp1 nach Zelltyp2 und von Zelltyp2 nach Zelltyp1 sind insgesamt vier Chipsätze nötig. Um bei voller Pipeline keine Rückkopplung in Anspruch zu nehmen, benötigt man 4L Chipsätze; für eine 32-Bit-Arithmetik muß L=16 sein, d.h. man braucht 64 Chipsätze. Auf dem Wafer kommen somit ca. 720/64=11 hybrid aufgebaute Arithmetikarrays unter. Faßt man alle Größen zusammen, erhält man die in MIPS ausgedrückte Gesamtrechenleistung P_{rech} (9.5). Dabei ist SP_{LD} das Produkt aus der Verlustleistung P_{LD} der Laserdiode und der Taktzeit t_a des Systems.

$$P_{rech} = 11 \frac{W_{max}}{256\ P_{LD}} \frac{1}{t_a} \frac{1}{10^6} = 0.4 \frac{W_{max}}{S\ P_{LD}} \frac{1}{10^6}\ \text{MIPS} \tag{9.5}$$

Abb. 9.4 zeigt den Verlauf der Rechenleistung P_{rech} aufgetragen über die maximal abführbare Verlustleistung W_{max} für verschiedene Produkte SP_{LD} der Laserdiode. Die unterste Kurve zeigt den Verlauf für ein SP_{LD} von 30pJ, was in etwa dem derzeitigen Stand der Technik entspricht (ca. 5mW Leistungsaufnahme der LD [Lase92] und 6ns Taktzeit für ein mit

ACMOS-Logik hybrid aufgebautes POELA-PE, s. Tab. 3-2). Bei 10 W/cm^2 Kühlleistung ergibt dies eine Rechenleistung von ca. 15000 MIPS auf einem Siliziumboard mit ca. 0.01m^2 Fläche. Bei einer direkten "hartverdrahteten" Lösung verdoppelt sich in etwa die Rechenleistung, da bei der Ausführung einer DNF nur 2 statt 4 Gatterstufen durchlaufen werden müssen. Folgende Aufstellung zeigt zum Vergleich die Werte einiger bekannter elektronischer Parallelrechner. Ein MIPS bezieht sich dabei auf die in Millionen gemessene Anzahl an 32-Bit-Integer-Arithmetikoperationen pro Sekunde.

DAP 610:	1280 MIPS
CM-1:	2000 MIPS
MasPar:	30000 MIPS
Arithmetikarray (POELA-PE):	15000 MIPS
Arithmetikarray ("hartverdrahtet")	30000 MIPS

Die Werte zeigen, daß die hybrid aufgebauten Arithmetikarrays auf einem Board mit einer Fläche von 0.01m^2 um ca. eine Größenordnung die Werte älterer Parallelrechner, wie dem DAP 610 und der CM-1, übertreffen. Keine Verbesserung ergibt sich jedoch gegenüber neueren Systemen, wie z.B. dem MasPar.

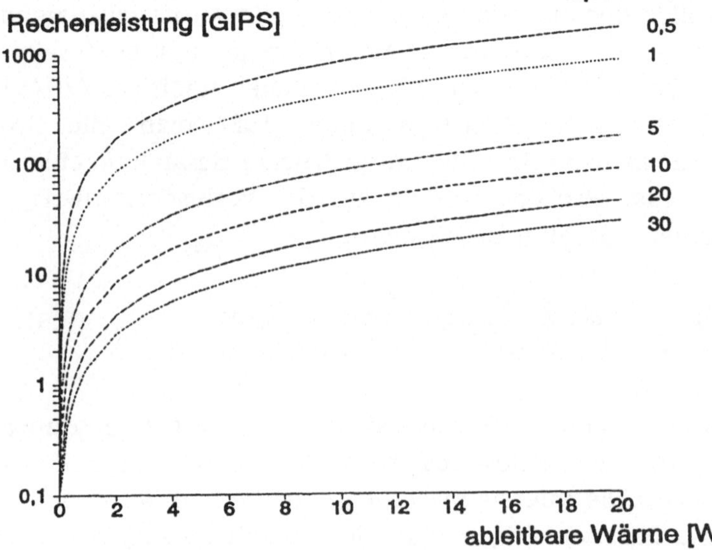

Abb. 9.4 Rechenleistung in Abhängigkeit der ableitbaren Wärmeleistung

Im folgenden wird daher abgeschätzt, welche Wärmeleistung sich für den Fall ergibt, wenn alle auf dem $1cm^2$ großen Logik-Detektor-Chip integrierbare PE ausreichend viele optische Sender zur Verfügung haben (9.6).

$$\#LD \geq 8\ \#PE = 8\ \frac{1}{A_{PE}} \qquad (9.6)$$

Aus (9.3) und (9.6) erhält man schließlich eine Abschätzung für die abzuführende Wärmeleistung W_{max} in Abhängigkeit des Flächenbedarfs A_{PE} eines PE und der Verlustleistung P_{LD} einer LD (9.7).

$$W_{max} \geq \frac{8\ P_{LD}}{A_{PE}} \qquad (9.7)$$

Zur Bestimmung von A_{PE} wird wieder eine Lösung auf der Grundlage von POELA-PEs und eine direkte "hartverdrahtete" Lösung berücksichtigt. Die erstere ist natürlich aufgrund der flexibleren Architektur bezüglich des Platzbedarfes die aufwendigere Lösung. Der Platzbedarf wird bei beiden Varianten durch die funktional aufwendigste Gattergruppe für den Zelltyp 1 bestimmt. Die 19 Konjunktionen des Zelltyps 1 (s. Abb. 7.9) reduzieren sich auf 14, wenn die Identitäten bei den Eingängen A,B,E,F und M nicht über die Ausgänge der DNF, sondern direkt über den Wellenleiter übertragen werden. Ein mit ACMOS-Logik hybrid aufgebautes POELA-PE, das 8 optische Ein-/Ausgänge und 14 Konjunktionen programmieren kann, benötigt ca. 2000 Transistoren und damit nach Tab. 3-2 ein Flächenbedarf von A_{PE}=0.28 mm^2. Dies ergibt nach (9.7) bei 5mW Verlustleistung pro LD eine abzuführende Wärmeleistung W_{max} von ca. 14 W/cm^2. Bei einem SP_{LD} von 30pJ würde dies nach obiger Kurve anstelle von 15 GIPS eine Rechenleistung von 20 GIPS ergeben, womit man immer noch unter der Leistung des MasPar liegt. Bei der hartverdrahteten Lösung würde ein PE für Zelltyp 1 aus ca. 30 Gattern mit etwa 100 Transistoren bestehen, d.h. also ein um den Faktor 20 geringerer Flächenbedarf gegenüber der Lösung mit einem programmierbaren POELA-PE. Um dieses Potential zu nutzen, wäre dann die 10- bis 20-fache Reduzierung der Verlustleistung einer Laserdiode nötig, um weiterhin mit 10 W/cm^2 Kühlleistung auszukommen. Auf einem Board kann man dann eine Rechenleistung von ca. 600 GIPS erwarten. Damit wäre die in der elektronischen Logik vorhandene Parallelität vollständig ausgenutzt. Weitere Leistungssteigerungen, die über die 600 GIPS hinausgehen, müssen dann aus den Gattern selbst entweder durch Skalierung bzw. höhere Taktraten erzielt werden.

Folgendes Fazit wird aus der vorgenommenen Untersuchung gezogen. Die theoretische Maximalleistung des auf einem **einzigen Silizium- oder Keramikboard** hybrid aufgebauten systolischen Arithmetikarrays würde derzeit keine Leistungssteigerung gegenüber existierenden rein elektronischen Parallelrechnern bringen. Dies liegt an den zu hohen Verlustleistungen der optischen Sender, die keine höhere Integrationsdichte zulassen. Könnten alle im Logik/Detektorschaltkreis integrierbaren PE mit optischen Sendern versorgt werden, würde nur die "hartverdrahtete" Lösung die Leistung von aktuellen elektronischen Superparallelrechnern nennenswert übertreffen (ca. Faktor 20). Daher ist dieser Lösung der Vorzug gegenüber dem POELA-Konzept zu geben. Um die genannte Leistungssteigerung zu erreichen, müßte in Zukunft die Verlustleistung einer LD, um 1-1.2 Größenordnungen gesenkt werden. In diesem Bereich sollten daher in Zukunft die Anstrengungen der Devicetechnologen konzentriert werden, um das in den elektronischen Gattern vorhandene Potential auch auszunutzen. In der Literatur zu findende Angaben lassen hoffen [Jahn92], daß dies auch gelingt. Ferner sei an dieser Stelle nochmals darauf hingewiesen, daß es sich bei der hier geforderten Reduzierung um das Ergebnis einer "worst-case"-Abschätzung handelt.

Nach dieser ausführlichen Bewertung des in Kap. 7 vorgestellten systolischen Arithmetikarrays für Ganzzahlen, werden im folgenden drei Architekturkonzepte untersucht, die auf bereits existierende Feldrechner wie dem DAP und der CM-1 aufbauen.

9.2 Optischer Feldrechner auf der Basis von Mustersubstitutionslogik

Genauso wie in nahezu allen Vorschlägen für optische Parallelrechner setzen auch Hwang und Louri in ihrem Konzept auf eine SIMD-Struktur, in der einfache und möglichst viele Prozessorelemente zum Einsatz kommen sollen.

In Abschnitt 9.2.1 wird die in [HwLo88] und [Lour91] veröffentlichte Architektur vorgestellt. In Abschnitt 9.2.2 wird das Prozessorfeld in ein HADLOP-Modell übertragen, simuliert und bewertet.

9.2.1 Aufbau der Architektur

Das Konzept sieht eine dreidimensional organisierte bit-serielle, wort-parallele optische SIMD-Architektur vor. Abb. 9.5 zeigt schematisch den Aufbau. Der Kern dieser Architektur besteht aus dem Eingangsrouter, dem Prozessorfeld und dem Ausgangsrouter. Verarbeitet werden in einem Schritt Datenebenen aus einem dreidimensionalen Speicher. Dieser besteht aus gestapelten Bitebenen, wobei die i-te Ebene das i-te Bit der Operanden enthält. Das vom Prozessor verarbeitete Datenfeld ist virtuell in drei NxN große Ebenen A,B und C unterteilt. Ebene A und B enthalten die Bits der Operanden; Ebene C die Überträge einer 1-Bit-Addition.

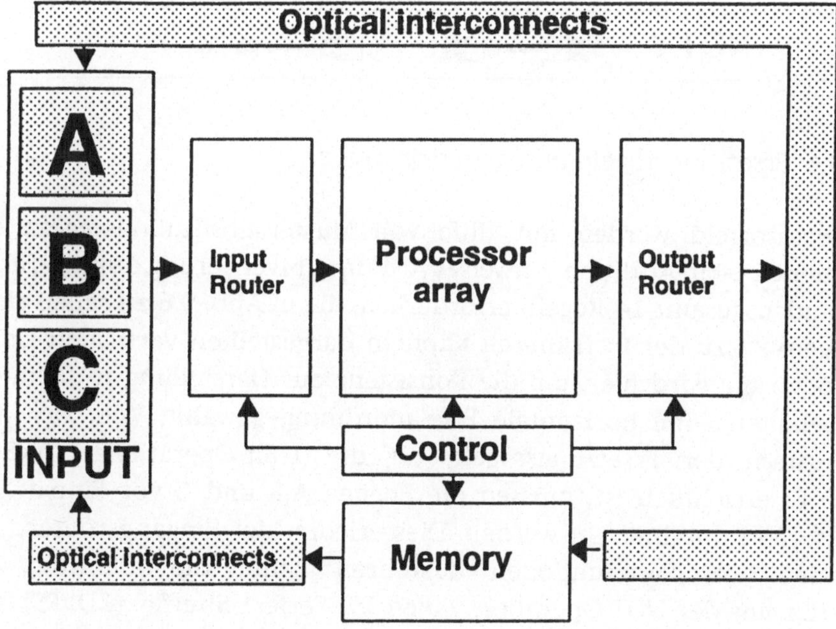

Abb. 9.5 Schematische Darstellung der optischen 3D-Feldrechnerarchitektur

Im Prozessorfeld wird zu einem Zeitpunkt auf dem gesamten Datenfeld der Größe $3N^2$ eine der drei Operationen NOT, AND oder 1-Bit-Volladdition (1-Bit-FA) durchgeführt.

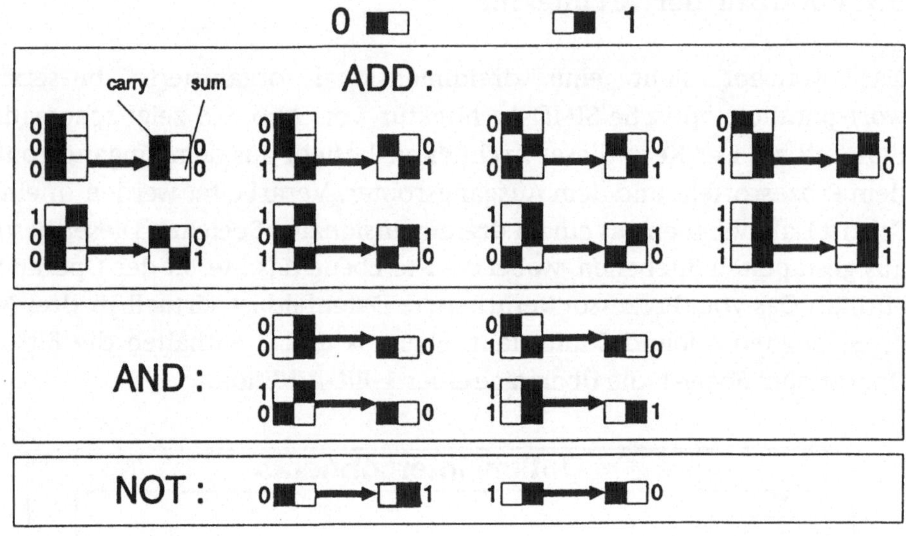

Abb. 9.6 Ersetzungsregeln des Prozessorarrays

Im Prozessorfeld werden mit Hilfe von Mustersubstitutionsregeln die Operationen 1-Bit-Addition, bitweises AND und Invertierung durchgeführt. Dazu sind insgesamt 14 Regeln erforderlich, die in Abb. 9.6 zu sehen sind. Im Gegensatz zu der in früheren Kapiteln dargestellten vertikalen Dual-Rail-Kodierung wird hier, um die Konsistenz zur Darstellung in [Lour91] beizubehalten, eine horizontale Pixelanordnung gewählt. Wie aus den Pixelmustern der Ersetzungsregeln für die 1-Bit-Operationen (A+B+C, A AND B) ersichtlich ist, müssen die Ebenen A,B und C vor Eintritt ins Prozessorfeld durchmischt werden. Dies erledigt der Eingangsrouter, der insgesamt drei Permutationen ausführen kann: die Identität zur Durchführung der NOT-Operation, einen 2D-Perfect-Shuffle (2D PS) zur Durchführung der AND-Operation, und einem sogenannten 2D 3-Perfect-Shuffle zur richtigen Anordnung der Daten für die 1-Bit-Volladdition (1-Bit-FA). Die Funktionsweise der Shuffles zeigt (9.8).

Der Ausgangsrouter hat drei Aufgaben zu erfüllen: die Rückkoppelung der Datenebene zum Eingangsrouter, das Weiterleiten einer Datenebene zum 3D-Speicher oder die horizontale und vertikale Verschiebung der Datenebene um mehrere Pixel in einem Schritt. Zur Realisierung des letzten Punktes schlagen die Autoren akusto-optische Zellen vor (s. auch Kap. 6.4), die über die Kontrolleinheit gesteuert werden. Diese steuert auch die Auswahl der Funktionen des Eingangsrouters und des Prozessorfeldes.

$$\text{2D PS(A,B)} = X = \begin{bmatrix} x_{1,1} & \cdots & x_{1,n} \\ x_{2,1} & \cdots & x_{2,n} \\ & \vdots & \\ x_{2n-1,1} & \cdots & x_{2n-1,n} \\ x_{2n,1} & \cdots & x_{2n,n} \end{bmatrix} = \begin{bmatrix} a_{1,1} & \cdots & a_{1,n} \\ b_{1,1} & \cdots & b_{1,n} \\ a_{2,1} & \cdots & a_{2,n} \\ b_{2,1} & \cdots & b_{2,n} \\ & \vdots & \\ a_{n,1} & \cdots & a_{n,n} \\ b_{n,1} & \cdots & b_{n,n} \end{bmatrix} \qquad \text{2D 3-PS(A,B,C)} = D = \begin{bmatrix} d_{1,1} & \cdots & d_{1,n} \\ d_{2,1} & \cdots & d_{2,n} \\ & \vdots & \\ d_{2n-1,1} & \cdots & d_{2n-1,n} \\ d_{2n,1} & \cdots & d_{2n,n} \end{bmatrix} = \begin{bmatrix} a_{1,1} & \cdots & a_{1,n} \\ b_{1,1} & \cdots & b_{1,n} \\ c_{1,1} & \cdots & c_{1,n} \\ & \vdots & \\ a_{n,1} & \cdots & a_{n,n} \\ b_{n,1} & \cdots & b_{n,n} \\ c_{n,1} & \cdots & c_{n,n} \end{bmatrix} \tag{9.8}$$

Aufbauend auf diesen fundamentalen Operationen (1-Bit-FA, AND, NOT, 2D PS, 2D 3-PS) formulierte Louri mit Hilfe einer Register-Transfer-Beschreibung komplexere Algorithmen, wie z.B. eine 2D-Addition/ Subtraktion, eine 2D-Multiplikation oder eine schnelle Fourier-Transformation [Lour91]. Diese können wiederum benutzt werden, um in einem Top-Down-Ansatz Probleme der Signal- und Bildverarbeitung auf die optische Feldrechnerarchitektur abzubilden (Abb. 9.7).

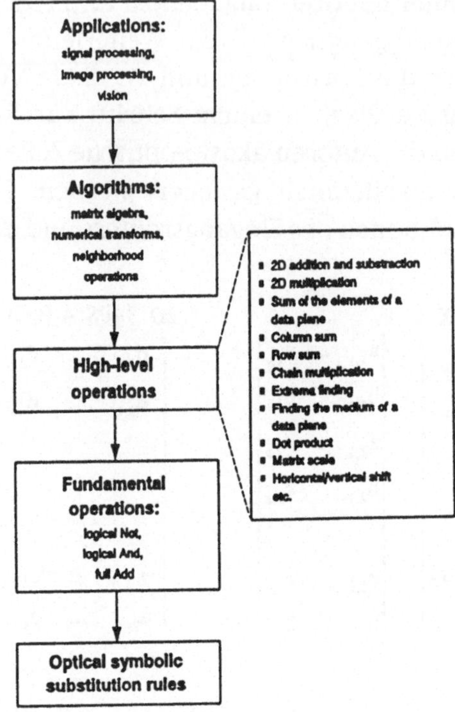

Abb. 9.7 Abbildung von Algorithmen auf die optische Bitebenenarchitektur

9.2.2 Simulation und Bewertung des Prozessorfeldes mit HADLOP

In diesem Abschnitt werden die am Beispiel der 2D-Addition gewonnenen Ergebnisse einer HADLOP-Simulation vorgestellt. Abb. 9.8 zeigt die Architekturprimitiva des zur obigen Feldrechnerarchitektur äquivalenten HADLOP-Modells. In der Mitte sind die drei Funktionsmodule 1-Bit-FA, AND, NOT mit den insgesamt 14 Regeln (RULE) inklusive Kontrollmatrizen (CONT) zu sehen. Die in einem SPLIT/JOIN-Block eingeschlossenen drei Permutationselemente (PERM) am Eingang entsprechen den drei Funktionen des Eingangsrouters, Identität, 2D PS und 2D 3-PS. Die drei Logikelemente (LOGIC) nach jedem Permutationselement fungieren als Schalter, die über externe Signale das Licht abhängig von der auszuführenden Operation durch- bzw. ausschalten.

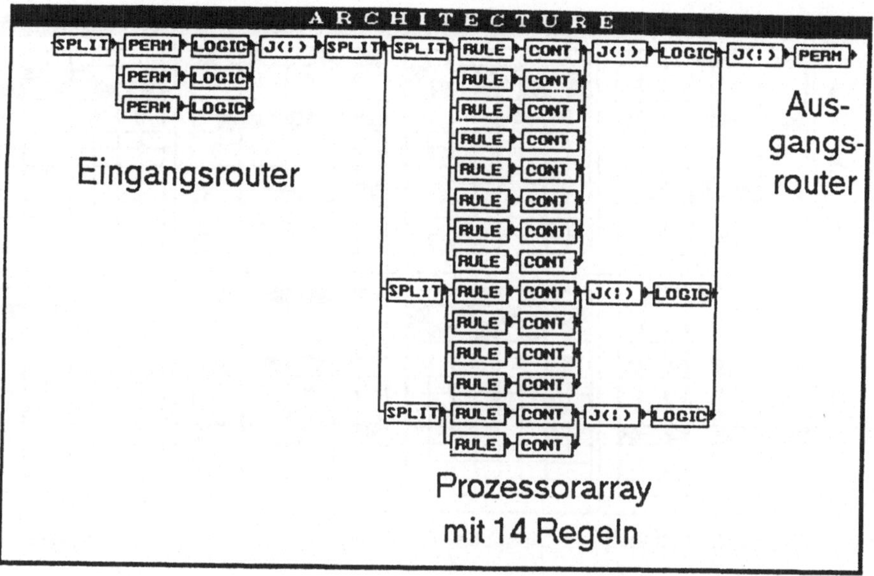

Abb. 9.8 HADLOP-Modellierung der optischen Feldrechnerarchitektur

Der Ausgangsrouter wurde durch ein Permutationselement modelliert. Dieses übernimmt mit der Rückkopplung der Datenebene nur eine der drei Aufgaben des Ausgangsrouters. Dazu werden die nach der Mustersubstitution durchmischten Ebenen A, B und C durch das Permutationselement wieder in drei übereinanderliegende Ebenen angeordnet. Die beiden anderen Permutationen des Ausgangsrouters mußten nicht modelliert werden, da für die Simulation eine 2D-Addition gewählt wurde, bei der als Ausgangspermutation die Rückkopplung ausreichend ist.

Abb. 9.9 zeigt das Ergebnis einer simulierten 2D-Addition. Die Datenebene hat eine Ausdehnung von 12x8 Pixeln. Da die Ersetzungsregeln für die 1-Bit-Addition die Pixeldimension 3x2 haben, kann die Datenebene in eine virtuelle 4x4-Matrix aufgeteilt werden, in der gleichzeitig 16 Additionen durchführbar sind. Um eine einigermaßen übersichtliche Struktur zu bewahren, wurden in der in Abb. 9.9 gezeigten Simulation nur vier gleichzeitige 4-Bit-Additionen durchgeführt. Von links nach rechts ist jeweils für jede der vier Iterationen die Datenebene vor dem Eingangsrouter und nach dem Prozessorfeld zu sehen.

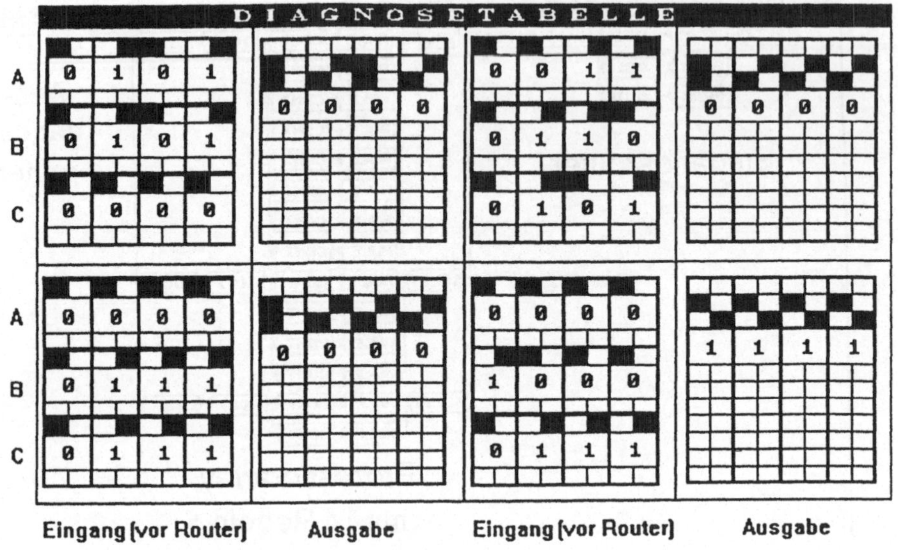

Abb. 9.9 Simulation der bitseriellen, wortparallelen 2D-Addition

In der Eingangsdatenebene sind die 3 Matrizen A, B und C jeweils übereinander angeordnet, nach der Prozessorebene sind die Ebenen gemäß dem 2D 3-PS gemischt. Addiert wurden jeweils die Bits korrespondierender Matrixelemente in A, B und C. Bedingt durch die bit-serielle Arbeitsweise sind die Bits eines Summanden nacheinander in jeder zweiten Datenebene zu sehen. Dabei stehen in der in Abb. 9.9 links oben gezeigten Datenebene die niedrigstwertigen und rechts unten die höchstwertigen Bits der Summanden. Zum Beispiel enthält die Matrix A am linken Rand viermal die binäre 0, d.h der Summand ist die $(0)_{10}$. Analog enthält die Matrix B am linken Rand die Folge $(0001)=(8)_{10}$. Ebenfalls bit-seriell erhält man die Summenbits in den virtuellen 4x4-Matrizen nach der Prozessorebene. Addiert wurden die Zahlen 8 und 0, 7 und 1, 6 und 2 sowie 5 und 3, so daß jeweils in der dritten Zeile der vier obersten virtuellen Matrixelemente nacheinander die Bitfolge (0001) herauskommt.

Da, wie bereits erwähnt, der Energieverbrauch in mit Mustersubstitutionslogik arbeitenden Systemen eine kritische Größe darstellt, wird diesem Punkt im folgenden besondere Aufmerksamkeit gewidmet.

Dabei wird zuerst allgemein der von einer Regel verursachte Energieverbrauch pro Bit abgeschätzt. Mit Hilfe dieses Schätzwertes wird dann eine HADLOP Simulation für den vorgestellten optischen Feldrechner durchgeführt. Die vorgenommene Abschätzung des Energieverbrauches baut auf eine in [Kiam89] durchgeführte Untersuchung auf.

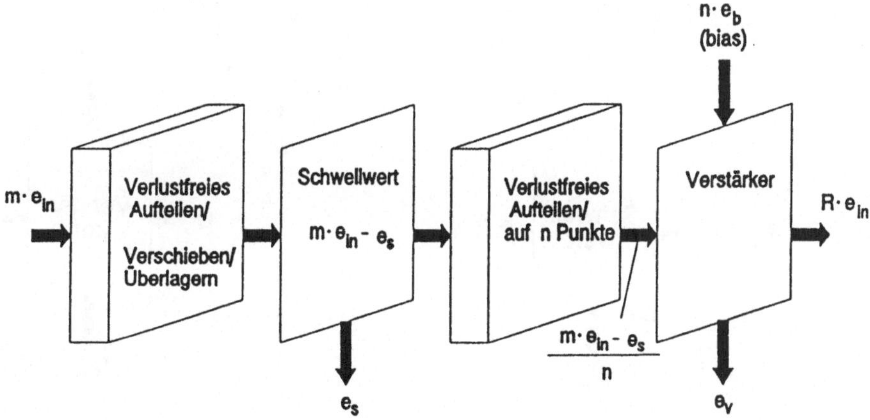

Abb. 9.10 Energiedissipation im Falle der Regelerkennung

Abb. 9.10 zeigt schematisch die Auswirkung der Anwendung einer Regel auf den Energieverbrauch. Es wird angenommen, daß im Erkennungsmuster der Regel m und im Ersetzungsmuster n Pixel gesetzt sind. Zum Beispiel ist für eine Regel des gezeigten 1-Bit-FA m=3 und n=2. Die während der Erkennungsphase notwendigen Operationen werden durch eine Schwellwertoperation durchgeführt (s. Abb. 9.10). Die Operationen während der Ersetzungsphase besorgt eine Verstärkerebene. Die dissipierte Energie eines Schwellwertgatters und eines Verstärkerelementes sei e_S bzw. e_V. Ferner wird wie in [Kiam89] angenommen, daß die Schwellwertlogik mit einem 2-Tor-Element und die Verstärkung mit 3-Tor-Elementen durchgeführt wird. Die Energiebilanz für solche Elemente zeigt Abb. 9.11. Vereinfachend wird angenommen, daß die vor Durchführung der Schwellwertbildung und Verstärkung durch eine Split/ Shift-Optik zu realisierende Lichtwegführung (Verschieben und Überlagern) verlustfrei sei. Dies hat zur Folge, daß die im weiteren berechneten Werte als Mindestwerte der Verlustleistung zu interpretieren sind.

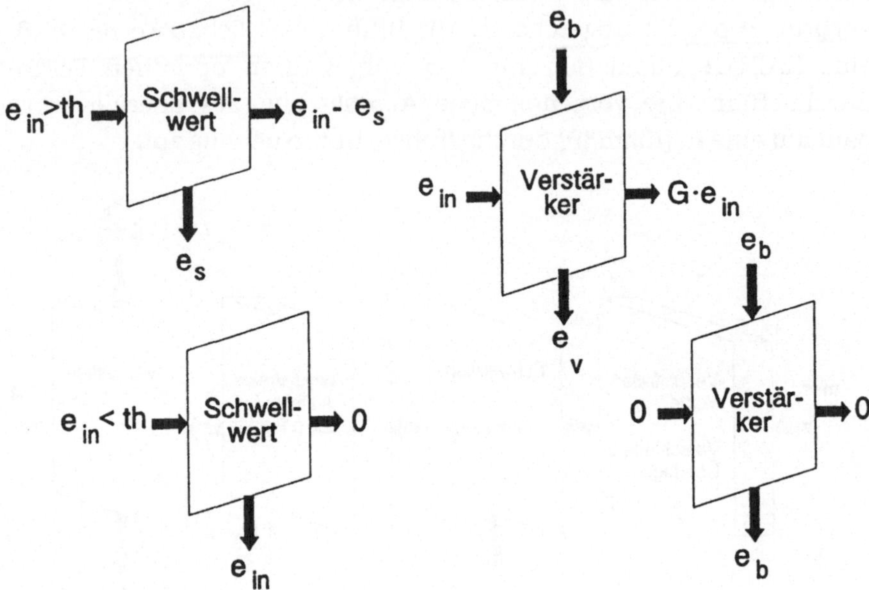

Abb. 9.11 Energiedissipation in der Schwellwert- und in der Verstärkerebene

Zur Abschätzung der durch die Anwendung einer Regel dissipierten Energie in einem Mehrregelsystem mit R Regeln (s. Abb. 9.6) werden zwei Situationen betrachtet. Die eine Situation betrifft die dissipierte Energie für den Fall einer Regelerkennung. Die andere Situation tritt ein, wenn das Erkennungsmuster nicht gefunden wurde. Die Energie eines leuchtenden Pixels sei vor Durchführung der Erkennung e_{in}. Dabei ist e_{in} entstanden durch die in einem Mehrregelsystem notwendige R-fache Aufteilung der Datenebene. Die Normenergie beträgt somit $R \cdot e_{in}$. Ferner wird angenommen, daß nach der R-fachen Aufteilung der Datenebene keine Verstärkung notwendig ist, was für geringe Werte von R durchaus möglich ist. Bei großen Werten von R ist dagegen eine Verstärkung erforderlich. Es wird deshalb an dieser Stelle nochmals darauf hingewiesen, daß es sich bei den nachfolgenden Beziehungen um eine Abschätzung von Mindestwerten handelt.

Als Eingangsdatenebene wird ein Feld genau in der Dimension einer Regel r_x und r_y betrachtet. Da eine Regel genau der Konjunktion einer disjunktiven kanonischen Form (DKF) (vgl. Abb. 3.2) mit m Eingangsvariablen entspricht, wird durch das Datenfeld eine Energie $m \cdot e_{in}$ zugeführt. Es wird zuerst der Fall einer erfolgreichen Regelerkennung betrachtet. In diesem Fall wird die gesamte Energie $m \cdot e_{in}$ durch die Split/Shift-Optik in ein Pixel transportiert und der Schwellwertlogik zugeführt. Als Ausgang erhält man ein Pixel der Energie $m \cdot e_{in} - e_s$, wenn e_s die dissipierte Energie des Schwellwertgatters ist. Diese wird durch eine weitere Split/Shift-Optik auf n Pixel verteilt. Jedes leuchtende Pixel hat somit die Energie $(m \cdot e_{in} e_s)/n$. Im Verstärkerarray erfahren diese Pixel eine Verstärkung G, um wieder die Norm $R \cdot e_{in}$ herzustellen. Jedes der n gesetzten Pixel im Ersetzungsmuster benötigt ein verstärkendes Element, d.h. insgesamt sind n Verstärkerelemente nötig. Diese dissipieren bei der Erkennung eine Energie $n \cdot e_v$, wenn e_v die dissipierende Energie eines Verstärkerelementes ist. Insgesamt ergibt sich somit für die Erkennung eine dissipierte Energie nach (9.9).

$$E_{diss}^{rec} = e_s + ne_v \qquad (9.9)$$

$$E_{diss}^{\overline{rec}} = me_{in} + ne_b \qquad (9.10)$$

Für den Fall, daß eine Regel nicht erkannt wird, geht die gesamte Energie der Dateneingangsebene verloren. Ferner wird in dem Verstärkerfeld die zugeführte Energie $n \cdot e_b$ vollständig dissipiert (9.10).

Der Ausdruck auf der rechten Seite von (9.10) wird nun soweit modifiziert, daß bezüglich der Energien nur noch Abhängigkeiten von den in den Gattern dissipierten Energien e_s und e_v bestehen. Dazu wird die Situation am Verstärkerfeld etwas genauer betrachtet. Erfolgt an einem Pixel eine Verstärkung um den Faktor G, so gilt dort (9.11).

$$G\frac{me_{in} - e_s}{n} = Re_{in} \qquad (9.11)$$

$$e_{in} = \frac{G\,e_s}{G\,m - R\,n} \qquad (9.12)$$

Diese kann leicht in (9.12) umgeformt werden. Aus der Tatsache, daß der Nenner größer 0 sein muß, läßt sich hier auch eine Abschätzung für die notwendige Verstärkung G gewinnen.
Aus dem Energieerhaltungssatz, d.h. die einer Ebene zugeführte Energie ist gleich der abgegebenen Energie zuzüglich der als Wärme dissipierten Energie, ergibt sich im Falle einer Regelerkennung für das Gesamtsystem (s. Abb. 9.10) die Abschätzung (9.13) für e_b.

$$n\, e_b + m\, e_{in} > e_{in}\, R\, n + e_s + n\, e_v \qquad (9.13)$$

Aus (9.12) und (9.13) läßt sich (9.10) in die Beziehung (9.14) umformen, in der als Energien nur noch die dissipierenden Energien e_s und e_v existieren.

$$E_{diss}^{\overline{rec}} \geq \frac{R\, G\, n}{G\, m - R\, n} e_s + e_s + n\, e_v \qquad (9.14)$$

In einem aus R Regeln bestehenden Mehrregelsystem, in dem eine Boolesche Funktion durch eine DKF ausgeführt wird (s. Prozessorarray des optischen Feldrechners), wird es stets eine Erkennung und (R-1)-mal keine Erkennung geben. Unter Berücksichtigung dieses Sachverhalts erhält man (9.15) als gesamte dissipierte Energie je Elementaroperation in einem Mehrregelsystem, in dem R Regeln gleichzeitig zur Anwendung kommen.

$$E_{diss} = (R\text{-}1)\, E_{diss}^{\overline{rec}} + E_{diss}^{rec} \geq e_s\, (R\text{-}1) \frac{R\, G\, n}{G\, m - R\, n} + R(e_s + n\, e_v) \qquad (9.15)$$

Die hier allgemein hergeleitete Beziehung wird nun auf das Prozessorarray des optischen Feldrechners übertragen. Für die Bewertung mit HADLOP ist es notwendig, einen Durchschnittswert für den Energieverbrauch pro Pixel E_{bit} für eine Regel zu ermitteln. Dieser läßt sich aus dem Quotienten des gesamten Energieverbrauchs E_{diss} und der Pixelanzahl errechnen. Zur Erinnerung sei nochmals erwähnt, daß das Datenfeld einer Regel die Dimension $r_x{\cdot}r_y$ besitzt und sich E_{diss} auf ein Mehrregelsystem mit R Erkenner-/Ersetzerblöcken bezieht. Dann errechnet sich E_{bit} nach (9.16).

$$E_{bit} \geq \frac{E_{diss}}{r_x\, r_y\, R} \qquad (9.16)$$

Da das Konzept des optischen Feldrechners von Louri vorsieht, daß der Eingangsrouter das Licht nur zu den Regeln schickt, die für eine der drei Operationen 1-Bit-FA, AND und NOT verantwortlich sind, werden die entsprechenden Regelsätze getrennt behandelt. Die diesbezüglichen Werte E_{bit} sind Tab. 9.1 zu entnehmen. Als weitere Vereinfachung wurde angenommen, daß die dissipierenden Energien e_s und e_v des Schwellwertgatters bzw. des Verstärkerelementes gleich sind. Die Werte für G entsprechen der aus (9.12) zu entnehmenden Bedingung (Gm-Rn > 0).

	m	n	R	G	(r_x,r_y)	E_{bit} >=
1-Bit-FA	3	2	8	6	(3,2)	$7.5e_s$
AND	2	1	4	3	(2,2)	$1.625e_s$
NOT	1	1	2	3	(1,2)	$2.5e_s$

Tab. 9.1: Komplexität und durchschnittliche Energiedissipation im Prozessorfeld

Werden die drei Werte gemäß der Häufigkeit ihrer Regelsätze gewichtet, erhält man einen für die HADLOP-Simulation verwendbaren Durchschnittswert für alle 14 Regeln. Dieser beträgt für die obigen Werte $5e_s$. Mit diesem geschätzten Wert für den durchschnittlichen Energieverbrauch pro Pixel im Prozessorarray kann man nun mit einer HADLOP-Bewertung des Architekturmodells aus Abb. 9.8 Schätzwerte für die dissipierte Energie des gesamten optischen Feldrechners berechnen.
Abb. 9.12 zeigt für verschiedene Dimensionen des Prozessorfeldes den Energieverbrauch pro Gatterebene aufgetragen über die dissipierte Energie eines einzelnen optischen Gatters.
Mit dem Bewertungsmodul des Systems HADLOP wurde die Zeit für die Ausführung einer 32-Bit-Addition in Abhängigkeit der Gatterlaufzeit eines einzelnen Gatters ermittelt.

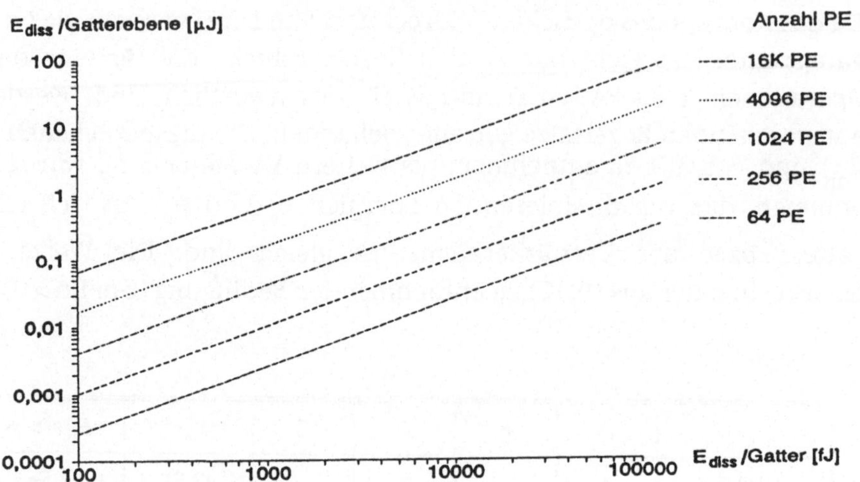

Abb. 9.12 Energiedissipation einer Gatterebene des Feldrechners in Abhängigkeit der Verlustenergie eines einzelnen Gatters

Abb. 913 zeigt die daraus errechnete in GIPS (Milliarden Instruktionen pro Sekunde) ausgedrückte Rechenleistung für verschieden groß dimensionierte Prozessorfelder. Die Werte für t=0 entsprechen der benötigten Zeit für die Kommunikation. Die GIPS beziehen sich dabei auf die Anzahl ausführbarer 32-Bit-Additionen pro Sekunde.

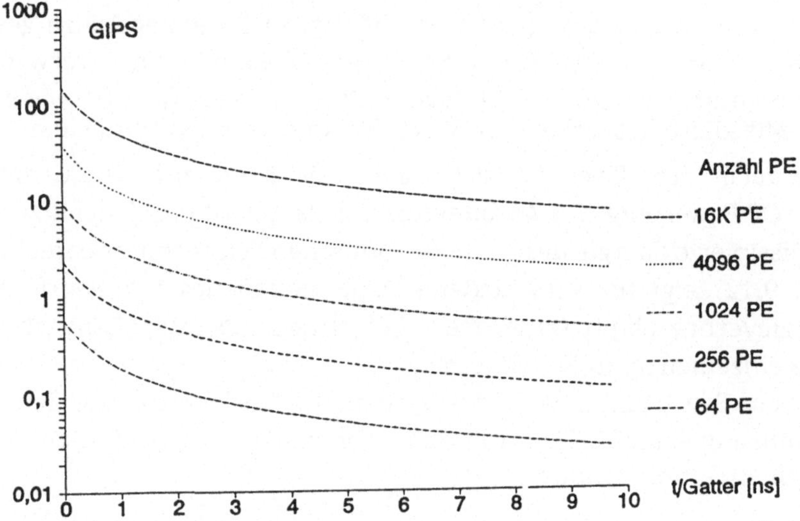

Abb. 9.13 Rechenleistung des optischen Feldrechners in Abhängigkeit der Laufzeit eines einzelnen optischen Gatters

Mit Hilfe der beiden Kurven in Abb. 9.12 und in Abb. 9.13 läßt sich für eine gewünschte Rechenleistung die abzuführende Wärmeleistung abschätzen. Zum Beispiel ist, um in einem 16K Prozessorfeld eine Rechenleistung von 100 GIPS zu erzielen, nach Abb. 9.13 ein Gatter mit ca. 150ps Laufzeit notwendig. Die besten Logik-Etalons hatten einen Energieverbrauch von 3pJ. In Abb. 9.12 kann aus der Kurve für die 16K-Konfiguration bei 3pJ ein Wert von ca. 1,5 µJ für die dissipierte Energie einer Gatterebene abgelesen werden. Dividiert man diese Zahl durch die vorherige Gatterlaufzeit von 150ps, die identisch ist mit der Durchlaufzeit durch die gesamte Ebene, ergibt sich eine Verlustleistung von ca. 10kW (!). Aus diesem enormen Wert wird ersichtlich, daß ein auf MSL basierender optischer Feldrechner derzeit nicht in Konkurrenz zu elektronischen Parallelrechnern treten kann.

9.3 Ein optisches Rechenwerks für die CM-1 auf der Basis optisch programmierbarer Logikfelder

Auf Hall, Levy und Murdocca [HaLe87] beruht ein Konzept für eine optische Realisierung des massiv-parallelen Feldrechners Connection Machine 1 (CM-1) [Hill85]. Grundlage für die optische Realisierung bilden die in Kap. 3.2 vorgestellten programmierbaren optischen Logikfelder. Dabei geht man davon aus, daß einmal sehr schnelle weit im Subnanosekundenbereich operierende optische Schalter zur Verfügung stehen. Aufgrund dieser schnellen Schaltzeiten müssen absolut gleichlange Signallaufwege eingehalten werden, um ein Auseinanderlaufen der Signale beim Eintreffen an den Gattereingängen zu vermeiden. Deswegen müssen reguläre, gleichlange optische Verbindungen zum Einsatz kommen. Daraus ergeben sich bestimmte Anforderungen an den Architekturaufbau. Dieser Sachverhalt wird exemplarisch für die optische ALU der CM-1 vorgestellt. Durch eine mit dem System HADLOP durchgeführte Simulation wurden die in [Murd90] gegebenen qualitativen Aussagen zu dieser optischen ALU quantitativ ergänzt.

9.3.1 Aufbau des zur CM-1-ALU äquivalenten optischen Rechenwerks

Die CM-1 ist ein SIMD-Feldrechner, der aus insgesamt 65536 1-Bit-Prozessorelementen besteht. Insgesamt 16 PE sind zur Interprozessorkommunikation an einen Router angeschlossen. Durch einen 12-dimensionalen Hyperwürfel (s. Kap. 2) sind 2^{12} solcher Router miteinander verbunden. Die CM-1 besteht aus 4096 Prozessorkarten. Auf diesen befinden sich u.a. vier Speicherchips mit 4Kx4-Bit und ein weiterer vollkundenspezifischer Baustein, auf dem 16 PEs und der Router untergebracht sind. Abb. 9.14 zeigt ein in [Murd90] enthaltenes Blockdiagramm eines PE der CM-1. Jedes PE besteht aus einem 4K großen Speicher, einem 16-bit breiten Flagregister zur Aufnahme von Zwischenergebnissen oder bestimmten Anfangskonfigurationen, einer ALU mit drei Eingängen und zwei Ausgängen sowie dem Router. Im Unterschied zur elektronischen CM-1 besitzt im optischen Konzept jedes PE einen eigenen Router. Dieser kann dadurch mit einfacherer Logik realisiert werden.

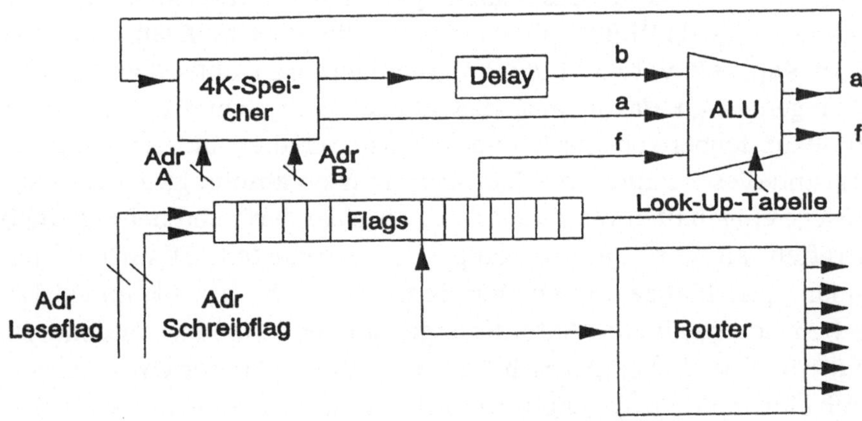

Abb. 9.14 Blockdiagramm eines Prozessorelements der CM-1

Über eine externe Kontrolleinheit werden durch eine 12-Bit Adresse zwei Bits a und b aus dem Speicher ausgewählt. Da es sich um keinen Multiport-Speicher handelt, muß das zuerst ausgewählte Speicherbit einen Takt verzögert werden. Im nächsten Takt liegen dann beide Speicherbits a und b mit einem ebenfalls durch die externe Kontrolleinheit zeitgleich ausgewählten Flagbit f am Eingang der ALU an. Eines der beiden Ausgabebits gelangt nach der insgesamt drei Takte andauernden Operation zum Speicher, das andere zu einem Flagbit. Dabei werden in der ALU keine Operationen durchgeführt. Die Ergebnisse werden durch Zugriff auf eine interne Tabelle ermittelt, die Eingänge a, b und f werden dabei als Zugriffsadresse benutzt. Der Inhalt dieser Tabelle kann extern geladen werden, d.h. der Befehlscode ist dynamisch veränderbar.

Für jede der in Abb. 9.14 gezeigten Komponenten (Speicher, Router, ALU, Flagregister) machten Murdocca et. al. Vorschläge für eine optische Realisierung mit optischen PLA (POLA) (s. Kap. 3.2). Das Interesse soll an dieser Stelle jedoch allein der optischen Realisierung der als Look-Up-Tabelle operierenden ALU gehören. Die Gatter in einem POLA müssen zwei Eingänge verarbeiten können und zwei identische Ausgänge besitzen. Man hofft in Zukunft dafür einmal optische Logiketalons einsetzen zu können. Von diesen erwartet man, daß sie die Funktionen OR und NOR ausführen werden. Deshalb besteht das POLA für das optische Rechenwerk einer CM-1 aus einem OR-NOR-Schaltnetz. In einem mit OR-NOR-Logik arbeitenden Schaltnetz mit n Eingangsvariablen werden zuerst in n+1 Gatterzeilen à 2^{n+1} Gatter die sogenannten Maxterme gebildet. Letztere bestehen aus einer disjunktiven Verknüpfung aller Eingangsvariablen. Abb. 9.15 zeigt die POLA-Version der optischen CM-1-ALU zur Erzeugung der Maxterme. Nach 4 Stufen, die oberste Stufe wird nicht mitgezählt, da sie Ausgang eines davor geschalteten Schaltnetzes ist, sind alle Maxterme der OR-NOR-Logik gebildet. In der abschließenden fünften Stufe werden die Maxterme nochmals verdoppelt, um sie für die beiden Ausgänge der CM1-ALU a und f zur Verfügung zu stellen. Verbindungen zwischen den OR-Gatterebenen, die sich als störend bei der Maxtermgenerierung erweisen würden, werden durch Masken optisch "durchgeschnitten" (s. Punktierung in Abb. 9.15). Ferner wird eine Dual-Rail-Kodierung betrachtet. Dadurch stehen die bei der Maxtermgenerierung notwendigen Invertierungen der Eingänge sofort zur Verfügung.

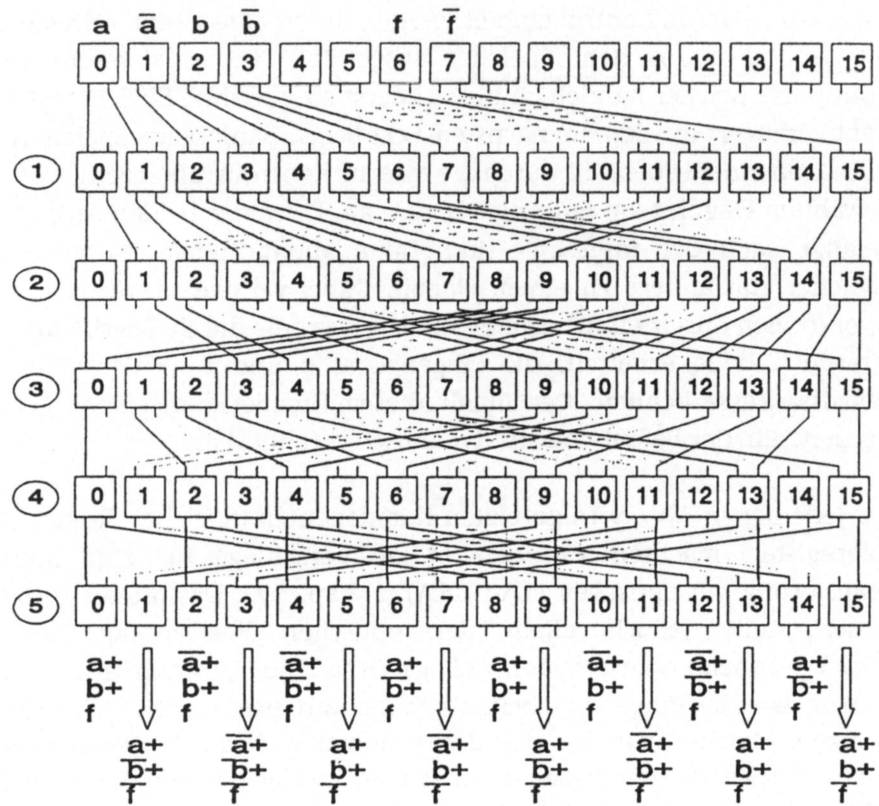

Abb. 9.15 Maxtermerzeugung in einem programmierbaren optischen Logikfeld für die ALU der CM-1

Nachdem die Maxtermgenerierung abgeschlossen ist, werden durch externe Kontrollsignale und NOR-Gatter diejenigen Maxterme ausgewählt, die anhand der zu implementierenden Look-Up-Tabelle für die beiden Ausgangssignale gebraucht werden (Abb. 9.16). Über zwei weitere Perfect-Shuffle-Stufen und durch OR-Operationen werden die ausgewählten Maxterme auf die Ausgänge a und f geleitet.

Im Unterschied zu dem bei Murdocca enthaltenen Vorschlag werden in Abb. 9.15 und Abb. 9.16 keine Crossover-Verbindungen (Abb. 9.17 rechts) zwischen den Gatterebenen benutzt, sondern ausschließlich Perfect Shuffles unterschiedlicher Länge (Ausnahmen bilden lediglich die Verbindungen von Stufe 4 auf Stufe 5 und Stufe 6 auf Stufe 7, hier werden Butterfly-Verbindungen verwendet).

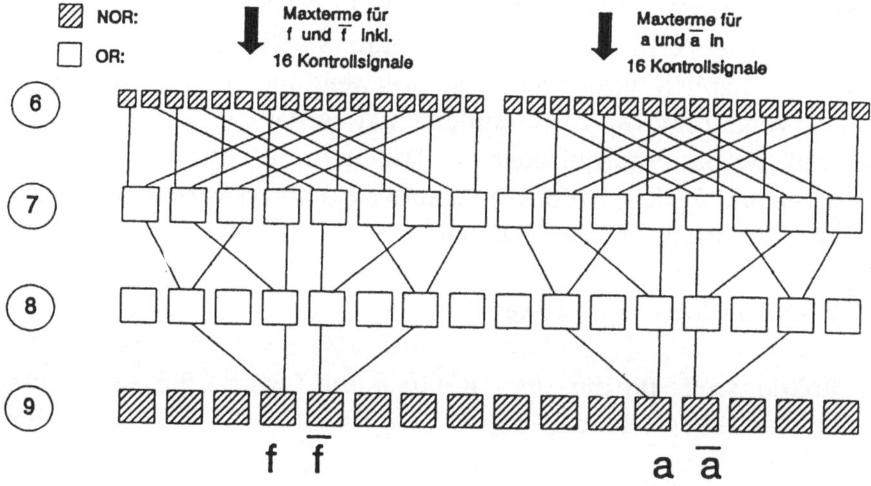

Abb. 9.16 Auswahl der Maxterme und Übertragung auf die Ausgänge

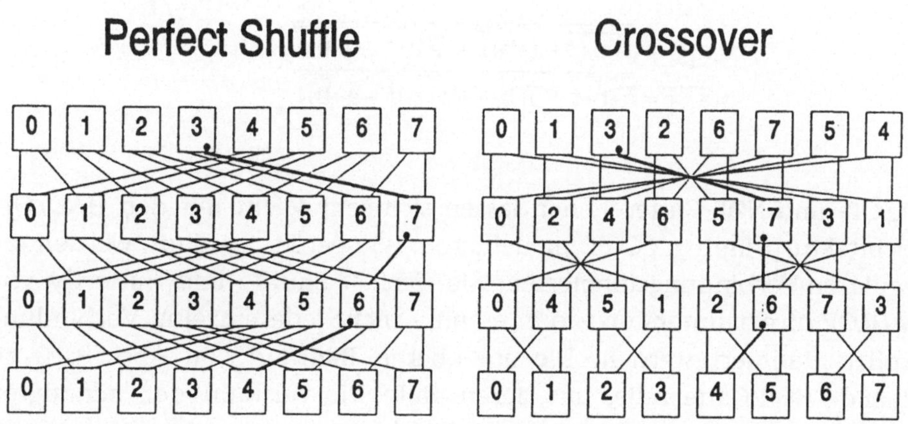

Abb. 9.17: Isomorphie von Perfect-Shuffle- und Crossover-Verbindungen. Werden in jeder Stufe bei identischen Schaltelementen identische Ausgänge geschaltet, kommt eine Information bei beiden Netzen in der letzten Stufe am gleichen Ausgang an.

Der Grund für die hier vorgenommene Abweichung gegenüber dem Murdocca-Konzept besteht lediglich darin, daß das HADLOP-System Perfect-Shuffle-Verbindungen direkt unterstützt. Die Eingabe wurde dadurch erheblich erleichtert. Die Verwendung von Perfect-Shuffle-anstelle von Crossover-Verbindungen hat weder auf die Funktionalität noch auf die Gatteranzahl oder die Stufenanzahl einen Einfluß, da sich Crossover und Perfect Shuffle zueinander isomorph verhalten. Abb. 9.17 zeigt dies am Beispiel für N=16 Kanäle.

9.3.2 Simulationsergebnisse

Als Funktionscode für die Ausgangsbits a und f wurde für die Simulation ein serieller 1-Bit-Volladdierer gewählt, dessen NOR-OR-Form (9.17) zeigt.

$$
\begin{aligned}
f_{i+1} &= \overline{\overline{a+b+f}+\overline{a+b+\bar{f}}+\overline{a+\bar{b}+f}+\overline{\bar{a}+b+f}} \\
\overline{f_{i+1}} &= \overline{\overline{a+\bar{b}+\bar{f}}+\overline{\bar{a}+b+\bar{f}}+\overline{\bar{a}+\bar{b}+f}+\overline{\bar{a}+\bar{b}+\bar{f}}} \\
\\
a_{i+1} &= \overline{\overline{a+b+f}+\overline{a+\bar{b}+\bar{f}}+\overline{\bar{a}+\bar{b}+f}+\overline{\bar{a}+b+\bar{f}}} \\
\overline{a_{i+1}} &= \overline{\overline{\bar{a}+\bar{b}+\bar{f}}+\overline{\bar{a}+b+f}+\overline{a+b+\bar{f}}+\overline{a+\bar{b}+f}}
\end{aligned}
\qquad (9.17)
$$

Die OR- und NOR-Gatterebenen lassen sich sehr leicht mit den HADLOP-Architekturprimitiva LOGIC modellieren. Wie bereits erwähnt, werden die regulären Verbindungstopologien, wie Perfect Shuffle und Butterfly von HADLOP direkt unterstützt, d.h. es muß nicht jede einzelne Verbindung explizit definiert werden. Die am oberen Bildrand von Abb. 9.16 zu sehende NOR-Gatterzeile, mit deren Hilfe die Auswahl der benötigten Maxterme erfolgt, wurde durch ein HADLOP-Architekturprimitiva LOGIC mit externen Signalen modelliert. Durch diese externen Signale werden genau die Maxterme ausgewählt, die für die Implementierung der Look-Up-Tabelle benötigt werden. Im Falle der 1-Bit-Addition sind dies genau die Maxterme aus (9.17). Abb. 9.18 zeigt das Simulationsergebnis für ein optisches 3D-System, in dem das in Abb. 9.15 und Abb. 9.16 gezeigte POLA achtmal vertikal gestapelt wurde. Man erhält somit 8 optische CM1-ALUs.

Jede Zeile der in Abb. 9.18 abgebildeten Matrizen zeigt die Situation nach der 9.Stufe eines Schaltnetzes aus Abb. 9.16. In diesen ALUs wurden alle acht möglichen Eingangskombinationen getestet. Die Effektivität der Architektur zeigt die in Abb. 9.18 rechts zu sehende Datenebene, die der Situation nach Durchlauf durch alle 9 Gatterstufen des POLA entspricht.

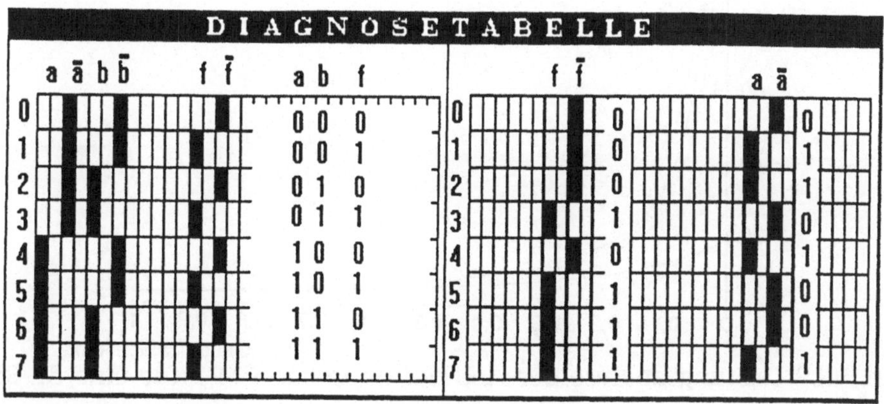

Abb. 9.18 HADLOP-Simulation von acht als 1-Bit-Volladdierer konfigurierten optischen ALUs der CM-1

Mit Hilfe des Bewertungsmoduls wurde nun für eine 32-Bit-Addition eine Zeitanalyse für verschiedene optische Weglängen zwischen den Gatterebenen vorgenommen. Abb. 9.19 zeigt die Rechenleistung für verschiedene optische Weglängen zwischen benachbarten Gatterzeilen in Abhängigkeit der Schaltzeit eines einzelnen Gatters. Die Kurve bezieht sich auf genau ein POLA. Deutlich zu sehen ist der Einfluß unterschiedlicher optischer Weglängen bis zu ca. 0.5 ns Schaltzeit. Um die theoretische Maximalleistung der elektronischen CM-1 (2000 MIPS [AlGo89]) einzustellen, wären z.B. bei 1mm optischer Weglänge und 20ps Schaltzeit 14 POLA notwendig. Jedes POLA hätte dann eine Leistung von ca. 146 MIPS. Bei 40ps Schaltzeit leistet ein POLA ca. 79 MIPS. In diesem Fall wären 26 POLA notwendig, um die Leistung der CM1 zu erreichen. Die hierfür notwendige Gatteranzahl zur Implementierung von Stufe 6 beträgt somit 26·16 Gatter = 416 Gatter.

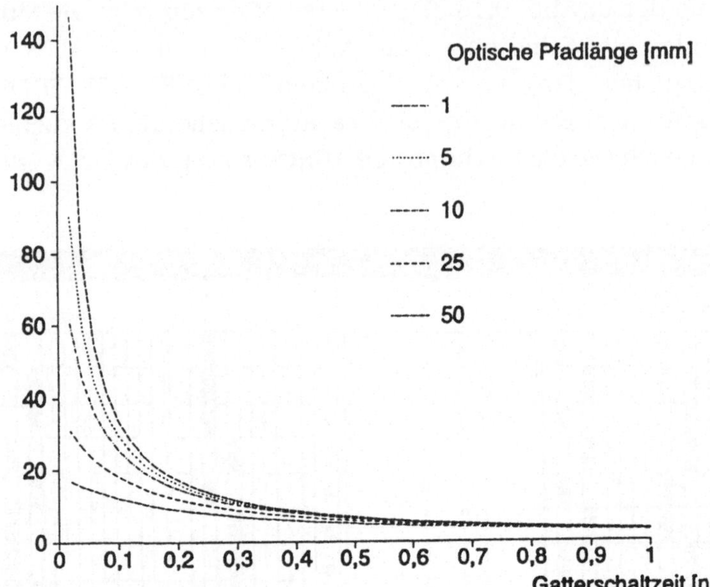

Abb. 9.19 Leistungsanalyse der ALU der optischen CM-1 für eine 32-Bit-Addition

Bei 5cm optischer Weglänge und 20ps Schaltzeit ergeben sich 14 MIPS pro POLA, gleichbedeutend mit 143 POLAs und 2288 Gattern. Die Anforderungen an die Gatteranzahl sind demnach nicht das Problem. Die Hürde besteht in der Entwicklung der schnellen, kaskadierbaren optischen Gatter. Würde man heute verfügbare SEED-Elemente mit 1ns Schaltzeit zur Durchführung der OR- und NOR-Funktionen verwenden, ergibt sich bei 5cm Abstand zwischen benachbarten Stufen eine Leistung von ca. 3 MIPS, was 667 POLA oder 10672 Gattern pro Stufe entspricht, um die 2000 MIPS der CM-1 zu erreichen. Ein integriertes SEED-Array besitzt derzeit 256x128 Elemente [ChFo89]. Damit ist ein SEED pro Stufe und 9 SEEDs für alle 9 Stufen ausreichend. Bei diesem SEED-Element hat man eine Schaltenergie von 1.5pJ. Für die Gatteranzahl bei 1ns Schaltzeit ergibt dies ca. 144 W, wenn alle SEEDs gleichzeitg betrieben werden. Berücksichtigt man, daß es sich hier "nur" um 2 GIPS handelt, kommt man auch hier zu dem Schluß, daß die Energieanforderungen derzeit eine solche Lösung nicht gestatten. Bei Verzicht auf den Pipelinebetrieb würde man zwar mit 16 W Leistungsaufnahme auskommen, wäre aber in diesem Fall nicht schneller als die bereits existierende elektronische CM-1.

Auffällig ist, daß auch bei Schaltzeiten im Pikosekundenbereich eine 32-Bit-Addition zwei Größenordnungen mehr Zeit beansprucht als der elementare Schaltvorgang. Dies ergibt sich aufgrund der relativ hohen Anzahl von 9 Gatterebenen, die pro 1-Bit-Addition durchlaufen werden müssen. Dieser Effizienzverlust kann durch einen Pipelinebetrieb zwischen den Gatterzeilen gemindert werden, was durch den Einsatz regulärer optischer Verbindungen mit identischen optischen Weglängen grundsätzlich möglich ist. Bei Anwendungen wie der bit-seriell durchgeführten 32-Bit-Addition kann ein solches auf Gatterebene durchgeführtes Pipelining aber nicht ausgenutzt werden, da 9 Gatterdurchläufe abgewartet werden müssen, bis das Übertragsbit zur Verfügung steht. Der Vorteil der Verwendung regulärer Verbindungen beschränkt sich in diesem Fall, wenn man an mikrooptische Systeme denkt, auf die einfachere Herstellung. Der Preis, den man dafür zu zahlen hat, besteht dann in einem erhöhten Gatteraufwand. Dieser kann jedoch reduziert werden, wenn Gatter mit einem höheren Fan-In als zwei zur Verfügung stehen würden, und es eine Möglichkeit gibt, das Übertragsbit in einer Gatterebene zwischenzuspeichern. Mit den programmierbaren optischen Logikfeldern ist das Speichern von Daten jedoch nicht möglich. Anders ist dies bei den im nächsten Kapitel verwendeten optoelektronischen Gatterebenen.

9.4 Eine optoelektronische Feldrechnerarchitektur auf der Basis von Bitalgorithmen

In diesem Abschnitt wird ein Konzept für eine optoelektronische Parallelarchitektur vorgestellt, das besonders für numerische Anwendungen geeignet ist. Diese Architektur ist auf eine spezielle Art von Algorithmen ausgerichtet, den sogenannten Bitalgorithmen. Diese Algorithmen sind aufgrund der in Abschnitt 9.4.1 dargestellten Eigenschaften ideal für die Durchführung von Funktionen auf Gleitkommazahlen mit digitaler optischer Hardware. Aufbauend auf diese Bitalgorithmen wird in 9.4.2 das Konzept für eine optoelektronische Bitalgorithmenarchitektur vorgestellt. Diese wurde in wesentlichen Teilen mit HADLOP modelliert und bezüglich ihrer Leistungsfähigkeit bewertet. In Abschnitt 9.4.3 werden die erzielten Ergebnisse dargestellt und ein Vorschlag für eine Realisierung dieser Architektur auf Bauteileebene gemacht.

9.4.1 Bitalgorithmen

Zur Durchführung von Gleitpunktoperationen werden in leistungsstarken Mikroprozessoren häufig spezielle Gleitpunktoperationswerke eingesetzt. Deren Hardwareaufwand ist, insbesondere wenn man an das Fernziel einer rein optischen Realisierung denkt, für digitale optische Systeme sehr umfangreich. Denkt man an das Nahziel, elektronische Logik und optische Verbindungen, so würden "große" Prozessoren in erster Linie die hohe Zeitbandbreite und weniger die hohe Ortsbandbreite optischer Übertragungen zur Leistungssteigerung nutzen. Für die digitale Optik sind daher Algorithmen erforderlich, die möglichst einfache Operationen benutzen, die von der Parallelität der Optik profitieren und die einen hohen Anteil an Datentransferoperationen, z.B. Shiftbefehle, aufweisen.

Die auf Chen [Chen72] zurückgehenden Bitalgorithmen zur Berechnung von häufig in der Numerik anzuwendenden Standardfunktionen wie z.B. Quadratwurzel, Logarithmus, Exponentialfunktion erfüllen diese Kriterien. Diese Algorithmen haben ferner den Vorteil, daß sie sehr schnell sind. Die Berechnung von numerischen Standardfunktionen geschieht in herkömmlichen Rechenanlagen meist durch Reihenentwicklungen. Dafür sind ca. 10-12 Gleitpunktmultiplikationen notwendig. Wie Untersuchungen zeigen, benötigt man bei der Verwendung von Bitalgorithmen nur 0.7-3 Gleitpunktmultiplikationen [Erha90]. Für die Effizienz eines Bitalgorithmus ist es wichtig, daß das Architekturkonzept einen parallelen Zugriff auf einzelne Bits erlaubt. Diese Voraussetzung ist in einem digitalen optischen System gegeben. Die Bits einer Zahl liegen als Pixel in einer Datenebene vor und können durch optische Bauelemente wie z.B. Mikrolinsen und Hologrammfacetten auf die entsprechenden Detektoren abgebildet werden. Für die digitale Optik ist es ferner bedeutend, daß die bei Bitalgorithmen notwendigen Operationen auch zur Durchführung von Multiplikation und Division von Gleitpunktzahlen geeignet sind. Ein Bitalgorithmus kann mit folgenden relativ einfachen Operationen durchgeführt werden:

- Addition
- Schiebebefehle
- Tabellenzugriff
- Vergleichsoperation

Grundidee des Verfahrens ist die iterative Berechnung eines Zahlenpaares (x,y). Dabei ist die Berechnung der Folge (x_i,y_i) derart angelegt, daß sich x_i einer bekannten Größe und y_i automatisch dem gesuchten Funktionswert nähern. Wenn x_i den bekannten Wert hinreichend genau erreicht hat, bricht die Iteration ab. Der Wert y_i entspricht dann dem Ergebnis. Am Beispiel der Division läßt sich die Funktionsweise eines Bitalgorithmus sehr anschaulich darstellen (9.18). Zähler und Nenner werden in jedem Iterationsschritt gleichzeitig mit Konstanten a_i multipliziert, so daß der Nenner gegen 1 konvergiert und der Zähler damit automatisch das gesuchte Divisionsergebnis annimmt.

$$Q = \frac{Y}{X} = \frac{Y\, a_1\, a_2 \cdots a_n}{X\, a_1\, a_2 \cdots a_n}$$

$$X\, a_1\, a_2 \cdots a_n \rightarrow 1 \qquad (9.18)$$

$$Y\, a_1\, a_2 \cdots a_n \rightarrow Q$$

Dabei ist es wichtig, Konstanten a_i zu finden, die den Nenner gegen 1 konvergieren lassen und die zeitaufwendige Multiplikation überflüssig machen. Die Konstanten $a_i = 1+2^{-i}$ erfüllen diese Bedingung.

Die Multiplikation kann auf eine Addition und eine Rechtsverschiebung zurückgeführt werden. Falls durch diese Operation in einem Iterationsschritt i der Nenner den Wert 1 überschreiten sollte, wird die nächste Iteration i+1 mit den alten Werten der Folge (x_i,y_i) fortgesetzt. Da der Nenner zu Beginn auf einen Wert kleiner 1 normiert wurde ($1/2 < X < 1$), erreicht man, daß der Nenner sich von unten immer mehr der 1 nähert. Es ergibt sich somit die in (9.19) gezeigte iterative Berechnung einer Gleitpunktdivision (shr = shift right). Die Berechnung der Logarithmusfunktion und der Exponentialfunktion mit einem Bitalgorithmus benötigen andere Konstanten $b_i = -\ln(1+2^{-i})$, deren Werte in Tabellen gespeichert sind.

Der Grund weshalb die Konstanten b_i für die Exponential- und die Logarithmusfunktion genau die obige Form haben müssen, sowie die genaue mathematische Theorie der Bitalgorithmen kann der Literatur zu diesem Thema entnommen werden [Megg62],[Chen72],[Erha90].

$$\begin{Bmatrix} x_{i+1} = x_i\, a_i = x_i + (x_i \text{ shr } i) \\ y_{i+1} = y_i\, a_i = y_i + (y_i \text{ shr } i) \end{Bmatrix} \qquad a_i x_i \le 1$$

$$\begin{Bmatrix} x_{i+1} = x_i \\ y_{i+1} = y_i \end{Bmatrix} \qquad a_i x_i > 1 \tag{9.19}$$

$$\begin{Bmatrix} x_{i+1} = x_i + b_i = x_i - \ln(1 + 2^i) \\ y_{i+1} = y_i\, a_i = y_i + (y_i \text{ shr } i) \end{Bmatrix} \qquad x_i + b_i \ge 0$$

$$\begin{Bmatrix} x_{i+1} = x_i \\ y_{i+1} = y_i \end{Bmatrix} \qquad x_i + b_i < 0 \tag{9.20}$$

$$\begin{Bmatrix} x_{i+1} = x_i\, a_i = x_i + (x \text{ shr } i) \\ y_{i+1} = y_i + b_i = y_i - \ln(1 - 2^{-i} \end{Bmatrix} \qquad a_i\, x_i \le 1$$

$$\begin{Bmatrix} x_{i+1} = x_i \\ y_{i+1} = y_i \end{Bmatrix} \qquad a_i\, x_i > 1 \tag{9.21}$$

Dort finden sich auch ähnliche Algorithmen zur Berechnung der Quadratwurzel und der trigonometrischen Funktionen sin und cos. Für den hier verfolgten Zweck, einfache und effiziente Algorithmen für ein digitales optisches System zur Berechnung von Gleitpunktoperationen zu nutzen, ist es ausreichend zu wissen, wie die Komplexität der dafür notwendigen Grundoperationen aussieht. Die Operationen Addition, Shift, Tabellenzugriff und Vergleich sind ausreichend. Mit Hilfe dieser Operationen kann auch die Berechnung einer weiteren wichtigen Gleitpunktoperation, der Multiplikation, realisiert werden (9.22).

$$\begin{aligned} &\text{func}(x,y) = x\,y;\; x_0 = x;\; y_0 = y;\; S_0 = 0; \\ &\qquad S_{i+1} = S_i + y_i \quad \text{falls } x_i \le 1 \\ &\qquad x_{i+1} = x_i \text{ shl } 1 \\ &\qquad y_{i+1} = y_i \text{ shr } 1 \end{aligned} \tag{9.22}$$

9.4.2 Aufbau der optoelektronischen 3D -Parallelarchitektur

Abb. 9.20 zeigt das allgemeine Ablaufschema für einen Bitalgorithmus, nach dem die in Abb. 9.21 schematisch dargestellte optoelektronische 3D-Architektur arbeitet. Die im Ablaufschema zu erledigenden Aufgaben entsprechen exakt den im vorigen Abschnitt aufgeführten vier Grundoperationen eines Bitalgorithmus. Dabei können die Shiftoperationen und der Tabellenzugriff parallel ausgeführt werden. Durch diese beiden Operationen werden die Operanden für die Addition ermittelt. Wie aus den obigen Gleichungen ersichtlich ist, wird durch eine Abfrage des Iterationsergebnisses auf einen bestimmten Wert über die im nächsten Iterationsschritt gültigen Werte entschieden.

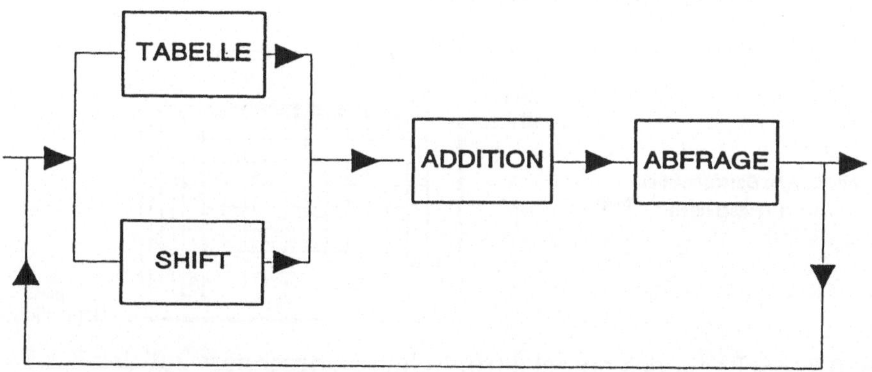

Abb. 9.20 Allgemeines Ablaufschema der optoelektronischen 3D-Architektur

Die in Abb. 9.21 schematisch dargestellte Architektur arbeitet bit-seriell und wort-parallel. Die Architektur vereint die zur Beschleunigung von Rechensystemen möglichen Techniken der Pipelineverarbeitung und der Prozessorvervielfältigung. Wie im weiteren noch gezeigt wird, handelt es sich bei der Architektur um eine Anordnung von parallel operierenden Pipelineeinheiten. Die Verwendung von mehrfachen Pipelines ist bei elektronischen Rechnern nur in einigen Systemen verwirklicht, z.B. CRAY-XMP, IBM 3090 und CDC NASF. In den genannten Systemen werden wenige, nämlich 2 bzw. 4, komplexe Pipelineeinheiten eingesetzt, die auf Wortebene arbeiten.

In dem hier vorgestellten Konzept ist dagegen beabsichtigt, sehr viele Pipelineeinheiten zu nutzen, in denen keine komplexen sondern einfache Teiloperationen zur Ausführung kommen. Die folgenden Ausführungen erklären die Organisation und die Arbeitsweise der in Abb. 9.21 gezeigten Komponenten.

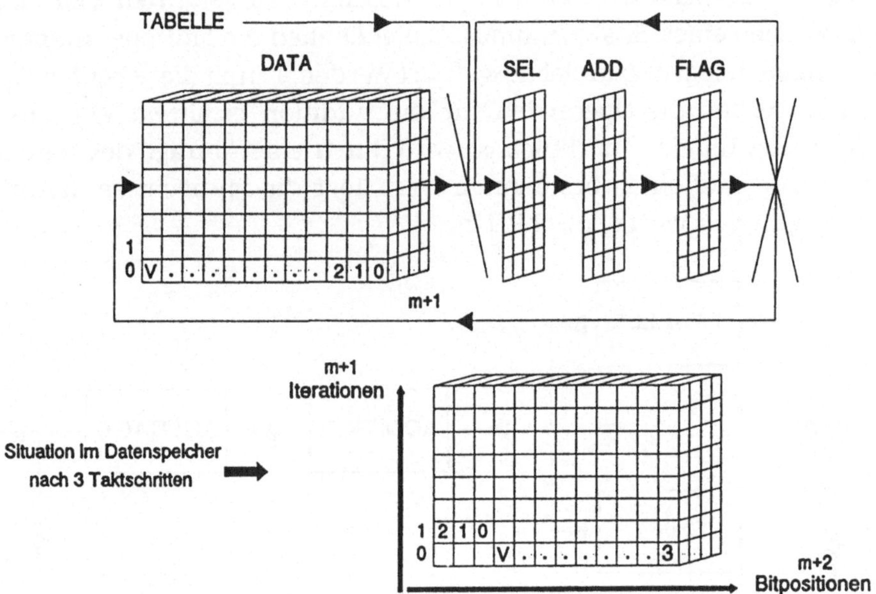

Abb. 9.21 Schema des optoelektronischen Feldrechners auf der Basis von Bitalgorithmen. DATA: Datenspeicher, SEL: Auswahlebene, ADD: Additionsebene, FLAG: Abfrageebene.

9.4.2.1 Arbeitsweise der Architektur

Das in einem Bitalgorithmus bearbeitete Operandenpaar (x,y) befindet sich zu Beginn der iterativ durchgeführten Berechnung in einem in Bitebenen organisierten Datenspeicher (DATA in Abb. 9.21). Der Datenspeicher besteht aus m+2 Bitebenen, auf denen gemäß der darin abgespeicherten Bitpositionen eine Ordnung definiert ist. Es seien in den in Abb. 9.21 gezeigten Bitebenen von links nach rechts Vorzeichenbit, Vorkommastelle und m Mantissenbits der Operanden gespeichert. Das heißt, zu Beginn jeder Iteration befindet sich in der Bitebene am linken Rand des Speichers das Vorzeichenbit, in der Bitebene am rechten Rand die Bitposition 0.

Über den linken Rand erfolgt die Dateneingabe in den Speicher, über den rechten Rand die Ausgabe.
In jedem Taktschritt wird die Information einer gesamten Bitebene nach rechts geschoben.In m+2 Taktschritten gelangt jede Bitposition eines Operanden am rechten Rand nach außen. In der gleichen Zeit kommen über den Dateneingang von links die neu berechneten Bits für die nächste Iterationsstufe in den Speicher. Diese sind gegenüber der vorherigen Iteration vertikal nach oben verschoben. Die Folge (x_i,y_i) wandert somit in jeder Iteration von unten nach oben, bis nach der letzten Iteration das fertige Resultat am oberen Rand anliegt. Dabei kann, nachdem ein Operandenpaar (x_1,y_1) die erste Iteration durchlaufen hat, in der untersten Stufe wieder ein neues Operandenpaar (x_2,y_2) eingegeben werden. Auf diese Weise ist entlang der Vertikalen eine Pipelineverarbeitung möglich. Dabei entspricht die Bearbeitungszeit einer Pipelinestufe der Zeit für die Abarbeitung der m+2 Bitebenen. Wenn alle vertikalen Stufen gefüllt sind, erhält man in der Bearbeitungszeit einer Pipeline soviele Resultate wie entlang der Breite des Quaders Pipelinestufen angeordnet sind.

9.4.2.2 Organisation des Datenspeichers

Aus dem Datenspeicher wird ein Wertepaar (x_i,y_i) entnommen. Wie aus den im Abschnitt 9.4.1 gezeigten Berechnungsvorschriften hervorgeht, werden in der i-ten Iteration die in Registern gespeicherten x_i und y_i entweder mit einem Tabellenwert oder mit einem um bestimmte Bitpositionen verschobenen x_i bzw. y_i addiert. Dazu müssen zusätzlich zu den x_i und y_i die verschobenen Werte Sx_i und Sy_i bit-seriell aus dem Speicher entnommen werden. Dies geschieht gleichzeitig, da aus Effizienzgründen die neuen Iterationswerte x_{i+1} bzw. y_{i+1} aus x_i und Sx_i bzw. y_i und Sy_i parallel berechnet werden. Abb. 9.22 zeigt einen optoelektronischen Speicher, der diese Aufgabe erfüllt. Auf einem Siliziumträger, auf dem nur Leitungen verlaufen, sitzt ein VLSI-Speicher mit integrierten Photodioden und ein in GaAs realisiertes Laserdiodenarray.
Der VLSI-Speicher enthält mehrere Shiftregister. Das letzte Bit eines solchen Shiftregisters ist über das Silizium-Substrat mit einer Laserdiode verbunden, über die die bit-serielle, optische Ausgabe erfolgt. Eine zusätzliche Laserdiode existiert für jedes Register zur gleichzeitigen Ausgabe des verschobenen Registerinhalts S_x.

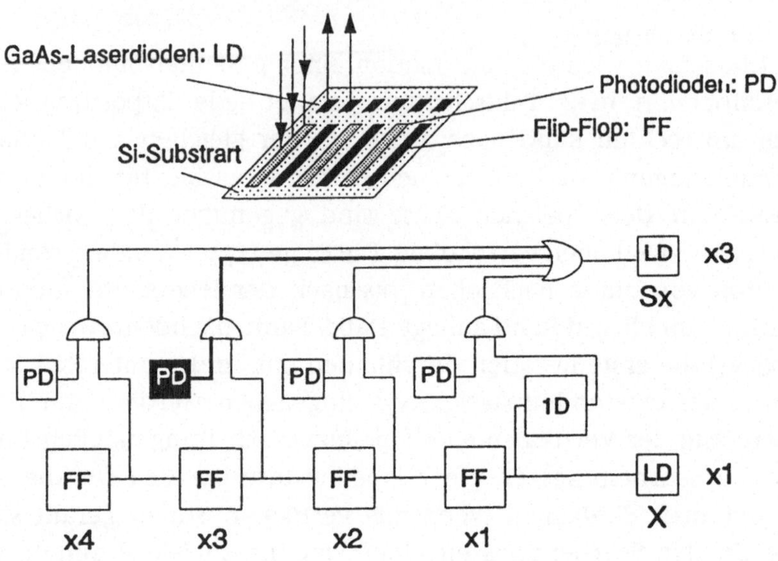

Abb. 9.22 Schema eines optoelektronischen Speichers mit integrierter Shiftoperation

Hierzu existiert eine Reihe von Photodioden. Jeder Photodiode ist ein Bit des Registers zugeordnet. Über Lichteinfall wird genau die Photodiode bestrahlt, die dem Bit mit dem für die Shiftoperation interessierenden Inhalt zugeordnet ist. In dem in Abb. 9.22 gezeigten Beispiel wurde durch Bestrahlen der dunkel gezeichneten Photodiode zeitgleich zum Bit x1 auch das Bit x3 ausgelesen. Im nächsten Taktschritt werden gleichzeitig die Bits x2 und x4 ausgegeben. Dies entspricht einem Rechtsshift um 2 Bitpositionen. Auch der für die Multiplikation notwendige Linksshift um 1 Bitposition ist möglich. Dazu existiert ein am rechten Rand des Registers positioniertes Flip-Flop 1D, das jede Ausgabe aufnimmt. Auch diesem Flip-Flop ist eine Photodiode zugeordnet, über die eine verzögerte Ausgabe des Registerinhalts über S_X erfolgen kann, die einem Linksshift entspricht. Falls aufgrund der auszuführenden Funktion (z.B. LN,EXP) die Bits von S_X nicht benötigt werden, erfolgt einfach keine Bestrahlung der Photodioden. Letzteres wird durch eine externe Kontrolleinheit gesteuert.

Ein analoger Sachverhalt gilt für das Register, das den 2.Operanden y enthält. Wie später noch gezeigt wird, ist es ferner in jeder Iterationsstufe i notwendig, die Folge der vorherigen Iteration i-1 mitzuführen. Da auch für die alte Folge (x_{i-1},y_{i-1}) Shiftoperationen durchzuführen sind, benötigt man pro Iteration und Bitposition insgesamt 4 Speicherregister. Die Registerlänge ergibt sich aus der geforderten Genauigkeit. Um die durch Verschiebung der Operanden bei den Bitalgorithmen unvermeidlichen Ungenauigkeiten auszugleichen, ist laut [Chen72] bei einer Mantissenlänge von m Bit eine Registerlänge von m+ld(m) notwendig. Für m=24, inklusive zwei weiterer Bitebenen für die Vorkommastelle und das Vorzeichen, benötigt man somit 31 Bitpositionen. Für eine Iteration sind somit 31·4=124 Bits erforderlich. Da in jeder Iteration ein Bit des Ergebnisses berechnet wird, sind 31 Iterationen notwendig. Der 3D-Speicher benötigt folglich 31·124=3844 Bits. Ein 4 MBit-(8 MBit)-Speicher kann demnach Speicher für 2180 (4360) Pipelineeinheiten zur Verfügung stellen.

9.4.2.3 Organisation des Tabellenspeichers

Im Prinzip ähnlich wie der Datenspeicher ist der Tabellenspeicher organisiert, in dem die für die Berechnung einer Funktion notwendigen Tabellenwerte, z.B. die für die e- und ln-Funktion benötigten Konstanten $\ln(1+2^{-i})$, gespeichert sind. Im Unterschied zum Datenspeicher ist dieser jedoch als Ringspeicher organisiert. Zu Beginn der nächsten Iteration nach m+2 Schritten ist der Tabellenwert wieder in der ursprünglichen Bitreihenfolge verfügbar. Ferner müssen die im Tabellenspeicher enthaltenen Konstanten beim Auslesen auch nicht um bestimmte Bitpositionen verschoben werden, wie dies beim Datenspeicher der Fall ist. Die für die unterschiedlichen Iterationen verschiedenen Konstanten sind vertikal von unten nach oben abgespeichert. Analog zum Datenspeicher werden durch eine abschließende Logikebene die Bits der Tabellenwerte in Abhängigkeit der auszuführenden Funktion aus- oder durchgeschaltet. Während jeder Pipeline ein eigener Datenspeicher zugeordnet sein muß, ist dies für den Tabellenspeicher nicht notwendig, da die konstanten Werte für alle Pipelineeinheiten die gleichen sind.

Es reicht daher, den Tabellenspeicher einmal als externen Speicher zu benutzen, der von der zentralen Kontrolleinheit gesteuert wird. Diese liest aus dem Tabellenspeicher die benötigten Konstanten aus und sorgt für deren Verteilung auf die Pipelineeinheiten.

9.4.2.4 Funktionsweise der Additions- und der Vergleichsebene

Die aus dem Datenspeicher und der Tabelle ausgewählten Summandenbits werden auf eine Logikebene (Ebene ADD in Abb. 9.21) abgebildet, die eine bit-serielle Addition ausführt. Diese mit einem lokalen elektronischen Speicher ausgestattete optoelektronische Additionseinheit kann das Übertragsbit speichern. Im Gegensatz zu dem in 8.1 vorgestellten Konzept mit Mustersubstitutitonslogik ist somit keine Rückkopplung des Übertrages erforderlich. Diese bit-serielle Organisation erweist sich gerade wegen dieser nicht erforderlichen Rückkopplung auch als vorteilhaft gegenüber einer bit-parallelen optoelektronischen Architektur, wie sie in der Arbeit von Hetzner [Hetz91] vorgestellt wurde, die wichtige Vorarbeiten zu diesem Thema enthält.

Das Ergebnis der Addition wird zu einer weiteren optoelektronischen Logikebene übertragen, in der die zum Abschluß jeder Iteration notwendige Vergleichsoperation ausgeführt wird (Ebene FLAG in Abb. 9.21). Im Falle der Berechnung von Division, Multiplikation und Logarithmus bei der auf $x_{i+1} > 1$ abgefragt wird, geschieht dies durch Test der Vorkammabitstelle im (m+1.)-Takt. Bei der Exponentialfunktion wird ein Test auf 0 durch Abfrage des im (m+2.)-Takt eingehenden Bits vorgenommen. Beides kann durch relativ einfache Logik geschehen. Ein Problem bei der Auswahl des richtigen Folgepaares (x_{i+1},y_{i+1}) für die nächste Iteration entsteht dadurch, daß das Ergebnis der Abfrage u.U. erst im (m+2.)-Takt vorliegt. Zu diesem Zeitpunkt wurden aber bereits m+1 Summenbits berechnet, die sich bereits im Datenspeicher befinden. Dieses Problem wird dadurch gelöst, daß in jeder Iteration i die unveränderte Folge (x_i,y_i) vertikal versetzt im Datenspeicher mitgeführt wird. Das nach spätestens m+2 Schritten in der Logikebene FLAG ermittelte Abfrageergebnis wird dann der Schalterebene SEL am Ende des Datenspeichers zugeführt. Dort kann dann zu Beginn der nächsten Iterationsstufe die Auswahl der gültigen Folge (x_i,y_i) vorgenommen werden.

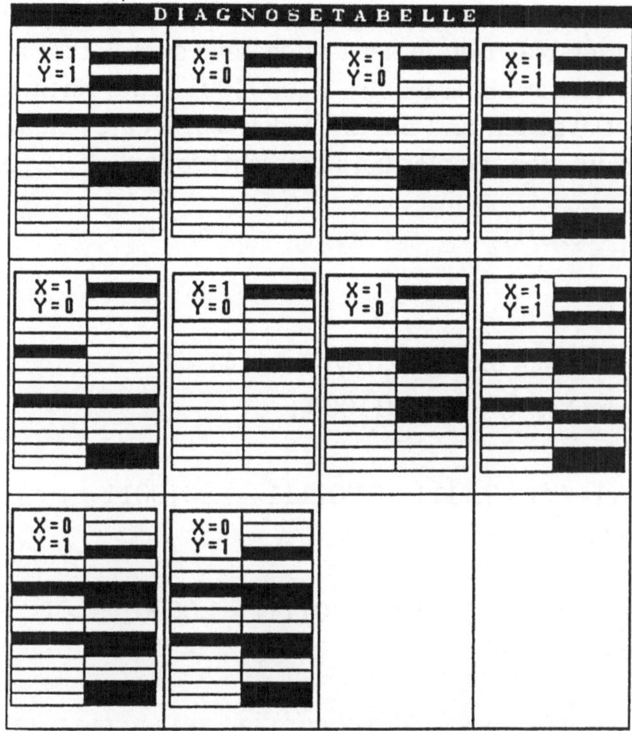

Abb. 9.23 HADLOP-Simulation der optoelektronischen Feldrechnerarchitektur

Die in Abb. 9.21 schematisch abgebildete Architektur wurde zum Zwecke einer Leistungsanalyse in ein HADLOP-Modell übertragen, das Logarithmus, Exponentialfunktion und Gleitpunktdivision einschließt. Der Daten- und der Tabellenspeicher wurden mit den HADLOP-Architekturprimitiva LOGIC modelliert, ebenso die Gatterebenen für die bit-serielle Addition, die Durchführung der Abfrage und die Ergebnisauswahl. Abb. 9.23 zeigt die Effektivität des gewählten Modells anhand einer simulierten Durchführung der Logarithmusfunktion. Die dargestellte Diagnosetabelle zeigt - von links oben nach rechts unten verlaufend - die Ausgabe von aufeinanderfolgenden Bitebenen. Um eine für den Leser noch überschaubare Datenebene zu wählen, wurde nur eine vertikale Pipelineeinheit modelliert und nach vier Iterationen abgebrochen. Die Pipelineeinheit operiert auf dem linken, oberen 4x2-Pixelfeld.

Dabei entspricht die links oben dargestellte Matrix der Bitposition 0, die rechte der beiden Matrizen in der letzten Zeile dem Vorzeichenbit. Für y_4 ergibt sich demnach als Ergebnis -1.10001001. Zum Nachweis, daß das Modell korrekt arbeitet, und um die Arbeitsweise eines Bitalgorithmus zu verdeutlichen, werden die vier Iterationsschritte explizit dargestellt.

$$x_1 = (0.625)_{10} = (0.101)_2$$
$$y_1 = 0\,;$$

$$x_2 = x_1 \cdot a_1 = x_1(1+2^{-1}) = 0.101 + 0.0101 = 0.1111 < 1$$
$$y_2 = -\ln(a_1) = -\ln(1+2^{-1}) = -1.10011000\,;$$

$$x_3 = x_2 \cdot a_2 = x_2(1+2^{-2}) = 0.1111 + 0.001111 = 1.0010011 > 1$$
$$y_3 = y_2\,;\; x_3 = x_2\,;$$

$$x_4 = x_3 \cdot a_3 = x_3(1+2^{-3}) = 0.1111 + 0.0001111 = 1.0000111 > 1$$
$$y_4 = y_3\,;\; x_4 = x_3\,;$$

$$x_5 = x_4 \cdot a_4 = x_4(1+2^{-4}) = 0.1111 + 0.00001111 = 0.11111111 < 1$$
$$y_5 = y_4 - \ln(a_4) = y_4 - 1.11110001 = 1\;1.10001001 = (-0.4648)_{10}$$

Alle weiteren Iterationsschritte sowie Beispiele für die Funktionsweise anderer Bitalgorithmen können in [Erha90] nachgelesen werden. Das in 2er-Komplementdarstellung gegebene obige Ergebnis weicht gegenüber dem durch eine Reihenentwicklung berechneten Ergebnis ln(0.625) = -0.4700035_{10} ab. Durch weitere Iterationen und eine größere Mantissenlänge kann das Ergebnis jedoch in befriedigender Weise verbessert werden.

9.4.3 Leistungsbewertung

Mit Hilfe der von Hockney [HoJe88] aufgestellten Leistungsparameter für Parallelrechner und einer HADLOP-Analyse wird die Rechenleistung des optoelektronischen Parallelrechnersystems im folgenden abgeschätzt. Nach Hockney gilt für die in MFLOP gemessene theoretische Maximalleistung r_∞ einer aus mehrfachen Pipelines bestehende Architektur (9.23).

$$r_\infty = \frac{N}{\tau} \tag{9.23}$$

Dieser Wert ergibt sich bei der Bearbeitung eines unendlich langen Vektors. Dabei ist N die Anzahl der Pipelines und τ die Zeit für die Bearbeitung einer Pipelinestufe. Für die in diesem Abschnitt vorgestellte Architektur ist τ identisch mit der Ausführungszeit einer Iteration. Mit Hilfe einer HADLOP-Simulation wurde τ für verschiedene optische Weglängen zwischen den Gatterebenen in Abhängigkeit der Laufzeit einer einzelnen Gatterebene abgeschätzt (Abb. 9.24). Man sieht deutlich, daß ab 2ns Durchlaufzeit der Zeitanteil, der auf die optische Datenübertragung fällt, vernachlässigt werden kann. Im Pikosekundenbereich, dort wo die Schaltzeit im Bereich der Ausbreitungsgeschwindigkeit der Signale liegt, sind die Leistungsunterschiede dagegen erheblich. Bei einer Verkürzung der optischen Weglänge um den Faktor 10, von 50mm auf 5mm, ergibt sich bei 500ps Schaltzeit eine Leistungssteigerung von 35 auf 55 MFLOP. Dies entspricht einer Zunahme um 57%.

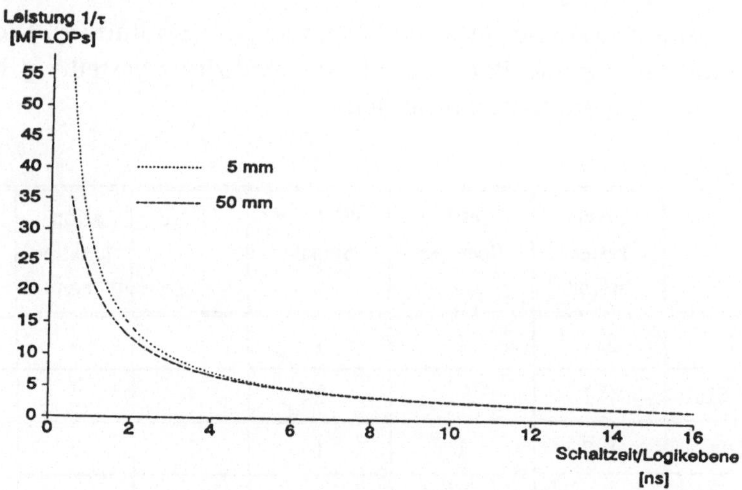

Abb. 9.24 Durch Simulation ermittelte Maximalleistung $1/\tau$ einer Pipelinestufe für verschiedene optische Weglängen zwischen benachbarten Gatterebenen

Das HADLOP-Modell ist ferner hilfreich zur Ermittlung der Komplexität der optoelektronischen Gatterebenen. Daraus läßt sich in einem an die HADLOP-Simulation anschließendem Schritt unter Berücksichtigung technologischerRahmenbedingungen auf die Anzahl paralleler Pipelines N rückschließen.

Dazu ist es vorab notwendig, die Komplexität eines für den Bitalgortihmus notwendigen PE abzuschätzen. Dies muß für jedes der 4 PE gemacht werden, die im einzelnen die Operandenauswahl, die Addition, den Tabellenzugriff und die Abfrage ausführen. Die Komplexität wird gemessen anhand (s. Tab. 9.2)
(i) der Dimension der optischen Ein/Ausgänge,
(ii) der Anzahl interner Speicherbits,
(iii) der Anzahl externer Signale, die an alle virtuelle PEs innerhalb der Gatterebene übertragen werden,
(iv) der Anzahl auszuführender DNF (identisch mit der Anzahl ODER-Gatter),
(v) der in den DNF insgesamt benötigten Konjunktionen (identisch mit der Anzahl UND-Gatter) und
(vi) der Gesamtanzahl an Gattern als Summe von (iv) und (v). Die genaue Darstellung der Komplexität, speziell die explizite Darstellung der DNF, kann dem Anhang entnommen werden.

	Pixel-raster In/Out	#Interne Speicher	#Externe Signale	#DNF	#Kon-junktio-nen	#Gatter
SEL	3x1	1	1	1	4	5
TABLE	1x1	2^7	2	1	2	3
ADD	1x2	1	1	2	7	9
FLAG	2x1	0	1	2	3	5

Tab. 9.2: Komplexität der Funktionsmodule des optoelektronischen Feldrechners

Wie Tab. 9.2 zeigt, ist der Additionsmodul die komplexeste Einheit (9 Gatter). Er bestimmt daher den durch die Größe definierten maximal möglichen Parallelisierungsgrad. Dieser ist dann gültig, wenn die entstehende Wärme auch völlig abgeführt werden kann. Derzeit ist die Leistung aber primär durch die Verlustleistung in den als optischen Ausgang vorgesehenen Laserdioden limitiert. Daher wird im folgenden sowohl eine Abschätzung der Parallelität in Abhängigkeit beider Faktoren, Größe und Verlustleistung, vorgenommen.

Ferner wird eine Lösung mit programmierbaren POELA-Bausteinen als auch eine Lösung mit direkter "hartverdrahteter" Logik berücksichtigt. Das POELA-Konzept hätte den Vorteil, daß sich alle Teiloperationen mit demselben Hardwarebaustein realisieren ließen, besitzt aber den Nachteil der geringeren Parallelisierung gegenüber der "hartverdrahteten" Lösung. Ein POELA-PE mit mindestens 2 optischen Ein/Ausgängen, einem externen Signaleingang, einem internen Speicher und 7 Konjunktionen, wie es der Additionsmodul vorgibt, benötigt nach (3.3) 132 Gatter. Verglichen mit den 9 Gattern einer direkten "hartverdrahteten" Lösung ist dies etwa ein um den Faktor 14.6 größerer Wert. Berücksichtigt man ferner, daß die POELA-Lösung die doppelte Gatterlaufzeit für die Ausführung einer DNF benötigt, ergibt dies ungefähr eine Leistungseinbuße um den Faktor 30. Alle im folgenden dargestellten Leistungsmaße, die sich auf die hartverdrahtete Lösung beziehen, sind somit durch 30 zu dividieren, um die für ein POELA-System gültigen Werte zu bekommen.

Die Abschätzung der möglichen Parallelität geschieht wieder, wie bereits in Kap. 9.1 im Falle des Arithmetikarrays, unter Annahme der in Kap. 3 beschriebenen hybriden Implementierungstechnik.
Zur Ausführung der oben aufgeführten 4 Operationen sind in einer hybriden Aufbautechnik vier Logik/Detektorbausteine und vier Senderbausteine nötig, die im folgenden als Konfiguration bezeichnet werden. Abb. 9.25 zeigt die Anordnung einer solchen hybrid aufgebauten Konfiguration analog zu der in Kap. 3 beschriebenen Technik (vgl. hierzu Abb. 3.9). Geht man wie in Kap. 9.1 davon aus, daß ein einzelner Logik/Detektor- bzw. Senderbaustein eine Fläche von $1cm^2$ besitzt, kann man ca. 180 solcher Konfigurationen auf einem Siliziumwafer mit 15x15 inch Ausdehnung anordnen.

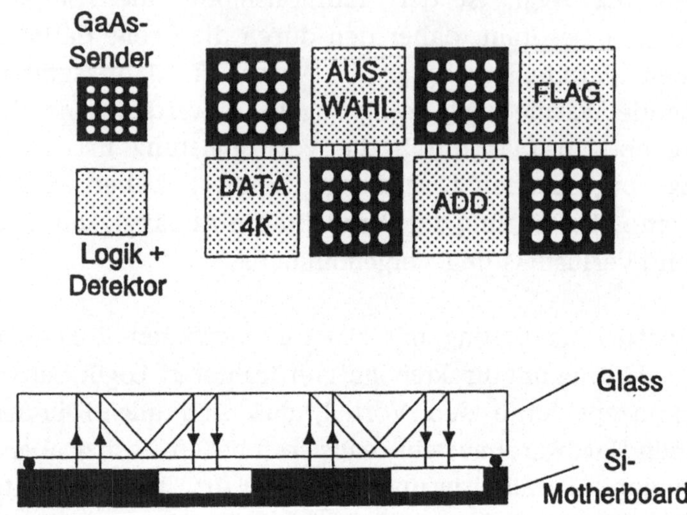

Abb. 9.25 Aus vier Logik/Detektorbausteinen bestehende Konfiguration in hybrider Aufbautechnik

Die Anzahl der Pipelinestufen pro Konfiguration hängt vom Parallelisierungsgrad der Additionseinheit ab. Dieser wird über die Anzahl der Gatter G inklusive Verdrahtung pro cm^2 abgeschätzt. Pro Iteration sind 4 Addierer notwendig (für x_i+Sx_i, y_i+Sy_i, $x_{i-1}+Sx_{i-1}$ und $y_{i-1}+Sy_{i-1}$). Wie bereits erwähnt, benötigt eine Pipelinestufe insgesamt 31 Iterationen. Da ein Addierer 9 Gatter erfordert, erhält man somit pro Konfiguration G/(31·4·9) Pipelineeinheiten. Für alle 180 Konfigurationen ergibt dies 0.161G Pipelineeinheiten auf dem gesamten Wafer. Abb. 9.26 zeigt den maximalen Durchsatz r_∞ für verschiedene Durchlaufzeiten pro Gatterebene t_D bei einer angenommenen optischen Weglänge von 5cm zwischen benachbarten Gatterebenen in Abhängigkeit der Anzahl der Gatter G pro mm^2.

Da sich aus der Gatteranzahl auf die Anzahl der PEs rückschließen läßt, kann aus der Gatteranzahl auch die Anzahl der notwendigen optischen Sender in den GaAs-Halbleitern ermittelt werden. Die beiden Geraden in Abb. 9.26 zeigen den Verlauf der Verlustleistung in den optischen Sendern in Abhängigkeit der Gatteranzahl.

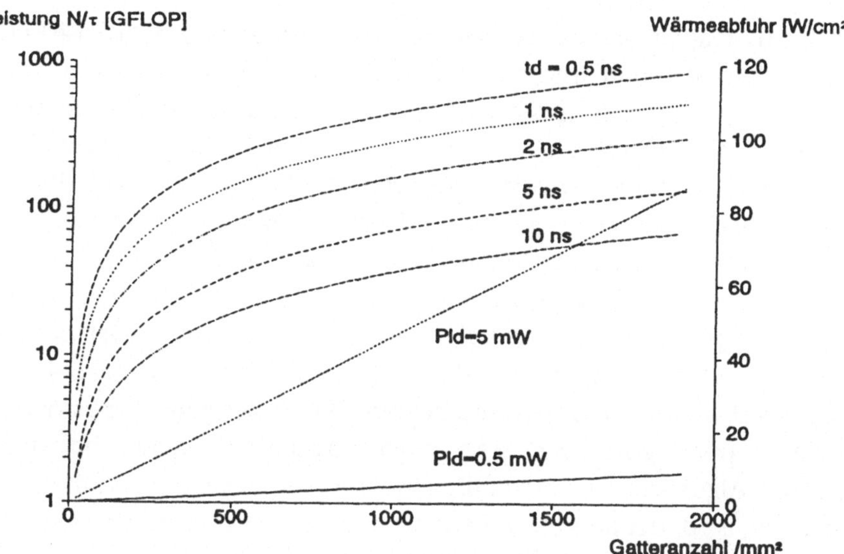

Abb. 9.26 Maximale Rechenleistung des auf einem Siliziumwafer aufgebauten optoelektronischen Parallelrechners

Die obere Gerade gilt für den Fall, daß eine einzelne Laserdiode eine Verlustleistung von ca. 5mW aufweist, was dem derzeitigen technologischen Stand entspricht [Lase92]. Man hofft in Zukunft noch eine Verbesserung um eine Größenordnung zu erreichen. Den Verlauf für diesen Fall zeigt die untere Gerade. Am rechten Rand des Diagramms ist die zu den Geraden zugehörige Verlustleistung aufgetragen.

Im folgenden wird eine Abschätzung für die aufgrund ihrer sehr hohen Integrationsdichten attraktive ACMOS-Technologie bei gleichzeitig sehr schnellen Gatterlaufzeiten (ca. 1ns, [NaSem91]) mit optischen Senderelementen vorgenommen. Um bei der Abschätzung der Integrationsdichte auch den Platzbedarf für die Verdrahtung, die Spannugsversorgung etc. zu erfassen, wird ein kommerzieller ebenfalls in moderner CMOS-Technologie realisierter Mikroprozessor betrachtet. Der DEC-Alpha besitzt auf einer Chipfläche von 2.38 cm^2 inklusive Verdrahtung und Spannungsversorgung 1.68 Millionen Transistoren. Stellt man in Rechnung, daß jedes der 9 Gatter des Additionsmoduls g+2 Transistoren braucht, wenn g die Anzahl der Gattereingänge ist und zwei weitere Transistoren für den Eingangs- und Ausgangswiderstand gebraucht werden, benötigen die 9 Gatter 54 Transistoren, also ca. 5 Transistoren pro Gatter.

Auf $1mm^2$ Fläche würden demzufolge ca. $(1.68 \cdot 10^4)/(2.38 \cdot 5)=1400$ Gatter Platz finden. Bei einer Integrationsdichte von 1400 Gattern/mm^2 und 1ns Gatterlaufzeit läßt sich in obiger Kurve eine theoretische Maximalleistung von ca. 200 GFLOP ablesen. Dies verursacht aber bei 5mW Verlustleistung pro LD eine Gesamtverlustleistung von ca. 60 W/cm^2. Wie die untere Gerade in Abb. 9.26 zeigt, wäre eine Reduzierung um eine Größenordnung ausreichend, um den kritischen Bereich zu verlassen.
Es bleibt festzustellen, daß die Kombination eines massiven Parallelismus einfach aufgebauter Prozessorelemente mit der hohen Ortsbandbreite optischer Datenübertragung auf wenigen Silizumwafern (ca. 4-5) eine Möglichkeit bietet, platzsparend in den TFLOP Bereich vorzustoßen. Auf der Ebene der Algorithmen sind dabei möglichst einfache aber dennoch effiziente Algorithmen notwendig, wie z.B. die gezeigten Bitalgorithmen. Notwendig ist dabei aber eine Reduzierung der Leistungsaufnahme in den optischen Sendern um 1 Größenordnung.

Zum Abschluß dieses Kapitels seien nochmals die wesentlichen Punkte der vorgenommenen Bewertungen zusammengefaßt. Wie die Untersuchung der rein optischen Ansätze für Feldrechner zeigten, sind diese derzeit entweder aufgrund sehr großer Gatteranzahlen und hoher Energieanforderungen in den optischen Gattern (s. Feldrechner in MSL) oder aufgrund zu geringer Rechenleistungen (s. POLA-Architektur für CM-1) nicht konkurrenzfähig zu rein elektronischen SIMD-Parallelrechnern. Vielversprechender sind derzeit hybrid aufgebaute optoelektronische Konzepte, die z.B. leistungsstarke ACMOS-Logik mit optischen GaAs-Sendern verbinden. Durch parallele optische Verbindungen in der dritten Dimension erlauben sie den Aufbau von SIMD-Rechnerstrukturen, die eine Kombination aus Feldrechner und Pipelinerechner darstellen. Für zwei Beispiele, eine Ganzzahlenarithmetik auf der Basis eines systolischen Arrays und eine für numerische Anwendungen geeignete Gleitpunktarchitektur auf der Basis von Bitalgorithmen wurde dies demonstriert. Für beide Ansätze wurden Abschätzungen durchgeführt, deren Ergebnisse (Faktor 20 bei Ganzzahlenarithmetik gegenüber MasPar; ca. 5 Boards auf insgesamt $0.7m^2$ Grundfläche für TFLOP-Bereich) eine Leistungssteigerung gegenüber rein elektronischen Parallelrechnern erwarten lassen. Dringend notwendig ist dafür aber eine Reduzierung der Leistungsaufnahme der optischen Sender um mindestens eine Größenordnung.

10 Zusammenfassung und Ausblick

10.1 Zusammenfassung

Durch den Einsatz von Optik und Optoelektronik in Parallelrechnern erhofft man sich eine zusätzliche Steigerung der Rechenleistung. Welche Steigerungen zu erwarten sind und welche Auswirkungen sich aus dem Einsatz von Optik auf die Rechnerarchitektur und die darin eingesetzten Bauelemente ergeben, wurde in diesem Buch dargestellt. Dabei wurde folgendermaßen vorgegangen:

1) Es wurde ein Konzept für ein Entwurfssystem der digitalen Optik entwickelt, das unterschiedliche Aspekte wie Architektur, Algorithmus und deren optische bzw. optoelektronische Umsetzung gleichermaßen berücksichtigt.

2) Dieses Entwurfssytem wurde benutzt, um damit Aussagen über die Effizienz optischen bzw. optoelektronischen Parallelrechnerstrukturen zu gewinnen.

10.1.1 Konzept für ein Entwurfssystem der digitalen Optik

In Anlehnung an beim Entwurf elektronischer Systeme verwendeter Methoden wurde ein Abstraktionsmodell der digitalen Optik definiert. Dieses Abstraktionsmodell enthält fünf verschiedene Betrachtungsebenen: Architektur, Algorithmus, Register-Transfer-, Logik- und Bauteileebene. Da es sich bei der digitalen Optik um eine im Aufbau befindliche Disziplin handelt, wurden die meisten Arbeiten in den unteren, an der physikalischen Implementierung orientierten Ebenen Register-Transfer-, Logik- und Bauteileebene durchgeführt.

Auf der Bauteileebene wurde die Verwendbarkeit von beim Entwurf elektronischer Schaltungen eingesetzten Werkzeugen (SABER,SPICE) für die Zwecke der digitalen Optik untersucht. Anhand exemplarischer Modellierungen wurde nur eine bedingte Einsatzfähigkeit festgestellt.

Insbesondere die Berücksichtigung der Zweidimensionalität der Optik macht es erforderlich, existierende Werkzeuge zu erweitern.
Auf der Logikebene wurde das Problem der Berücksichtigung der Zweidimensionalität in der Optik dadurch gelöst, daß mit dem System HADLOP eine Eigenentwicklung vorgenommen wurde. HADLOP ermöglicht die Modellierung, Simulation und Bewertung von nacheinander angeordneten Gatterebenen, die aus simplen nach dem SIMD-Prinzip arbeitenden Prozessorelementen zusammengesetzt sind. Diese Strukturen sind typisch für digitale optische Systeme. Ferner berücksichtigt HADLOP explizit reguläre Verbindungsmuster (z.B. Perfect Shuffle, Butterfly), welche ebenfalls typisch für digitale optische Systeme sind. Mit HADLOP konnten umfangreiche Systemstudien auf Logikebene durchgeführt werden, in denen rein optische und optoelektronische Architekturen miteinander verglichen wurden. Ferner wurde durch die Syntax von HADLOP eine Schnittstelle zur Verfügung gestellt, die den automatischen Übergang benachbarter Ebenen vereinfacht.

Als Beispiel für ein "Top-Down-Entwurfssystem" wurde eine automatische Anbindung der Register-Transfer-Ebene an die Logikebene vollzogen. Konkret geschah dies durch die Entwicklung eines Verfahrens, mit dem bit-orientierte systolische Arrays automatisch in eine für das System HADLOP geeignete syntaktische Beschreibung transformierbar sind. Bit-orientierte systolische Arrays wurden dabei als ein mögliches Beschreibungsmodell eines digitalen optischen Systems auf der Register-Transfer-Ebene definiert. Dies ist gerechtfertigt, da die Zellen eines solchen systolischen Arrays als Anordnung von Registern betrachtet werden können, die untereinander manipulierte Daten austauschen. Systolische Arrays erleichterten aufgrund ihres regulären Aufbaus nicht nur den automatischen Übergang nach unten zur Logikebene, sondern können auch, wie bereits demonstriert [Quin87], an algorithmische Beschreibungen angebunden werden. Sie sind somit ein wesentlicher Bestandteil bei der Implementierung eines Top-Down-Entwurfs-werkzeuges der digitalen Optik.

Die Ebenen Architektur und Algorithmus fanden ihre Berücksichtigung bei den im folgenden im Überblick dargestellten Bewertungen optischer und optoelektronischer Parallelarchitekturen.

10.1.2 Bewertung von Architekturen der digitalen Optik

Systolische Architekturen erweisen sich neben dem Entwurfsaspekt auch noch in anderer Hinsicht als vorteilhaft. Sie unterstützten die Entwicklung von Architekturkonzepten für leistungsstarke, digitale optische Rechensysteme. Letzteres ist auf den einfachen funktionalen Aufbau der Zellen zurückzuführen. Dies gestattet die Entwicklung eines Konzeptes für eine massiv parallele Rechenstruktur, die einen hohen Bedarf an einer Vielzahl an Verbindungen aufweist. Dieser Bedarf kann prinzipiell durch den Einsatz optischer Verbindungen gedeckt werden.

Konkret wurde dies bei der Ableitung eines systolischen Arithmetikarrays in eine für Ganzzahlenarithmetik geeignete optoelektronische Architektur gezeigt, die sich als eine Kombination aus Feld- und Pipelinerechner gestaltet. Diese wurde mit dem System HADLOP auf funktionale Richtigkeit überprüft und bewertet. Dabei wurde eine als Nahziel einzuordnende hybride Aufbautechnik angenommen, bei der eine in ACMOS-Technologie realisierte Logik über ein Silizium- oder Keramiksubstrat mit in GaAs aufgebauten optischen Senderelementen verbunden ist. Die Analyse ergab, daß mit den derzeitigen Verlustleistungen einer als optischen Ausgang fungierenden Laserdiode (5mW) keine Leistungssteigerung gegenüber bereits existierenden elektronischen Parallelrechnern zu erwarten wäre. Bei einer mittelfristig durchaus zu erwartenden Reduzierung der Leistungsaufnahme um 1-1.5 Größenordnungen wäre eine theoretische Maximalleistung von 600 GIPS zu erwarten. Dies wäre eine Steigerung um den Faktor 20 im Vergleich zu dem elektronischen Hochleistungsrechner MasPar.

Eine ähnliche Situation ergibt sich bei der Analyse eines für numerische Anwendungen geeigneten optoelektronischen Architekturkonzeptes. Hier würde man ebenfalls durch eine Reduzierung der Leistungsaufnahme in den optischen Senderelementen um eine Größenordnung eine vielversprechende Rechenleistung von ca. 200 GFLOP erzielen. Da dies auf einem $0.14m^2$ großen Silizium- oder Keramikboard geschieht, bietet sich eine platzsparende Möglichkeit, durch mehrere solcher Boards in den TFLOP-Bereich vorzudringen. Machbar wird dies durch eine Kombination von hochdichten optischen Verbindungen und einer bestimmten Klasse von Algorithmen (Bitalgorithmen), die im wesentlichen auf 1-Bit-Volladdition beschränkte Prozessorelemente voraussetzen. Dies läßt die Integration sehr vieler solcher Elemente zu. Um die genannte Rechenleistung zu erreichen, seien als Eckwerte folgende durch die Analyse ermittelten Größen aufgeführt: 0.5mW Verlustleistung in den Laserdioden, ca. 1500 Gatter/mm^2 bei der Logik und ca. 1ns Gatterdurchlaufzeit.

Anders verhält sich der Sachverhalt bei rein optischen Architekturansätzen, in denen daran gedacht ist, die Logik durch optische Gatter ausführen zu lassen. Hier ergab die Analyse sehr hohe Verlustleistungen, z.B. 10 kW bei einer Rechenleistung von 100 GIPS für ein 16K-Prozessorarray, das ähnliche Prozessorstrukturen wie die auf Bitalgorithmen aufbauende optoelektronische Architektur aufwies. Hier müßte in Zukunft eine Reduzierung der Leistungsaufnahme bei den optischen Gattern um bis zu 3 Größenordnungen erfolgen, damit diese Architekturen in Konkurrenz zu rein elektronischen Systemen treten können.

10.2 Ausblick

Es werden folgende konkrete Vorschläge für eine Fortsetzung der in diesem Buch dargestellten Ansätze gemacht und von den Autoren weiter verfolgt.

1. Aufbau eines einfachen optoelektronischen PE

Um die in dieser Arbeit durch Simulationen herausgefundenen Ergebnisse auch experimentell überprüfen zu können, muß entweder ein diskretes oder falls es die Mittel erlauben ein hybrid realisiertes, optoelektronisches PE aufgebaut werden. Das PE muß, um einen vielseitigen Einsatz zu ermöglichen, programmierbar sein, z.B. wie in Kap. 3.3 gezeigt, durch programmierbare DNF mittels dynamisch konfigurierbarer UND- und ODER-Matrizen. In Abhängigkeit der Komplexität, gemessen durch die Anzahl optischer Ein/Ausgänge, interner Flip-Flops und programmierbarer Konjunktionen pro PE, können z.B. die in diesem Buch im Blickpunkt gestandenen Algorithmen (s. Tab.10.1) umgesetzt werden.

Beispielsweise kann ein optoelektronisches PE, welches 4 optische Ein/ Ausgänge aufweist, 2 1-Bit-Register besitzt und 11 beliebige Konjunktionen programmieren kann, sowohl als Schaltelement in einem Omega-Netzwerk, als einfacher zellulärer Automat oder als 1-Bit-Volladdierer programmiert werden.

	#Input	#Output	#Flip-Flop	#Konjunktionen
3D-Ripple-Carry-Addition (Kap.6.3.1.1)	2	1	1	7
MSD-Addition (Kap.6.3.1.3)	4	4	0	8
2x2 Austauschelement in Omega-Netzwerk (Kap.6.3.2)	4	4	3	11
Zelle systolisches Arithmetikarray (Kap.8.2.1)	8	8	0	14
optoelektronischer Feldrechner (Kap.9.4.4)	4	2	2	9

Tab. 10.1 Komplexität der einzelnen PE für verschiedene Algorithmen

2. Optimierung des POELA-Programmierkonzeptes

Ansatz des in Kap. 3.3 vorgestellten POELA-Konzeptes war es, die Realisierung möglichst vieler Algorithmen mit einem optoelektronischen PE zu ermöglichen, das die Programmierung von DNF erlaubt. Es muß noch genau untersucht werden, ob und wie das in Kap. 3.3 vorgestellte grundlegende Konzept der programmierbaren DNF optimiert werden kann. Gegenstand der Optimierung muß dabei der für die Erzeugung der Konjunktionen (UND-Matrix; s. Abb.3.3) und die additive Verknüpfung der Konjunktionen (ODER-Matrix; s. Abb.3.3) notwendige Gatter- und Speicheraufwand sein. Hierbei ist zu untersuchen, inwieweit eine Einsparung dadurch erreichbar ist, daß stets m der n Eingangsvariablen ($m < n$) durch ein UND-Gatter festverdrahtet werden und die restlichen n-m Variablen, wie in Kap. 3.3 beschrieben, durch ein Selektionsregister ausgewählt werden.

Ein weiterer zu berücksichtigender Ansatz für eine Optimierung ist die Programmierung einer DNF durch eine Zugriffstabelle, ähnlich wie dies bei der CM-1 geschieht. Diese Art der Programmierung ist nur bei einer geringen Anzahl der Ein/Ausgangsvariablen effektiv. Wie Tab. 10.1 zeigt, ist dies jedoch für eine Vielzahl von untersuchten Algorithmen gegeben. Welche Einsparungen und auch welche algorithmischen Einschränkungen sich bei der Verwendung einer Zugriffstabelle gegenüber der in Kap. 3.3 vorgestellten Lösung sowie der oben angesprochenen Variante mit fest vorgegebenen Verknüpfungen eines Teils der Eingangsvariablen ergeben, muß das Ergebnis einer solchen Optimierungsanalyse sein.

3. Ausbau des Abstraktionsmodells der digitalen Optik zu einem Top-Down-Entwicklungssystem

Um dem Ziel der Realisierung eines optoelektronischen Silicon-Compilers möglichst nahe zu kommen, müssen benachbarte Abstraktionsebenen automatisch miteinander verbunden werden. Für die Register-Transfer-Ebene und die Logikebene ist dies hier bereits geschehen (s. Kap.8). Um dies sowohl nach oben als auch nach unten fortzusetzen, sind folgende Arbeiten notwendig. Es muß eine Anbindung der Algorithmenebene an die Register-Transfer-Ebene erfolgen, in der z.B. aus einem System von Rekurrenzgleichungen [Thal89] eine formale Beschreibung eines systolischen Arrays generiert wird, die der in Kap. 7 eingeführten Beschreibung entspricht. Die automatische Anbindung der Logikebene an die Bauteileebene gestaltet sich dagegen schwieriger, da hier noch eine Synthese von Entwurfswerkzeugen der Optik (z.B. CODE V [CODEV]) und Elektronik (z.B. Saber [Analogy88]) notwendig ist, um auch nicht ideales Systemverhalten digitaler optischer Systeme zu berücksichtigen. Ist dieser Schritt erfolgt, kann z.B. eine Transformation von HADLOP-Beschreibungen in das Eingabeformat eines auf Bauteileebene arbeitenden Systems erfolgen.

4. Erweiterung des Befehlsvorrates im Konzept des optoelektronischen Feldrechners

Die durch Simulation in Kap. 9.4 ermittelten Ergebnisse zeigen, daß es sich bei dem auf Bitalgorithmen aufbauenden vorgeschlagenen

optoelektronischen Feldrechner um eine effiziente Architektur handelt. Es ist daher lohnenswert, in einem nächsten Schritt auch den bisher nur auf die Funktionen DIV/MUL, LN/EXP beschränkten Befehlsvorrat zu erweitern.
Bitalgorithmen zur Berechnung weiterer Standardfunktionen, wie der Quadratwurzel sowie der trigonometrischen Funktionen, die ebenfalls auf die Elementaroperationen Tabellenzugriff, Verschiebung der Operanden, 1-Bit-Addition und Vergleich aufbauen, existieren bereits. Um diese auf die in Kap. 9 vorgestellte Architektur abzubilden, muß untersucht werden, welche der vier in der Architektur verwendeten Module dafür funktional erweitert werden müssen, und in welchem Umfang dies geschehen muß. Diese Untersuchung kann durch HADLOP-Simulationen erfolgen. Aus den Simulationsergebnissen kann ferner, wie in Kap. 9 exemplarisch vorgeführt, eine exakte Leistungsbewertung für die Architektur mit erweitertem Befehlsvorrat erfolgen.
Als Ergänzung zur Aufnahme weiterer Standardfunktionen in den Befehlsvorrat ist auch die Berücksichtigung von Algorithmen für typische, numerische Probleme, wie z.B. Matrixmultiplikation oder FFT (Fast-Fourier-Transformation) notwendig. Dies kann beispielsweise durch Zurückführung dieser Funktionen auf den elementaren Befehlsvorrat (add, shift, mul, compare) der Maschine erfolgen. Die Ermittlung der Zeitkomplexität oder z.B. die durch HADLOP-Simulationen geschätzte Ausführungsdauer für diese Funktionen können als weitere Leistungskriterien im Sinne von Benchmarks verwendet werden.

Durch eine enge Anbindung an die Algorithmenebene wird die Akzeptanz einer solchen mit erweitertem Befehlsvorrat konzipierten Maschine wesentlich erleichtert. Gerade bei den in der Literatur vorgestellten Architekturkonzepten für optische bzw. optoelektronische Parallelrechner wird nach Meinung der Autoren die Anbindung an Algorithmen und damit auch an mögliche Anwendungen zu sehr in den Hintergrund verdrängt. Eine vorbildliche Ausnahme stellt in diesem Zusammenhang das von Huang und Louri in [HwLo88] und auch in Kap. 9.2 analysierte Konzept eines optischen Feldrechners dar.
Genau in diesem Sinn muß eine Studie über die Leistungsfähigkeit des in Kap. 9.4 gemachten Architekturvorschlages fortgesetzt werden.

Anhang A:

MAST-Templates

Modellierung einer Leuchtdiode

```
element template LED  p n  =  Iq,Cs,taueff,lambda,eta

electrical       p,n
number           Iq,                         # Diodenstrom
                 Cs,                         # Diffusionskapazitaet
                 taueff,                     # Lebensdauer der Minoritaetstraeger
                 lambda,                     # Wellenlaenge des Lichtes
                 eta                         # externer Wirkungsgrad

{
    number       h = 6.62e-34,               # Plancksche Konstante
                 e = 1.6e-19,                # Elementarladung
                 k = 1.38e-23,               # Boltzmann-Konstante
                 c = 2.99e8,                 # Lichtgeschwindigkeit
                 temp = 27,                  # Temperatur
                 etaopt,                     # optischer Wirkungsgrad
                 beta                        #
    var          i  Ir                       # Rekombinationsstrom
    var          p  Ps                       # abgestrahlte Lichtleistung
    val          i  Qou                      # Qoutient links der Diffgleichung
    val          i  I1,I2                    # Hilfsvaraiblen fuer Stromfluss
    val          q  qCs                      # Ladung an Sperrschichtkondensator
    val          v  Vd                       # Diodenspannung
    val          p  pow,pow1                 # abgestrahlte Lichtleistung

    struc        {number point, inc;} sIr[*] = [(-100,10),(-10,1),(0,2),(10,0)]

    parameters {
                 etaopt = eta * (h * c) / (e * lambda)
                 beta   = e / (k * (temp + 273.15))
    }

    values {
                 Vd   =  v(p) - v(n)

                 I1   =  Ir + Iq
                 I2   =  Iq - Ir
                 Qou  =  ((I1 * I2) * beta) / (Cs + beta * taueff * I1)
                 pow  =  etaopt * Ir
                 pow1 =  Ps
    }

    control_section {
                 sample_points(Ir,sIr)
    }

    equations {
                 i(p) += Iq
                 i(n) -= Iq
                 Ir:  Qou = d_by_dt(Ir)
                 Ps:  pow1 = pow
    }
}
```

Modellierung einer Photodiode

```
element template PHD_AVA_PIN  p n LPin   = Id, Cap, R, nopt, lambda, Ub, Nu, PHD_typ

electrical  p,n
ref         p   LPin

number      Id,                                  # Dunkelstrom
            Cap,                                 # Sperrschichtkapazitaet
            R,                                   # Lastwiderstand
            nopt,                                # Wirkungsgrad
            lambda,                              # emmittierte Wellenlaenge
            Ub,                                  # Durchbruchspannung
            Nu                                   # Koeffizientenindex

enum  {PIN_D, AVA_D}    PHD_typ

{
external    number  temp                         # Raumtemperartur
number      h = 6.62e-34,                        # Plancksche Wirkungsquantum
            e = 1.6e-19,                         # Elementarladung
            k = 1.38e-23,                        # Boltzmannkonstante
            c = 2.39e8,                          # Lichtgeschwindigkeit
            Vt,                                  # thermische Spannung
            Resp                                 # Responsivity

val     v   Vd                                   # Diodenspannung
val     i   Iph,                                 # Photostrom
            Iout                                 # Ausgabestrom
val     p   Phelp1, Phelp2                       # Hilfsvariablen
val     nu  M0                                   # Verstaerkung bei AVA-PHD

parameters {

        Resp = nopt*(e*lambda)/(h*c)             # bestimme Responsivity
        Vt = k*(temp+273.5)/e                    # Berechnung thermische Spannung
}

values {

        Vd = v(p)-v(n)                           # Spannung an Leuchtdiode
        if (PHD_typ == AVA_D)                    # Bei Avalanche Photodioden
            M0 = 1/(1-(Vd/Ub))**Nu               # Verstaerkungsfaktor bestimmen
        if (PHD_typ == PIN_D)                    # bei PIN-PHD Verstaerkung = 1
            M0 = 1
        Iph = Lpin * Resp
        Iout = Id * (limexp(Vd/Vt)-1) - Iph*M0
}

equations {

        i(p) -= Iout                             # Diodenstrom fliesst in Pin p
        i(n) += Iout                             # Diodenstrom verlaesst Pin n

}
```

Anhang B:

Chomsky-Grammatik für den HADLOP-Systemcode

```
S =   { ARCHITECTURE }

N =   { ARCHITECTURE, AR_ELE, AR_PRIM, DEB_PRIM, SPLJO_BLOCK,
        BACK, JOIN, PATH, OP, TOPO, INT }

T =   { 'stop','diag',                            /* Debugging */
        'split',                                  /* Strahlteilung */
        'j_or', 'j_and', 'j_xor',                 /* Strahlkomposition */
        'logic',                                  /* Gatterebene */
        'perm',                                   /* Permutationselement */
        'rule',                                   /* Mustersubstitutionsregel */
        'cont',                                   /* Kontrollmaske */
        'or', 'and', 'xor',                       /* Bitebenen-Operator */
        'b_beg', 'b_end',                         /* Strahlrückführung */
        'perf', 'butterfly',      'random'        /* Verbindungstopologien */
        '/',                                      /* Ende Strahlengang */
        end }                                     /* Architekturende */

P =   { ARCHITECTURE ----> (AR_ELE)* end,
        AR_ELE       ----> AR_PRIM  DEB_PRIM,
        DEB_PRIM     ----> 'stop' 'diag',
        AR_PRIM      ----> SPLJO_BLOCK 'logic' INT
                           'perm' TOPO
                           'rule' INT 'cont' INT OP  BACK,
        OP           ----> 'and' 'or' 'xor',
        TOPO         ----> 'perf'  'butterfly'  'random' INT
        BACK         ----> 'b_beg'  AR_PRIM  (AR_ELE)* 'b_end',
        PATH         ----> AR_PRIM  (AR_ELE)*  '/',
        JOIN         ----> 'j_or' 'j_and' 'j_xor',
        SPLJO_BLOCK  ----> 'split' PATH '/' (PATH '/')+ JOIN }
```

Anhang C:

Spezifikation der Module des optoelektronischen Feldrechnerkonzepts

TABELLE

Funkt.: Datenhaltung der für die Berechnung notwendigen Konstanten. Speicher ist als 3D-Ringspeicher organisiert. Über den rechten Rand erfolgt die Ausgabe der Daten.

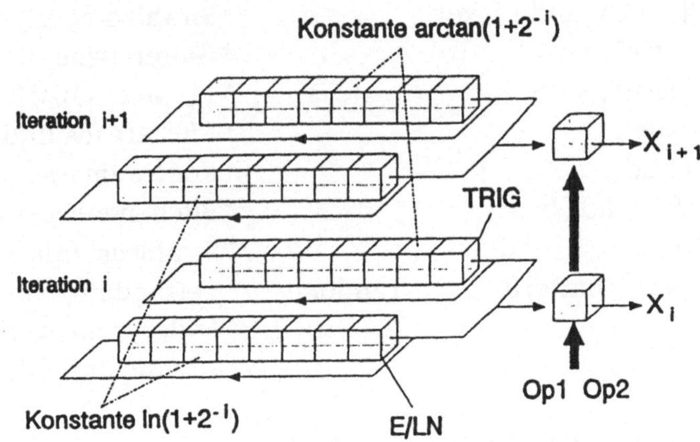

Ein/Ausgaberaster: Rasterdimension: 1x1

Intern: Pro Iterationsstufe und pro zu speichernder Konstante ein elektronisch realisiertes 32-Bit-Register. Im Beispiel aus Kap. 9 geschah dies für die e/ln-Funktion. Nur die niedrigstwertige Bitstelle ist mit einem optischen Ausgang verbunden.

E/LN: optischer Ausgang für e/ln-Funktion (Konstante: a_i=$1+2^{-i}$))

TRIG: optischer Ausgang für sin/cos-Funktion (Konstante: a_i=arctan(2^{-i}))

Extern: 2 Signale, **Op1** und **Op2**; kodieren die auszuführende Funktion, werden von der zentralen Kontrolleinheit geliefert.

DNF:

$$T_{out} = \overline{Op1}\,\overline{Op2}\,E/LN + \overline{Op1}\,Op2\,TRIG$$

Dabei gilt folgende Funktionskodierung:

	Op1	Op2
Exponential/Log.	0	0
Div/Mul	1	0

Additionsmodul (ADD)

Funkt.: Führt die Addition der x_i bzw. y_i mit den verschobenen Werten Sx_i bzw. Sy_i durch. Genau ein virtuelles PE addiert ein Paar.

Ein/Ausgaberaster: Rasterdimension: 2x1

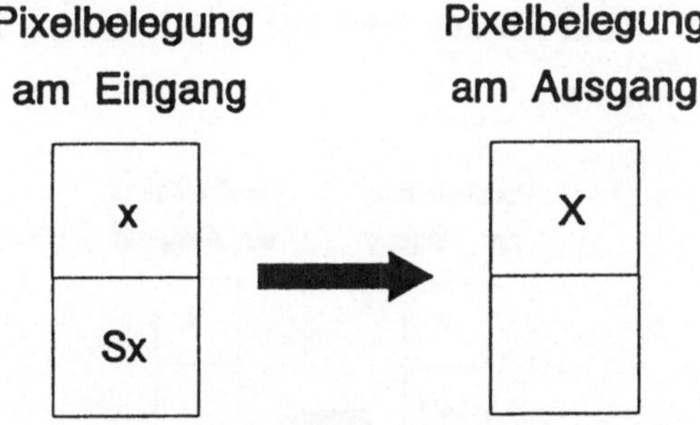

x: Bit des 1.Summanden x_i bzw. y_i der Folge
Sx: Bit des 2.Summanden Sx_i bzw. Sy_i
X: errechnetes Summenbit

Intern: eine interne Speicherzelle **carry** zur Registrierung des Übertrages

Extern: 1 Signal, das von der externen Kontrolleinheit bereit gestellt wird.
reset: setzt die interne Speicherzelle carry am Ende einer Iteration wieder zurück auf 0.

DNF:

$$X = x\,Sx\,carry + x\,\overline{Sx}\,\overline{carry} + \bar{x}\,Sx\,\overline{carry} + \bar{x}\,\overline{Sx}\,carry$$

$$carry = x\,Sx\,\overline{reset} + x\,carry\,\overline{reset} + Sx\,carry\,\overline{reset}$$

Auswahlebene (SEL)

Funkt.: In Abhängigkeit des vom Modul FLAG übertragenen Abfrageergebnisses und der auszuführenden Funktion wird entweder die alte oder neue Folge (x_i,y_i) bzw. (x_{i-1},y_{i-1}) durchgeschaltet. Die Schalterebene fungiert in diesem Sinn als dynamische Maske.

Ein/Ausgaberaster: Rasterdimension: 3x1

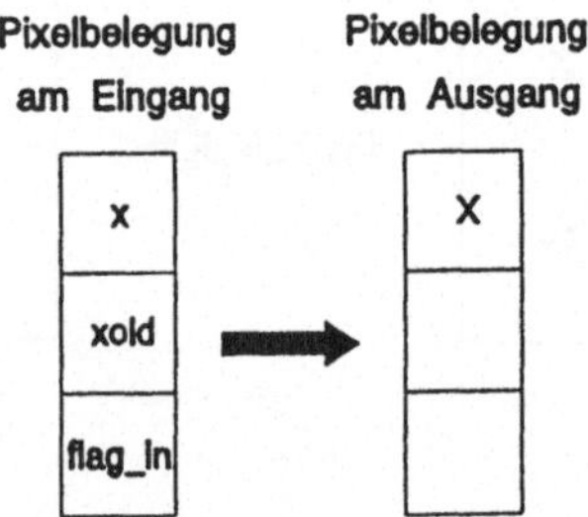

x, xold: neuer und alter Iterationswert
flag_in: zeigt Ergebnis der im Modul FLAG ermittelten Abfrage an.
wenn **flag_in** = 1, dann vorherige Iterationswerte (x_{i-1},y_{i-1}) durchlassen;
wenn **flag_in** = 0, dann neue Iterationswerte (x_i,y_i) durchlassen

Intern: Das interne Speicherbit **flag** registriert für 32 Iterationsschritte das vom Modul FLAG übertragene Abfrageergebnis. Nach 32 Iterationsschritten wird der Inhalt aktualisiert, was durch ein externes Kontrollsignal angezeigt wird.

Extern: 1 Signal; wird von der externen Kontrolleinheit geliefert.
flag_akt: zeigt Zeitpunkt an, wann internes Speicherbit flag aktualisiert werden muß.

DNF:

$$X = \overline{flag\_akt} \; x \; \overline{flag} + flag\_akt \; x \; \overline{flag\_in} + \overline{flag\_akt} \; xold \; flag + flag\_akt \; xold \; flag$$

Abfrageebene (FLAG)

Funkt.: Führt die zum Abschluß einer Iteration notwendige Abfrage durch. Dabei wird der nach der Addition errechnete Wert auf ≥ 1 (DIV,MUL,LN) bzw. < 0 (EXP) getestet.

Ein/Ausgaberaster: Rasterdimension: 2x1

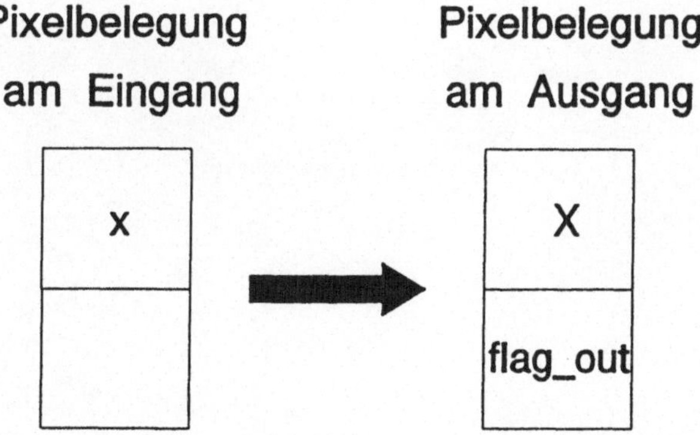

x: errechneter Summationswert
X: Sumationswert, der unverändert zum Datenspeicher übertragen wird.
flag_out: wird 1, wenn obige Bedingungen erfüllt sind; wird 0 sonst

Intern: kein interner Speicher nötig.

Extern: 1 Signal, das von der externen Kontrolleinheit bereit gestellt wird.
comp_akt: zeigt Zeitpunkt an, wann Vergleich durchgeführt wird. Im 31.Iterationsschritt bei (MUL,DIV,LN) und im 32.Iterationsschritt bei (EXP).

DNF:

X = x
flag_out = comp_akt x

Literaturverzeichnis

[AbuPsa87] Y.S. Abu-Mustafa, D. Psaltis. Optical Neural Computers. Scientific American 256(3):88-94, 1987.

[AlGo89] G.S. Almasi, A. Gottlieb. Highly Parallel Computing. Benjamin/Cummings Publishing, New York 1989.

[AMD90] PAL Device Data Book Bipolar and CMOS 1990.

[Analogy88] Analogy, Inc. MAST Manual, 1988.

[Atha89] R.A. Athale. Optical Implementation of Neural Computing. Technical digest series, OSA Washington D.C., 9, 2, 1989.

[Aviz61] A. Avizienis. Signed-Digit Number Representation for Fast Parallel Arithmetic. IEEE Trans. Elect. Comput., EC-10:389-398, 1961.

[Batc68] K.E. Batcher. Sorting Networks and Their Applications. In AFIPS Spring Joint Computer Conference, S. 307-314, 1968.

[BeBo91] A.F. Benner, J. Bowman, T. Erkkila, R.J. Feurstein, V.P. Hewring, J. Sauer, T. Soukoup. Digital Optical Counter using Directional Coupler Switches. Applied Optics 30, 29, 1991.

[BrHu86] K.H. Brenner, A. Huang, N. Streibl. Digital Optical Computing with Symbolic Substitution. Applied Optics 25, 3054, 1986.

[BrHu88] K.H. Brenner, A. Huang. Optical Implementation of the Perfect Shuffle Interconnection. Applied Optics, 27, 135, 1988.

[BrKu90] K.H. Brenner, M. Kufner, S. Kufner. Highly Parallel Arithmetic Algorithms for a Digital Optical Processor using Symbolic Substitution Logic. Applied Optics, 29, 1610, 1990.

[Burt91] V.S. Burtsev. Optical Principles of Information Processing in a Supercomputer Architecture. Optical Computing and Processing, Vol. 1, Nr. 4, 1991.

[CaBo89] D. Casasent, C. Botha. Multifunctional Optical Processor based on Symbolic Substitution. Optical Engineering, 28:425-433, 1989.

[Canh92] L. Canham. Silicon Optoelectronics at the end of the rainbow? Physics World 1992.

[CaRh81] H.J. Caulfield, W.T. Rhodes, M.J. Foster, S. Horvitz. Optical Implementation of Systolic Array Processing. Optics Communication, 40:86-90, 1981.

[Chen72] T.C. Chen. Automatic Computation of Exponentials, Logarithms, Ratios and Square Roots. IBM Journal Research Development, Vol. 7, pp. 380-388, 1972.

[ChFo89] L.M.F. Chirovsky, M.W. Focht, J.M. Freund, G.D. Guth, R.E. Leibenguth, G.J. Przybylek, L.E. Smith. Large Arrays of Symmetric Self-Electro-Optic Effect Devices. Proc. of the Topical Meeting on Optical Computing, Salt Lake City, 1989.

[ChKa89] A.K. Cherri, M.A. Karim. Modified-Signed-Digit-Arithmetic Using an Efficient Symbolic Substitution. Applied Optics 29, 8, 1989.

[Cloo88] T.J. Cloonan. Performance Analysis of Optical Symbolic Substitution. Applied Optics 26, 682, 1988.

[CODEV] CODEV: Optical Design and Analysis Software. Optical Research Associates. Pasadena, Kalifornien, Januar 1991.

[Cutr66] L.J. Cutrona, E.N. Leith, L.J. Porcello, W.E. Vivian. On the Application of coherent Processing Techniques to Synthetic Aparature Radar. Proc. IEEE, 54, 1026, 1966.

[DiPr90] A. Dickinson, M.E. Prise. A Free Space Optical Interconnection Scheme. Applied Optics 29, 14, 1990.

[Duff82] M.J. Duff. CLIP 4: Special Computer Architecture for Pattern Recognition. in: Fu und Ichikawa (Hrsg.:), CRC Press, 1982.

[EiLi87] G. Eichmann, Y. Li. Compact Optical generalized Perfect Shuffle. Applied Optics, 26, 2, 1987.

[Erha90] W. Erhard. Parallelrechnerstrukturen. Teubner Verlag Stuttgart 1990

[FeBr90] D. Fey, K.-H. Brenner. Digital Optical Arithmetic Based on Systolic Arrays and Symbolic Substitution Logic. Int. Journal of Optical Computing, Vol. 1, 153-167, 1990.

[Feld88] M.R. Feldman, S.C. Esener, C.C. Guest, S.H. Lee. Comparison between optical and electrical Interconnects based on Power and Speed Considerations. Applied Optics 27, 9, 1988.

[Fey93] D. Fey. Computer-Aided Design of Digital Optoelectronic Systems with HADLO. in: R.Neale (Hrsg.), "Optical Information Technology" Tagungsband WOIT Conference, Edinburgh December 1991, Springer-Verlag 1993.

[FeZü92] D. Fey, K. Zürl, A. Hetzner. Architekturkonzepte für massiv parallele optoelektronische Rechnersysteme. in: A.Jammel (Hrsg.), Tagungsband 12.GI/ITG-Fachtagung Architektur von Rechensystemen Kiel 1992, Springer-Verlag 1992.

[Flyn66] M.J. Flynn. Very High Speed Computing Systems. Proc. IEEE, 54, 12, 1966.

[FuKi92] M. Fukui, K. Kitayama. Image Logic Algebra and its Optical Implementations. Applied Optics 31, 5, 1992.

[Gais83] D.D. Gajski, R.H. Kuhn. New VLSI Tools. IEEE Computer 1983.

[Gais85] D.D. Gajski. Silicon Compilation. VLSI Systems Design, November 1985.

[GeSc89] M. Gerhardt, H. Schuster. A Cellular Automation Describing the Formation of Spatially Ordered Structures in Chemical Systems. Physica D 36 1989, S. 209.

[GeSc90] M. Gerhardt, H. Schuster, J.J. Tyson. A Cellular Automation Model of Excitable Media Including Curvature and Dispersion. Science 247, S.1563, 1990.

[Gluc92] E. Gluch, H. Kobolla, N. Streibl, K. Zürl. Demonstration of an Optoelectronic Switching Network for a Multiprocessor. submitted to Applied Optics.

[GoLe84] J.W. Goodman, F.I. Leonberger, S.-Y. Kung, R.A. Athale. Optical Interconnections for VLSI Systems. Proceedings IEEE, 72, 850, 1984.

[GrHa78] J.M. Greenberg, S.P. Hastings. Spatial Patterns for Discrete Models of Diffusion in Excitable Media. SIAM Journal Appl. Math. 34 1978, S. 515.

[HaGr84] W. Harth, H. Grothe. Sende- und Empfangsdioden für die optische Nachrichtentechnik. Teubner Verlag Stuttgart 1984.

[HaLe87] J.S. Hall, S. Levy, M.J. Murdocca. Design of an Optical Connection Machine. AIAA Computers in Aerospace Vi Conference, 195, 1987.

[Hart90] I. Hartmann. Ein Konzept für Verbindungen von Abstraktionsebenen beim Schaltungsentwurf. Dissertation Universität Erlangen-Nürnberg 1990

[Hetz91] A. Hetzner. Untersuchung spezieller bitorientierter opto-elektronischer Rechnerarchitekturen und geeigneter Algorithmen. Diplomarbeit Lehrstuhl Angewandte Optik und IMMD VII 1991.

[Hoer86] E. Hörbst, M. Nett, H. Schwärtzel. VENUS Entwurf von VLSI Schaltungen. Springer Verlag Berlin, Heidelberg 1986.

[HoJe88] R.W. Hockney, C.R. Jesshope. Parallel Computers Vol. 2. Hilger 1988.

[Huan89] A. Huang. Computational Origami: The folding of Circuits and Systems. Proc. of the Topical Meeting on Optical Computing, Salt Lake City, 1989.

[Huan90] A. Huang. Towards a Digital Optics Platform. Proc. 15th Congress of the ICO, SPIE Vol. 1319 Optics in Complex Systems 1990, pp. 156-160.

[HuSa92] M.C. Hutley, P. Savander, M. Schrader. The Use of Microlenses for Making Spatially Variant Optical Interconnection. Submitted to Journal of Eur. Opt. Soc. A.

[Hwang79] K. Hwang. Computer Arithmetic - Principles, Architecture and Design. Wiley & Sons, New York 1979.

[HwBr84] K. Hwang, F.A. Briggs. Computer Architecture and Parallel Processing. McGraw-Hill, 1984.

[HwLo88] K. Hwang, A. Louri. A Bit-Plane Architecture for Optical Computing with Two-Dimensional Symbolic Substitution. Proceedings of the 15th Annual Informational Symposium on Computer Architecture, 1988.

[HwLo89] K. Hwang, A. Louri. Optical Multiplication and Division Using Modified-Signed-Digit Symbolic Substitution. Optical Engineering, 28(4):364-372, 1989.

[IT2000] Bericht des BMFT "Informationstechnik 2000".

[Itoh89] H. Itoh, S. Mukai, M. Mori, M. Watanabe, H. Yajima. An Optoelectronic Full Adder using a Beam Scanning Laser Diode. Proc. Topical Meeting on Optical Computing, Salt Lake City, Utah 1989.

[Itoh90] H. Itoh, S. Mukai, M. Watanabe, M. Mori, H. Yajima. Beam Scanning Binary Logic. Japanese Journal of Applied Physics, 29, 7, 1990.

[Jahn92] J. Jahns, Y.H. Lee, C.A. Burrus, J.L. Jewell. Optical Interconnects Using Top-Surface-Emitting Microlasers and Planar Optics. Applied Optics, 31, 5, 1992

[Jian92] J. Jiang. Realisierung eines 8-bit-parallelen optoelektronischen Backplanes mit kreisförmigen Lichtleiterplatten. in: A.Jammel (Hrsg.), Tagungsband 12.GI/ITG-Fachtagung Architektur von Rechensystemen Kiel 1992, Springer-Verlag 1992.

[KeAr69] R.W. Keyes, J.A. Armstrong. Thermal Limitations in Optical Logic. Applied Optics, 8, 2549, 1969.

[Keye87] R.W. Keyes. The Physics of VLSI Systems. Addison-Wesley 1987.

[KiEs89] F. Kiamilev, C.S. Esener, R. Paturi, Y. Fainman, P. Mercier, C.C. Guest, S.H. Lee. Programmable Optoelectronic Multiprocessors and their Comparison with Symbolic Substitution for Digital Optical Computing. Optical Engineering 28, 4, 1989.

[Klar83] R. Klar. Digitale Rechenautomaten. Walter de Gruyter, Berlin 1983.

[KoSa91] H. Kobolla, F. Sauer, J. Schwider, N. Streibl, R. Völkel. Optical Permutation Elements Realized as Facetted Holographic Gratings. Applied Optics

[Kres80] H. Kressel. Semiconductor Devices for Optical Communication. Springer Verlag, Berlin 1980.

[KuLe78] H.T. Kung, C.E. Leiserson. Systolic Arrays (for VLSI. in: Sparse-Matrix Proceedings, pp. 256-282, Academic Press, 1978.

[KuWu92] C. Kuntzsch, B. Wunder, K. Zürl, M. Schwab, D. Fey, W. Volz, W. Stork, K.D. Müller-Glaser. Microsystem Design of an Opto-Electronic Clock Recovery Circuit. Proceedings Microsystem Technology 92. Berlin 1992.

[Lase92] Microlaser Design eases electronic Compatibility. Laser Focus World, Juni 1992.

[Lawr75] D. Lawrie. Access and Alignment of Data in an Array Processor. IEEE Transactions on Computers, 2412):1145-1155, 1975.

[Lea91] M.R. Lea, I.P. Jalowiecki. Associative Massively Parallel Computers. Proceedings of the IEEE, Vol. 79, Nr. 4, 1991.

[LeSa83] C.E. Leiserson, J.B. Saxe. Optimizing Synchronous Systems. Journal of VLSI and Computational Systems 1, 1983, pp. 41-63.

[LoSt86] A.W. Lohmann, W. Stork, G. Stucke. Optical Perfect Shuffle. Applied Optics, 25, 1530, 1986.

[Lour91] A. Louri. Three-dimensional Optical Architecture and Data-Parallel Algorithms for Massively Parallel Computing. IEEE Micro, April 1991.

[Lu88] H.-M. Lu. Computational Origami: A geometric Approach to Regular Multiprocessing. Master thesis, MIT 1988.

[Maer89] D. Maertens. Bewertung von Simulationsverfahren für die Register-Transfer-Ebene. Dissertation Universität Erlangen-Nürnberg. Hüthig Verlag Heidelberg 1989.

[MaFo91] M. Maresca, T.J. Fountain. Massively Parallel Computers. Proceedings of the IEEE, Vol. 79, Nr. 4, 1991.

[Hill85] W.D. Hillis. The Connection Machine. MIT Press, 1985.

[McAu91] A.D. McAuley. Optical Computer Architectures. J. Wiley & Sons 1991.

[Megg62] J.E. Meggitt. Pseudo Division and Pseudo Multiplication Processes. IBM Journal Research Development, Vol. 6, pp. 210-226, 1962.

[Melh88] T.F. Melham. Abstraction Mechanism for Hardware Verification. in: G. Birtwistle, P.A. Subrahmanyam, VLSI Specification, Verification and Synthesis. Kluwer Academic Publishers Boston 1988.

[Midw87] J.E. Midwinter. Novel Approach to the Design of Optically Activated Wideband Switching Matrices. IEE Proc. 134, Part J, 216, 1987.

[Mill87] D.A.B. Miller. Quantum wells for optical information processing. Optical Engineering, 26(5):368-372, 1987.

[MoHi83] S. Mor, H. Hingarh, M. Vorra, D. Wilnai, D. Maxwell, T. Longo. 16-Bit Bipolar Microprocessor marches to Standard Instruction Set. Electronics, April 1983.

[MuCl89] M.J. Murdocca, T.J. Cloonan. Design of a Digital Switch. Applied Optics 28, 13, 1989.

[MuHu88] M. Murdocca, A. Huang, J. Jahns, N. Streibl. Optical Design of Programmable Logic Arrays. Applied Optics 27, 9, 1988.

[Murd87] M.J. Murdocca. Digital OpticalComputing with One-Rule Cellular Automata. Applied Optics, 26:682-688, 1987.

[Murd90] M.J. Murdocca. A Digital Design Methodology for Optical Computing. MIT Press 1990.

[Murd92] M.J. Murdocca. Architectural Implications of Optical Computing. in: A.Jammel (Hrsg.), Tagungsband 12.GI/ITG-Fachtagung Architektur von Rechensystemen Kiel 1992, Springer-Verlag 1992.

[Nage75] L.W. Nagel. SPICE2: A Computer Program to simulate Semiconductor Circuits. Berkeley, University of California, Electronic Research Laboratory, 1975.

[NaSem91] National Semiconductor.FACT Advanced CMOS Logic Data book 1991

[NEC89] NEC Data Handbook. Optical Semiconductor Devices, 1989.

[Neum63] J. von Neumann. Nonlinear Capacitance or Inductance Switching, Amplifying and Memory Devices. John von Neumann's Collected Works, MacMillan, 1963.

[Park90] J.W. Parker. ESPRIT II - A European Collaborative Programme in Optical Interconnects. in: Digest of Int. Optical Computing Conference, Kobe, Japan 1990

[Petk89] N. Petkov. Systolische Arrays. Akademie-Verlag, Berlin 1989.

[Poly91] Polytec Katalog, Optische Strahlungsmeßtechnik - Lasermeßtechnik 1991.

[PrCr89] M.E. Prise, N.C. Craft, M.M. Downs, R.E. LaMarche, L.A. D`Asaro, L.M.F. Chirovsky, M.J. Murdocca. Optical Digital Processor using Arrays of symmetric Self-Electrooptic Effect Devices. Applied Optics 30, 17, 1989.

[Psal88] D. Psaltis, D. Brady, K. Wagner. Adaptive Optical Networks using Photorefractive Crystals. Applied Optics 27:1752-1759, 1988.

[Quin84] P. Quinton. Automatic Synthesis of Systolic Arrays from Uniform Recurrent Equations. Proc. 11th Annual Symposium on Computer Architectures, 1984

[Ramm86] F.J. Rammig. Mixed Level Modelling and Simulation of VLSI Systems. in: E.Hörbst (Hrsg.), Logic Design and Simulation, North Holland Amsterdam 1986.

[Ramm89] F.J. Rammig. Systematischer Entwurf digitaler Systeme. Teubner Verlag Stuttgart 1989.

[Ratt91] J. Rattner. The New Age of Supercomputing. Proc. EDMCC2 Distributed Memory Computing, Springer 1991.

[Redd73] S.F. Reddaway. DAP - A Distributed Array Processor. 1st Annual Symp. on Comp. Architecture, Florida, 1973.

[Rhei92] D. Rhein. Performance and Hardware Requirements of Parallel Addition Algorithms for Optical Implementations Using SEEDs. ALCATEL-ELIN Forschungszentrum, Interner Bericht, März 1992.

[RhGu84] W.T. Rhodes, P.S. Guilfoyle. Acoustooptic Algebraic Processing Architectures. Proceedings IEEE, 72:820-830, 1984.

[ScFe75] W. Schmidt, O. Feustel. Optoelektronik. Vogel-Verlag 1975.

[Schr80] G. Schröder. Technische Optik. Vogel Verlag 1980.

[Schwa91] M. Schwab. Optischer Feldverbinder. Diplomarbeit am Lehrstuhl Angewandte Optik 1991.

[Schwe90] M. Schwertfeger. Entwicklung eines Konzeptes zur Bewertung optischer Verarbeitungseinheiten. Studienarbeit Lehrstuhl Angewandte Optik und IMMD VII 1990.

[Schwi91] J. Schwider, W. Stork, N. Streibl, R. Völkel. Space-variant holographic optical elements for switching networks and general interconnects. OSA Proceedings on Photonic Switching 1991.

[Seif91] G. Seiffert. Automatisierung des Übergangs Register-Transfer-Ebene zur Gatterebene beim Entwurf optisch implementierter systolischer Arrays. Diplomarbeit Lehrstuhl Angewandte Optik und IMMD VII 1991.

[Shar88] Sharp Laser Diodes User's Manual 1988.

[SSS82] L.J. Siegel, H.J. Siegel, P.H. Swain. Performance Measures for Evaluating Algorithms for SIMD Machines. Transactions on Software Engineering, 8(4):319-330, 1982.

[StBr89] N. Streibl, K.-H. Brenner, A. Huang., J. Jahns, J. Jewell, A.W. Lohmann, D.A.B. Miller, M.J. Murdocca, M.E. Prise, T. Sizer. Digital Optics. Proceedings of the IEEE, Vol. 77, No. 2, Dezember 1989.

[Stor90] W. Stork. Optische Kommunikationsnetzwerke. Dissertation Universität Erlangen-Nürnberg 1990.

[StPr88] N. Streibl, M.E. Prise. Digital Optics - Systems and Architecture Requirements. Phys. stat. solidi 150, 447, 1988.

[Str91] N. Streibl, "Diffractive Optical Elements for Optical Interconnects", Proc. SPIE, 1574, International Colloquium on Diffractive Optical Elements, 1991.

[Stre91] A. Strey. Ein Vergleich von Verbindungsnetzwerken für große SIMD-Parallelrechner. Dissertation Universität Erlangen-Nürnberg 1991.

[Stuc89] G. Stucke. Digitaler Optischer Computer. Dissertation Universität Erlangen-Nürnberg. Reihe Informatik, Band 69, BI Wissenschaftsverlag 1989.

[Thal89] K.D. Thalhofer. AutomatischeGenerierung von Programmen für SIMD-Parallelrechner aus Spezifikationen. Dissertation Universität Erlangen-Nürnberg 1989.

[TI90] Texas Instruments. High-Speed CMOS Logic Data book 1990.

[Tsan90] D.Z. Tsang. OneGigabit per Second Free-Space Optical Interconnection. Applied Optics 29, 14, 1990.

[Unge76] G.H. Unger. Optische Nachrichtentechnik. Elitera Verlag 1976.

[Walk85] R.A. Walker, D.E. Thomas. A Model of Design Representation and Synthesis. Proceedings 16th Design Automation Conference, 1985.

[Wher87] B.S. Wherrett. Proc. SPIE, 769, 7, 1987.

[Yata86] T. Yatagai. Optical Cellular Logic Computers and Space-Variant Logic Gate Array. Optical and Hybrid Computing, 634:157-164, 1986.

[Yata89] T. Yatagai. Cellular Logic Architectures. In R. Arrathoon, editor, Optical Computing: Digital and Symbolic, pp. 221-246, Marcel Dekker, 1989.

[Zuse58] K. Zuse. Die Feldrechnermaschine. MTW-Mitteilungen 1958, S. 213-220.

[ZüSt92] K. Zürl, N. Streibl. Optoelectronic Array Interconnections. Optical and Quantum Electronics 24, S405-S414, 1992.

Index

Bolch

Leistungsbewertung von Rechensystemen

mittels analytischer Warteschlangenmodelle

Gunter Bolch
Leistungsbewertung von Rechensystemen
mittels analytischer Warteschlangenmodelle
B. G. Teubner Stuttgart

Ziel des Buches ist es, dem Leser einen leichten Einstieg in das Gebiet der Leistungsbewertung und Leistungsvorhersage von Rechensystemen auf der Basis stochastischer Warteschlangenmodelle zu ermöglichen. Dazu werden nach einer allgemeinen Einführung in die Warteschlangentheorie alle wichtigen Methoden systematisch behandelt und ihre Anwendung anhand von Beispielen ausführlich erläutert.

Aus dem Inhalt

Warteschlangenmodelle, Elementare Wartesysteme, Warteschlangennetze, Modellerstellung, Leistungsgrößen – Wahrscheinlichkeitstheoretische Grundlagen, Markov-Prozesse, Globale und Lokale Gleichgewichtsgleichungen – Numerische Analyse – Produktformnetze, Jackson-, Gordon/Newell- und BCMP-Theorem – Faltungsalgorithmus, Mittelwertanalyse (MWA), RECAL, Parametrische und Erweiterte Parametrische Analyse – Bard-Schweitzer- und SCAT-Algorithmus – Asymptotische Analyse, Job-Bound-Analyse – Methoden von Courtois, Kühn und Marie, RTP-, Maximum-Entropie- und Summationsmethode – Erweiterungen der MWA – Diffusionsapproximation, Erweiterte Produktformmethode – Prioritätsnetze, Fork-Join-Systeme, Simultane Betriebsmittelbelegung, Blockiernetze, LAN – Operationelle Analyse

Von Dr.-Ing.
Gunter Bolch,
Universität
Erlangen-Nürnberg

Unter Mitwirkung von
Dipl.-Inform.
Helmut Riedel,
Universität
Erlangen-Nürnberg

1989. IX, 310 Seiten
mit zahlreichen Bildern
und Aufgaben.
16,2 x 22,9 cm.
Kart. DM 44,–
ÖS 343,– / SFr 44,–
ISBN 3-519-02279-6

(Leitfäden und Monographien der Informatik)

Preisänderungen vorbehalten.

B. G. Teubner Stuttgart

Eveking

Verifikation digitaler Systeme

Eine Einführung in den Entwurf korrekter digitaler Systeme

Hans Eveking

Verifikation digitaler Systeme

B. G. Teubner Stuttgart

Wegen der hohen Folgekosten von Entwurfsfehlern sind zunehmend Verifikationsverfahren von Interesse, durch die die Korrektheit eines digitalen Systems vollständig und automatisiert überprüft werden kann.

Hierzu ist es notwendig, den Entwurf eines Systems auf eine einheitliche formale Grundlage zu stellen. Diese erlaubt es, die Bedeutung von Beschreibungen eines Systems auf mehreren Entwurfsebenen, ihre Beziehung zueinander sowie die Begriffe der Entwurfskorrektheit und der Abstraktion in einem mathematisch exakten Sinne zu verstehen. Da die Verifikation eines komplexen Systems in einem Schritt nicht möglich ist, ist ein methodisches Vorgehen bereits beim Entwurf zur Unterteilung des Verifikationsproblems in Teilaufgaben nötig. Schließlich sind Techniken zur Mechanisierung der Verifikation zu entwickeln.

Das vorliegende Buch gibt eine Einführung in das Gebiet der Hardwareverifikation. Es werden die formalen Grundlagen von Entwurfskorrektheit, entwurfsmethodische Ansätze zur Verifikation sowie insbesondere die »neuen«, z. .B. auf Entscheidungsgraphen basierenden Verifikationstechniken beschrieben.

Aus dem Inhalt

Entwurfskorrektheit – Modellierung von Verhalten – Einführung in die Prädikatenlogik – Axiomatisierung von Hardwarebeschreibungssprachen – Logikverifikation – BDD's – Äquivalenz sequentieller Maschinen – Model Checking – Beschreibungen mit Vielfachverzögerungen – Timing Verifikation – Switch-Level Verifikation – Begriff der Abstraktionsebene – Abstraktion in Zeit und Werten – Mehrebenenverifikation – Strukturierte Entwurfsmethoden – Verifikationsfreundlicher Entwurf (Design for Verifiability).

Von Dr.-Ing.
Hans Eveking,
Technische Hochschule
Darmstadt

1991. XII, 308 Seiten.
16,2 x 22,9 cm.
Kart. DM 46,–
ÖS 359,– / SFr 46,–
ISBN 3-519-02249-4

Preisänderungen vorbehalten.

B. G. Teubner Stuttgart